MATLAB
与数学实验

第3版

艾冬梅 李艳晴 张丽静
李 晔 张林桐 徐 晶 ◎编著

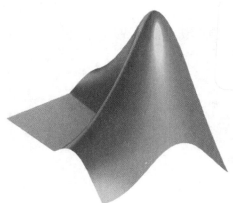

U0191434

机械工业出版社

CHINA MACHINE PRESS

本书主要是为理工科院校各专业学生学习数学实验、数学建模课程编写的，内容主要包括：MATLAB 的基础知识和主要命令，MATLAB 在线性代数、微积分、概率论、数理统计、优化以及机器学习中的应用．读者在学习了本书之后，能很快掌握 MATLAB 软件的主要功能，并能用 MATLAB 解决实际中遇到的问题．

　　本书可以作为高等学校各专业专科生、本科生、研究生及工程技术人员学习 MATLAB 或数学实验课的教材和参考书．

图书在版编目（CIP）数据

MATLAB 与数学实验／艾冬梅等编著．—3 版．—北京：机械工业出版社，2024.6
ISBN 978-7-111-75841-9

Ⅰ．①M… Ⅱ．①艾… Ⅲ．①Matlab 软件－应用－高等数学－实验 Ⅳ．①O13-33

中国国家版本馆 CIP 数据核字（2024）第 098380 号

机械工业出版社（北京市百万庄大街 22 号　邮政编码 100037）
策划编辑：王春华　　　　　　责任编辑：王春华
责任校对：高凯月　李　婷　　责任印制：刘　媛
唐山楠萍印务有限公司印刷
2024 年 8 月第 3 版第 1 次印刷
186mm×240mm・18.25 印张・416 千字
标准书号：ISBN 978-7-111-75841-9
定价：69.00 元

电话服务　　　　　　　　　网络服务
客服电话：010-88361066　　机　工　官　网：www.cmpbook.com
　　　　　010-88379833　　机　工　官　博：weibo.com/cmp1952
　　　　　010-68326294　　金　书　　网：www.golden-book.com
封底无防伪标均为盗版　机工教育服务网：www.cmpedu.com

前　言

数学教学在整个人才培养过程中至关重要. 从小学到初中, 再到大学乃至更高层次的科学研究都离不开数学. 如今, 大数据、云计算、人工智能等技术推动社会各领域转型升级, 为了提高各学科、各专业学生的"数智化"能力和创新能力, 适配社会对跨界复合型人才的需求, 高等教育应更加重视培养学生的数值计算和分析能力, 越来越多地关注学生的实际操作和知识运用能力.

在这种背景下, 数学实验将数学知识、数学建模和计算机应用三者有机地结合在一起, 使学生能深入理解数学和机器学习的概念及理论, 运用数学软件解决实际工程问题, 这样既培养了学生用数学知识建立数学模型、解决实际问题的能力, 也培养了学生进行数值计算和数据处理的能力, 同时使学生真正做到了"学数学, 用数学", 从而激发学生学习数学的兴趣, 充分发挥学生学习的主动性.

北京科技大学开设数学实验课程已有 20 余年, 我们在对数学实验教学的探索和实践中积累了一定的经验, 同时收到了不错的教学效果. 学生学习本课程后对已学习的数学课程有了更加清晰的认识, 其中一些抽象的问题可以用数学软件形象地演示出来, 这也使学生对已学知识有了更加深入的理解, 为更好地学习后续课程以及应用数学知识解决其他问题打下了坚实基础. 利用数学实验课程中的数学建模思想, 学生可以从实际问题出发, 经过分析研究, 建立数学模型, 再借助先进的计算机技术, 最终找出解决问题的一种或多种方案, 这为学生参加全国大学生数学竞赛和全国大学生数学建模竞赛打下了坚实的软件基础, 培养了扎实的数学应用能力, 也为学生更高层次的学习和工作打下了一定的实践基础.

本书首先介绍 MATLAB 的基础知识和主要命令, 使读者在最短的时间内了解 MAT-LAB, 并能够使用 MATLAB 数学软件解决实际遇到的一些简单问题. 然后介绍 MATLAB 在线性代数、微积分以及概率论与数理统计中的应用, 其中穿插了一些数学方法的介绍, 使学生了解数学建模的思想. 最后介绍优化以及机器学习的各种方法。本书结合实际问题给出 6 个综合实验, 把相对枯燥的数学知识与实际问题结合起来, 其中部分问题后面附有具有实际意义的思考问题, 供读者练习、巩固所学知识. 本书的编排采用便于自学的方式, 教师可以采用教学结合自学的方式进行教学, 各专业也可以根据自己的学时数来进行取舍.

本书可作为高等学校各专业专科生、本科生、研究生及工程技术人员学习 MATLAB 数学软件的教材参考书, 也可作为数学实验课程的教材, 或者作为微积分、线性代数、概率论与数理统计课程中相关数学实验内容的配套教材.

本书中使用的数学软件以 MATLAB R2023 版本为准, 书中的程序均在个人计算机中调试通过. 由于时间仓促, 书中难免有不足之处, 恳请各位读者多提宝贵意见, 给予指正, 编者在此表示感谢!

在编写本书的过程中，我们还得到了北京科技大学范玉妹教授、张志刚教授以及吕国才、朱婧等老师的大力支持和帮助，在此一并表示衷心的感谢！

编　者

2024 年 2 月

目　　录

前　言

第1章　MATLAB软件入门 ················ 1
　1.1　MATLAB简介和工作环境 ········· 1
　　1.1.1　MATLAB的系统结构 ········ 1
　　1.1.2　MATLAB的工具箱 ·········· 2
　　1.1.3　菜单和工具栏 ·············· 3
　　1.1.4　命令行窗口 ··············· 4
　　1.1.5　当前文件夹浏览器、路径设置 ··· 8
　　1.1.6　工作空间浏览器窗口和数组
　　　　　 编辑器窗口 ··············· 9
　　1.1.7　M文件编辑/调试器窗口 ····· 9
　　1.1.8　MATLAB的常用文件格式 ···· 9
　　1.1.9　M文件 ·················· 11
　1.2　基本运算 ·················· 13
　　1.2.1　数据类型 ··············· 13
　　1.2.2　矩阵和数组的运算 ········· 15
　　1.2.3　字符串 ················· 21
　1.3　MATLAB程序设计 ··········· 23
　　1.3.1　顺序语句 ··············· 23
　　1.3.2　循环语句 ··············· 23
　　1.3.3　选择语句 ··············· 25
　　1.3.4　交互语句 ··············· 26
　习题 ························· 28
第2章　MATLAB绘图 ················ 30
　2.1　MATLAB二维曲线绘图 ········ 30
　　2.1.1　二维曲线绘图命令 ········· 30
　　2.1.2　控制参数 ··············· 34
　　2.1.3　二维特殊图形 ············ 42
　2.2　MATLAB三维绘图 ··········· 46
　　2.2.1　三维曲线绘图命令 ········· 46
　　2.2.2　控制参数 ··············· 48

　　2.2.3　三维特殊图形 ············ 54
　2.3　图形对象及其句柄 ············ 57
　　2.3.1　图形对象及句柄简介 ······· 57
　　2.3.2　动态图形 ··············· 60
　习题 ························· 65
第3章　线性代数相关运算 ············ 67
　3.1　矩阵 ····················· 67
　　3.1.1　矩阵的修改 ············· 67
　　3.1.2　矩阵的基本代数运算 ······· 69
　　3.1.3　矩阵的其他运算 ·········· 71
　3.2　稀疏矩阵 ·················· 74
　　3.2.1　生成稀疏矩阵 ············ 74
　　3.2.2　还原成全元素矩阵 ········· 76
　　3.2.3　查看稀疏矩阵 ············ 77
　　3.2.4　稀疏带状矩阵 ············ 78
　3.3　线性方程组的解法 ············ 79
　　3.3.1　逆矩阵解法 ············· 79
　　3.3.2　初等变换法 ············· 80
　　3.3.3　矩阵分解法 ············· 82
　　3.3.4　迭代解法 ··············· 87
　3.4　矩阵的特征值和特征向量 ······· 96
　　3.4.1　求矩阵的特征值和特征向量 ··· 96
　　3.4.2　矩阵特征值的几何意义 ······ 98
　　3.4.3　马尔可夫过程 ············ 99
　3.5　综合实验 ················· 101
　　3.5.1　综合实验一：濒危动物生态
　　　　　 仿真 ·················· 101
　　3.5.2　综合实验二：图像的压缩 ··· 106
　习题 ························ 108
第4章　微积分相关运算 ············· 112
　4.1　求极限 ·················· 112
　　4.1.1　理解极限的概念 ········· 112

4.1.2　用 MATLAB 软件求函数极限 … 113

4.2　求导数 115

4.2.1　导数的概念 115

4.2.2　用 MATLAB 软件求函数导数 … 117

4.3　求积分 120

4.4　数值积分 122

4.4.1　公式的导出 123

4.4.2　用 MATLAB 求数值积分 125

4.5　无穷级数 131

4.5.1　级数的符号求和 131

4.5.2　级数敛散性的判定 133

4.5.3　级数的泰勒展开 135

4.6　常微分方程 136

4.6.1　常微分方程的符号解法 136

4.6.2　常微分方程的数值解法 137

4.7　综合性实验：阻尼振动 142

习题 145

第 5 章　多项式及多项式拟合和插值 … 148

5.1　多项式的构造 148

5.2　多项式的基本运算 148

5.3　有理多项式的运算 152

5.4　代数式的符号运算 153

5.5　多项式拟合 154

5.6　多项式插值 160

5.6.1　一维多项式插值 161

5.6.2　二维多项式插值 163

5.7　综合实验：消费价格指数的
预测 169

习题 175

第 6 章　概率论与数理统计相关运算 … 177

6.1　古典概型 177

6.2　概率论相关运算与 MATLAB
实现 180

6.2.1　理论知识 180

6.2.2　相关 MATLAB 命令 183

6.3　生成统计图 188

6.3.1　频数直方图 188

6.3.2　统计量 191

6.4　参数估计 192

6.4.1　理论知识 192

6.4.2　参数估计的 MATLAB 实现 … 194

6.5　假设检验 194

6.5.1　理论知识 194

6.5.2　参数假设检验的 MATLAB
实现 195

6.6　蒙特卡罗模拟 198

6.6.1　随机性问题 199

6.6.2　确定性问题 200

6.7　综合性实验：微信红包模拟 … 205

习题 211

第 7 章　优化相关运算 214

7.1　一维函数的极值 214

7.1.1　进退法 214

7.1.2　黄金分割法 215

7.1.3　牛顿法 216

7.1.4　抛物线法 218

7.1.5　MATLAB 工具箱中的基本
函数 219

7.2　多维无约束的极值 223

7.2.1　最速下降法 223

7.2.2　共轭梯度法 226

7.2.3　拟牛顿法 228

7.2.4　MATLAB 工具箱中的基本
函数 232

7.2.5　实例：产销量的最佳安排 … 240

7.3　非线性拟合 242

7.4　综合实验：使用 MATLAB 求解
广告投放的权衡曲线 245

习题 248

第 8 章　机器学习 249

8.1　机器学习概述 249

8.1.1　机器学习的定义 249

8.1.2　机器学习的历史 249

8.1.3　机器学习的应用领域 250

8.2　机器学习任务 250

8.2.1　机器学习术语介绍 250

8.2.2　机器学习算法种类 ……………… 251

8.3　支持向量机 ……………………… 251

8.3.1　算法概述 ………………… 251

8.3.2　算法原理 ………………… 252

8.3.3　算法实现 ………………… 254

8.4　决策树 …………………………… 256

8.4.1　算法概述 ………………… 256

8.4.2　算法原理 ………………… 257

8.4.3　算法实现 ………………… 260

8.5　k 均值 ………………………… 264

8.5.1　算法概述 ………………… 264

8.5.2　算法原理 ………………… 265

8.5.3　算法实现 ………………… 265

8.6　层次聚类算法 …………………… 269

8.6.1　算法概述 ………………… 269

8.6.2　算法原理 ………………… 269

8.6.3　算法实现 ………………… 270

8.7　线性回归 ………………………… 272

8.7.1　算法概述 ………………… 272

8.7.2　算法原理 ………………… 273

8.7.3　算法实现 ………………… 273

8.8　BP 神经网络 …………………… 276

8.8.1　算法概述 ………………… 276

8.8.2　算法原理 ………………… 276

8.8.3　算法实现 ………………… 277

8.9　机器学习工具箱 ………………… 279

习题 …………………………………… 282

参考文献 ……………………………………… 284

MATLAB软件入门

1.1 MATLAB 简介和工作环境

　　MATLAB 是 Matrix Laboratory 的缩写，是目前最优秀的科技应用软件之一，它将计算、可视化和编程等功能同时集于一个易于开发的环境. MATLAB 是一个交互式开发系统，其基本数据要素是矩阵. 它的表达式与数学、工程计算中常用的表达式形式十分相似，符合专业科技人员的思维方式和书写习惯；它用解释方式工作，编写程序和运行同步，输入程序立即得到结果，因此人机交互更加简洁和智能化；它适用于多种平台，随着计算机软、硬件的更新而及时升级，使得编程和调试效率大大提高.

　　MATLAB 主要应用于数学计算、系统建模与仿真、数学分析与可视化、科学工程绘图和用户界面设计等. 它已经成为高等数学、线性代数、自动控制理论、数理统计、数字信号处理等课程的基本工具，各国高校也纷纷将 MATLAB 正式列入本科生和研究生课程的教学计划中，使其成为学生必须掌握的基本软件之一. 在设计和研究部门，MATLAB 也被广泛用来研究和解决各种工程问题. 本书将以 MATLAB R2023 平台为基础进行介绍.

　　MATLAB 也是一种计算机语言，其开发环境是一套方便用户使用 MATLAB 函数和文件的工具集，其中包括许多图形化用户接口工具，方便用户输入输出数据、管理变量，以及编写和运行 M 文件.

　　MATLAB 软件启动后的运行界面称为 MATLAB 工作界面（MATLAB Desktop），它高度集成，主要由标签栏、菜单栏、工具栏和各种不同用途的窗口组成. MATLAB R2023 默认的工作界面如图 1-1 所示.

1.1.1 MATLAB 的系统结构

　　MATLAB 系统由 MATLAB 开发环境、MATLAB 语言、MATLAB 数学函数库、MAT-LAB 图形处理和 MATLAB 应用程序接口（API）5 大部分组成.

　　1）MATLAB 开发环境是一个集成的工作环境，包括 MATLAB 命令行窗口、文件编辑调试器、工作空间、数组编辑器和在线帮助文档等.

　　2）MATLAB 语言具有程序流程控制、函数、数据结构、输入输出和面向对象的编程特点，是基于矩阵/数组的语言.

　　3）MATLAB 的数学函数库包含了大量的计算算法，包括基本函数、矩阵运算和复杂算法等.

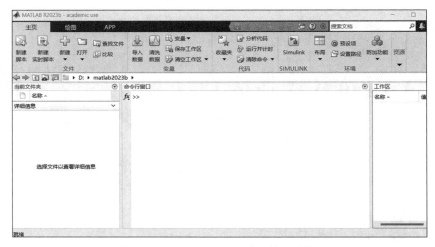

图 1-1　MATLAB R2023 默认的工作界面

4）MATLAB 图形处理系统能够将二维和三维数组的数据用图形表示出来，并可以实现图像处理、动画显示和表达式作图等功能.

5）MATLAB 应用程序接口使 MATLAB 语言能与其他编程语言进行交互.

1.1.2　MATLAB 的工具箱

MATLAB 的工具箱（Toolbox）是一个专业家族产品，工具箱实际上是 MATLAB 的 M 文件和高级 MATLAB 语言的集合，用于解决某一方面的专门问题或实现某一类的新算法. MATLAB 的工具箱可以任意增减，给不同领域的用户提供了丰富而强大的功能. 每个人都可以生成自己的工具箱，因此很多研究成果被直接做成 MATLAB 工具箱发布，而且很多免费的 MATLAB 工具箱可以直接从网上获得.

MATLAB 常用工具箱如表 1-1 所示.

表 1-1　MATLAB 常用工具箱

分类	工具箱
控制类	控制系统工具箱（Control System Toolbox）
	系统辨识工具箱（System Identification Toolbox）
	神经网络工具箱（Neural Network Toolbox）
	模糊逻辑工具箱（Fuzzy Logic Toolbox）
	模型预测控制工具箱（Model Predictive Control Toolbox）
	频域系统辨识工具箱（Frequency Domain System Identification Toolbox）
	鲁棒控制工具箱（Robust Control Toolbox）
信号处理类	信号处理工具箱（Signal Processing Toolbox）
	小波分析工具箱（Wavelet Toolbox）
	通信工具箱（Communication Toolbox）
	滤波器设计工具箱（Filter Design Toolbox）
应用数学类	优化工具箱（Optimization Toolbox）
	偏微分方程工具箱（Partial Differential Equation Toolbox）
	统计工具箱（Statistics Toolbox）

（续）

分类	工具箱
其他	符号数学工具箱（Symbolic Math Toolbox）
	图像处理工具箱（Image Processing Toolbox）

1.1.3　菜单和工具栏

1. 菜单

MATLAB 的主页菜单包括"文件""变量""代码""SIMULINK""环境"和"资源".

1）"文件"菜单包括"新建脚本""新建实时脚本""新建""打开""查找文件""比较"等选项.

- "新建脚本"：建立新脚本文件.
- "新建实时脚本"：在实时编辑器中创建实时脚本.
- "新建"：可以建立新脚本文件、函数、示例、类、绘图、图形用户界面（GUI）、命令快捷方式、Simulink 模型、状态流程图和 Simulink 项目.
- "打开"：打开需要的文件.
- "查找文件"：查找各类文件.
- "比较"：对比文件内容.

2）"变量"菜单包括"导入数据""清洗数据""变量""保存工作区""清空工作区"等选项.

- "导入数据"：从其他文件导入数据到工作区中.
- "清洗数据"：对数据进行清洗处理.
- "变量"：向工作区添加新的变量或打开工作区的变量.
- "保存工作区"：保存工作区中的变量.
- "清空工作区"：删除工作区中的变量.

3）"代码"菜单包括"收藏夹""分析代码""运行并计时"和"清除命令"等选项.

- "收藏夹"：存放收藏的命令.
- "分析代码"：分析 M 文件代码.
- "运行并计时"：估计代码运行效率.
- "清除命令"：删除命令.

4）"SIMULINK"菜单包括打开 Simulink Start Page 窗口.

5）"环境"菜单包括"布局""预设项""设置路径"和"附加功能"等选项.

- "布局"：设置窗口布置.
- "预设项"：设置命令行窗口的属性，单击该选项会弹出如图 1-2 所示的属性设置窗口.
- "设置路径"：设置工作路径.

图 1-2　"预设项"属性设置窗口

- "附加功能"：获取和管理附加功能等选项.

6）"资源"菜单包括"帮助""社区""请求支持"和"了解 MATLAB"等选项.

- "帮助"：打开帮助相关内容.
- "社区"：打开 MathWorks 公司 MATLAB 讨论社区.
- "请求支持"：向客服发送帮助请求.
- "了解 MATLAB"：进入 MathWorks 官网，按照自己的进度学习 MATLAB 和 Simulink.

2. 工具栏

工具栏是在编程环境下提供的对常用命令的快速访问，MATLAB R2023 的默认工具栏如图 1-3 所示，当鼠标停留在工具栏按钮上时，就会显示出该工具按钮的功能.

图 1-3　工具栏

在图 1-3 中，从左至右，按钮控件的功能依次为：

- 保存、剪切、复制、粘贴当前文件。
- 撤回、恢复上一次操作。
- 切换窗口。
- 打开 MATLAB 帮助系统。
- 搜索文档。

1.1.4　命令行窗口

MATLAB 有许多使用方法，但首先需要掌握的是 MATLAB 的命令行窗口（Command Window）的基本表现形式和操作方式. 可以把命令行窗口看成"草稿本"或"计算器". 在命令行窗口输入 MATLAB 的命令和数据后按回车键，立即执行运算并显示结果，单独显示的命令行窗口如图 1-4 所示.

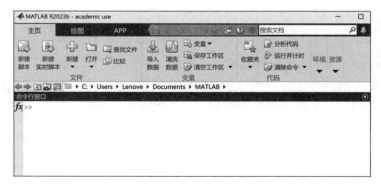

图 1-4　命令行窗口

对于简单的问题或一次性问题，在命令行窗口中直接输入命令进行求解很方便，若对复杂问题仍采用这种方法（输入一行，执行一行），就显得烦琐笨拙. 这时可在编辑/调试器中编写 M 文件（后面章节将详细介绍），即将语句一次全部写入文件，并将该文件保存到

MATLAB 搜索路径的目录上，然后在命令行窗口中用文件名调用.

1. 命令行的语句格式

MATLAB 在命令行窗口中的语句格式为：

```
>> 变量=表达式；
```

例 1-1　在命令行窗口输入命令，并查看结果.

解　MATLAB 命令为：

```
>> a=3+9
>> b='abcd'
>> c=sin(pi/2)+exp(2);        %命令后面加";",不显示结果.
>> if c<0 d=true
    else e=true
    end
```

运行结果为：

```
a=
   12

b=
   abcd

e=
   1
```

说明　命令行窗口中的每个命令行前会出现提示符"＞＞"，没有"＞＞"符号的行则是显示结果.

程序分析：

- 命令行窗口内不同的命令采用不同的颜色显示，默认输入的命令、表达式以及计算结果等采用黑色字，字符串采用赭红色字，关键字采用蓝色字，注释采用绿色字，如例 1-1 中的变量 a 是数值，b 是字符串，c 为逻辑 True，命令行中的"if""else""end"为关键字，"%"后面的是注释.
- 如果在命令行窗口中输入命令或函数的开头一个或几个字母，按"Tab"键则会出现以该字母开头的所有命令函数列表，例如，输入"end"命令的开头字母"e"，然后按"Tab"键，显示的命令函数列表如图 1-5 所示.
- 若命令行后面的分号（;）省略，则显示运行结果；否则，不显示运行结果.
- MATLAB 变量是区分字母大小写的，例如，myvar 和 MyVar 表示的是两个不同的变量. 变量名最多可包含 63 个字符（字母、数字和下划线），而且第一个字符必须是英文字母.

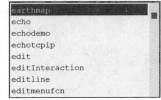

图 1-5　命令函数列表

- MATLAB 支持输入字母、汉字，但是标点符号必须在英文状态下输入.

2. 在命令行窗口中编辑命令行

在 MATLAB 命令行窗口中不仅可以对输入的命令进行编辑和运行，还可以使用编辑键和组合键对已输入的命令进行回调、编辑和重运行。使用命令行窗口进行编辑的常用操作键如表 1-2 所示.

表 1-2 常用操作键

键盘操作及快捷键		功能
↑	Ctrl+P	调用前一个命令
↓	Ctrl+N	调用后一个命令
←	Ctrl+B	光标左移一个字符
→	Ctrl+F	光标右移一个字符
Ctrl+↑	Ctrl+R	光标左移一个单词
Ctrl+↓	Ctrl+L	光标右移一个单词
Home	Ctrl+A	光标移至行首
End	Ctrl+E	光标移至行尾
Esc	Ctrl+U	清除当前行

3. 数值计算结果的显示格式

在命令行窗口中，默认情况下当数值为整数时，数值计算结果以整数显示；当数值为实数时，以小数后 4 位的精度近似显示，即以"short"数值的格式显示，如果数值的有效数字超出了这一范围，则以科学计数法显示结果. 需要注意的是，数值的显示精度并不代表数值的存储精度.

例 1-2 在命令行窗口输入数值，查看不同的显示格式，并分析各个格式之间有什么相同与不同之处.

解 MATLAB 命令为：

```
>> x=pi            %在命令行窗口输入 π,并观察 MATLAB 默认的显示格式
```

运行结果为：

```
x=
    3.1416
```

用户可以根据需要，对数值计算结果的显示格式和字体风格、大小、颜色等进行设置. 方法如下：

- 在 MATLAB 的操作界面选择菜单"文件"→"参数选择"，则会出现参数设置对话框，在对话框的左栏选中"命令行窗口"项，在右边的"数值格式"栏设置数据的显示格式.

```
>> x=pi            %在"数值格式"栏中,将数据显示格式改为"long"
x=
    3.14159265358979
```

- 直接在命令行窗口使用 format 命令来进行数值显示格式的设置. format 命令的语法格式如下：

```
format 格式描述
```

format 的数据显示格式如表 1-3 所示.

```
>> format long e,x    %用科学计数法显示 x.
```

```
x=

3.141592653589793e+000
```

表 1-3　format 的数据显示格式

命令格式	含义	命令	显示结果
format short	小数点后面 4 位有效数字，大于 1000 的实数，用 5 位有效数字的科学计数法显示	format short,pi format short,pi*1000	3.1416 3.1416e+003
format long	15 位数字显示	format long,pi	3.14159265358979
format short e	5 位有效数字的科学计数法表示	format short e,pi	3.1416e+000
format long e	5 位有效数字的科学计数法表示	format long e,pi	3.141592653589793e+000
format short g	从 format short 和 format short e 中自动选择一种最佳计数方式	format short g,pi	3.1416
format long g	从 format long 和 format long e 中自动选择一种最佳计数方式	format long g,pi	3.1416e+000
format rat	近似有理数表示	format rat,pi	355/113
format hex	十六进制表示	format hex,pi	400921fb54442d18
format+	正数、负数、0 分别用＋、－、空格表示	format+,pi format+,-pi format+,0	+ － 空格
format bank	元、角、分	format bank,pi	3.14
format compact	在显示结果之间没有空行的紧凑格式		
format loose	在显示结果之间有空行的稀疏格式		

4. 命令历史记录

　　默认布局下，命令历史记录不存在，需要在布局中选择命令历史窗口，用来记录并显示运行过的命令、函数和表达式．在默认设置下，该窗口会显示自安装以来所有使用过的命令的历史记录，并标明每次开启 MATLAB 的时间．在命令历史窗口选中某个命令并单击鼠标右键可以显示该命令的一些常用操作命令．

- Copy：复制．
- Evaluate Selection：执行所选命令行并将结果显示在命令行窗口中．
- Create M-file：创建并生成 M 文件．
- Delete Selection：删除所选命令行．
- Delete to Selection：从当前行删除到所选命令行．
- Delete Entire History：清除全部历史命令．

5. 命令行窗口常用命令

- who：将内存中的当前变量以简单的形式列出．
- whos：列出当前内存变量的名称、大小、类型等信息．
- clear：变量名 1 变量名 2…：删除内存中的变量．
- clf：清除图像窗口．
- help：列出所有最基础的帮助主题．

1.1.5　当前文件夹浏览器、路径设置

1. 当前文件夹简介

当前文件夹窗口默认出现在 MATLAB 界面左上侧的后台，如图 1-1 所示．工作目录窗口可显示或改变当前文件夹，还可以显示当前文件夹下的文件，并提供文件搜索功能．

在使用 MATLAB 的过程中，为方便管理，用户应当建立自己的工作目录，即"用户目录"，用来保存自己创建的相关文件．将用户目录设置成当前目录的方法有如下两种：

1）直接在交互界面设置．在当前目录浏览器左上方，有一个当前目录设置区，用户可在"目录设置栏"中直接填写待设置的目录名，或借助"选择新文件夹"和鼠标选择待设置的目录．

2）指令设置法．通过 path 指令设置当前目录是各种 MATLAB 版本都适用的基本方法．这种指令设置法比交互界面设置法适用范围更大，它不仅能在指令窗口执行，而且可以用在 M 文件中．

注意　通过以上方法设置的目录，只有在当前开启的 MATLAB 环境中有效．一旦 MATLAB 重新启动，以上设置操作就必须重新进行．

2. 设置 MATLAB 搜索路径

MATLAB 中无论是文件还是函数和数据，运行时都是按照一定的顺序在搜索路径中搜索并执行的，如果要执行的内容没有在搜索路径中，就会提示错误．

（1）MATLAB 的基本搜索过程

当用户在命令行窗口输入一个命令行（如 sin(x)）时，MATLAB 按照如下顺序进行搜索：

首先在 MATLAB 内存中进行检查，看"sin"和"x"是否为工作空间的变量或特殊变量；

然后在当前路径上，检查是否为 MATLAB 的内部函数（Built-in Function）；

最后在 MATLAB 搜索路径的所有其他目录中，依次检查是否有相应的".m"或".mex"文件存在．

不在搜索路径上的内容不可能被搜索．实际搜索过程远比上面描述的基本过程复杂．

（2）MATLAB 搜索路径的扩展和修改

假如用户有多个目录需要同时与 MATLAB 交换信息，或经常需要与 MATLAB 交换信息，那么应该把这些目录放在 MATLAB 的搜索路径上，使这些目录上的文件或数据能被调用。假如某个目录需要用来存放运行中产生的文件和数据，还应该把这个目录设为当前目录．

1）利用设置路径对话框修改搜索路径．引出搜索路径对话框的常用方法如下：在命令行窗口中输入 pathtool．还可以选择 MATLAB 主界面"主页"标签"环境"菜单下的"设置路径"选项，弹出"设置路径"窗口，如图 1-6 所示．该窗口分为左右两部分：左侧的几个按钮用来添加目录到搜索路径，还可以从当前的搜索路径中移除选择的目录；右侧的列表框列出了已经被 MATLAB 添加到搜索路径的目录．

2）利用 path 指令设置路径．利用 path 指令设置路径的方法对任何版本的 MATLAB 都适用．

- path(path,'c:\my_path')　把 c:\my_path 设置在搜索路径的尾端．
- path('c:\my_path',path)　把 c:\my_path 设置在搜索路径的首端．

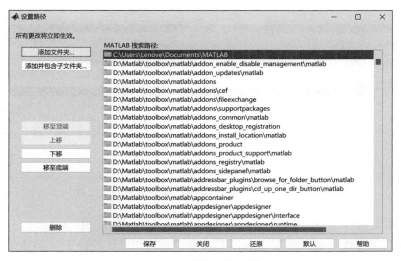

图 1-6　搜索路径设置

1.1.6　工作空间浏览器窗口和数组编辑器窗口

工作空间浏览器（Workspace Browser）窗口默认出现在 MATLAB 界面的右侧，以列表的形式显示 MATLAB 工作区中当前所有变量的名称及属性，包括变量的类型、长度及其占用的空间大小.

默认情况下，数组编辑器（Array Editor）不随 MATLAB 操作界面的出现而启动，启动数组编辑器的方法有：

- 在工作空间浏览器窗口中双击变量.
- 在工作空间浏览器窗口中选择变量，按鼠标右键在快捷菜单中选择"打开所选内容"菜单，或单击工具栏的打开变量按钮.

1.1.7　M 文件编辑/调试器窗口

对于比较简单的问题和"一次性"问题，通过命令行窗口直接输入一组命令来求解比较简便、快捷，但是当待解决的问题所需的命令较多且命令比较复杂时，或当一组命令通过改变少量参数就可以反复被使用去解决不同的问题时，就需要利用 M 脚本文件来解决.

MATLAB 通过自带的 M 文件编辑器/调试器来创建和编辑 M 文件. M 文件（带. m 扩展名的文件）类似于其他高级语言的源程序. M 文件编辑器可以用来对 M 文件进行编辑和调试，也可以阅读和编辑其他 ASCII 码文件. M 文件编辑器/调试器窗口由菜单栏、工具栏和文本编辑区等组成，是标准的 Windows 风格，如图 1-7 所示.

1.1.8　MATLAB 的常用文件格式

MATLAB R2023 常用的文件有 . m、. mat、. fig、. mdl、. mex、. p 等类型. 在 MAT-LAB R2023 工作界面的"新建"菜单中，可以创建 M-File、Figure、Model 等文件类型. 下面介绍常见的几种文件类型.

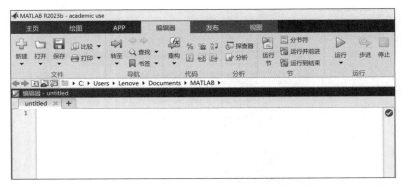

图 1-7　M 文件编辑器/调试器窗口

1. 程序文件

程序文件即 M 文件，包括主程序和函数文件，MATLAB 的各工具箱中的大部分函数都是 M 文件.

M 文件是 ASCII 文件，也可以在其他文本编辑器中显示和输入.

2. 图形文件

图形文件的扩展名为 .fig，创建 .fig 文件有如下几种方法：

● 在"文件"菜单中创建 Figure 文件.

● 在"文件"菜单中创建 GUI 时生成 .fig 文件.

● 用 MATLAB 的绘图命令生成 .fig 文件.

3. 模型文件

模型文件扩展名为 .mdl，可以在"文件"菜单中创建模型时生成 .mdl 文件，也可以在 Simulink 环境中建模生成.

4. 数据文件

数据文件即 MAT 文件，其文件的扩展名为 .mat，用来保存工作空间的数据变量. 在命令行窗口中可以通过命令将工作空间的变量保存到数据文件中或从数据文件中装载变量到工作空间.

1）把工作空间中的数据存入 MAT 文件：

```
save 文件名 变量 1 变量 2… 参数
save('文件名','变量 1','变量 2',…'参数')
```

说明　文件名为 MAT 文件的名字，变量 1、变量 2 可以省略，省略时则保存工作空间中的所有变量；参数表示保存的方式，其中 '-ascii' 表示保存为 8 位 ASCII 文本文件、'-append' 表示在文件末尾添加变量，'-mat' 表示二进制 .mat 文件等.

2）从数据文件中装载变量到工作空间：

```
load 文件名 变量 1 变量 2…
```

说明　变量 1、变量 2 可以省略，省略时则装载所有变量；如果文件名不存在，则报错.

5. 可执行文件

可执行文件即 MEX 文件，其文件的扩展名为 .mex，由 MATLAB 的编辑器对 M 文件进行编译后产生，其运行速度比直接执行 M 文件快得多.

6. 项目文件

项目文件的扩展名为 .prj，项目文件能脱离 MATLAB 环境运行，在"部署工具"窗口中编译生成，同时还会生成"distrib"和"src"两个文件夹.

1.1.9　M 文件

在编写 M 文件时将启动 M 文件编辑器/调试器窗口，进入 MATLAB 文件编辑器的方法如下：

- 单击 MATLAB 桌面上的新建脚本，打开空白 M 文件编辑器.
- 单击 MATLAB 桌面上的 图标，填写所选文件名后，单击"打开"按钮，即可展示相应的 M 文件编辑器.
- 用鼠标左键双击当前目录窗口中所需的 M 文件，可直接打开相应的 M 文件编辑器.

M 文件包括 M 命令文件（又称脚本文件）和 M 函数文件. 这两种文件的结构有所不同，其一般结构包括函数声明行、H1 行、帮助文本和程序代码 4 部分.

1）函数声明行. 函数声明行是在 M 函数文件的第一行，只有 M 函数文件必须有，以"function"开头并指定函数名、输入输出参数；M 命令文件没有函数声明行.

2）H1 行. H1 行是帮助文字的第一行，一般为函数的功能信息，可以提供给 help 和 lookfor 命令查询使用，给出 M 文件最关键的帮助信息，通常要包含大写的函数文件名. 在 MATLAB 的"当前文件夹"窗口中的"描述"栏就显示了每个 M 文件的 H1 行.

3）帮助文本. 帮助文本提供了对 M 文件更加详细的说明信息，通常包含函数的功能、输入输出参数的含义、格式说明和作者、日期和版本记录等信息，方便管理和查找 M 文件.

4）程序代码. 程序代码由 MATLAB 语句和注释语句构成，可以是简单的几个语句，也可以是通过流程控制结构组织而成的复杂程序，注释语句提供对程序功能的说明，可以处于程序代码中的任意位置.

M 命令文件和 M 函数文件

就文件结构而言，M 命令文件和 M 函数文件的区别是 M 命令文件没有函数声明行.

（1）M 命令文件

M 命令文件比较简单，命令格式和前后位置与命令行窗口中的命令行都相同. M 命令文件中除了没有函数声明行之外，H1 行和帮助文字也经常省略.

说明

1）MATLAB 在运行命令文件时，只是简单地按顺序从文件中读取一条条命令，送到 MATLAB 命令行窗口中去执行.

2）M 命令文件运行产生的变量都驻留在 MATLAB 的工作空间中，可以很方便地查看变量，在命令行窗口中运行的命令都可以使用这些变量.

3）M 命令文件的命令可以访问工作空间的所有数据，因此要注意避免工作空间和命令文件中的同名变量相互覆盖. 一般在 M 命令文件的开头使用"clear"命令清除工作空间的变量.

例 1-3　编写程序画出衰减振荡曲线 $y = \mathrm{e}^{-\frac{t}{3}} \sin(3t)$ 及其包络线 $y_0 = \mathrm{e}^{-\frac{t}{3}}$. t 的取值范围是 $[0\ 4\pi]$.

解　MATLAB 命令为：

```
t=0:pi/50:4*pi;
```

```
y0=exp(-t/3);
y=exp(-t/3).*sin(3*t);
plot(t,y,'r',t,y0,':b',t,-y0,':b')
```

运行结果如图 1-8 所示.

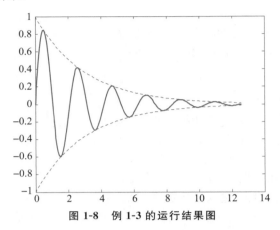

图 1-8　例 1-3 的运行结果图

程序分析：

将 M 文件保存在用户自己的工作目录下，命名为"exp_1"，先将工作目录添加到搜索路径中，或将 MATLAB 的"Current Directory"设置为工作目录.

运行程序的方法：

● 在命令行窗口输入命令文件的文件名"exp_1".

● 在 MATLAB 编辑器菜单中点击"运行"按钮，或直接按快捷键 F5，如图 1-9 所示.

图 1-9　编辑器菜单

（2）M 函数文件

M 函数文件稍微复杂一些，可以有一个或多个函数，每个函数以函数声明行开头. 使用 M 函数文件可以将大的任务分成多个小的子任务，每个函数实现一个独立的子任务，通过函数间的相互调用完成复杂的功能，具有程序代码模块化、易于维护和修改的优点.

说明

1）M 函数文件中的函数声明行是必不可少的.

2）M 函数文件在运行过程中产生的变量都存放在函数本身的工作空间中，函数的工作空间是独立的、临时的，随函数文件调用而产生并随调用结束而删除。在 MATLAB 运行过程中，如果运行多个函数，则产生多个临时函数空间.

3）当文件执行完最后一条命令或遇到"return"命令时结束函数的运行，同时函数空间的变量被清除.

4）一个 M 函数文件至少要定义一个函数.

函数声明行的格式如下：

```
function[输出参数列表]=函数名(输入参数列表)
```

说明

- 函数名是函数的名称，保存时最好使函数名与文件名保持一致，当不一致时，MATLAB 以文件名为准.
- 输入参数列表是函数接受的输入参数，多个参数之间用"，"隔开.
- 输出参数列表是函数运算的结果，多个参数之间用"，"隔开.

例 1-4　编写一个函数，求方程 $ax^2+bx+c=0$ 的解.

解　MATLAB 命令为：

```
function y=jie(a,b,c)
if(abs(a)<=1e-6)
    disp('is not a quadratic')
else
    disc=b*b-4*a*c;
    if(abs(disc)<1e-6)
        disp('has two equal roots:'),[-b/(2*a),-b/(2*a)]
    elseif(disc>1e-6)
        x1=(-b+sqrt(disc))/2*a;
        x2=(-b-sqrt(disc))/2*a;
        disp('has discinct real roots'),[x1,x2]
    else
        realpart=-b/(2*a);
        imagpart=sqrt(-disc)/(2*a);
        disp('has complex roots:')
    end
end
end
```

调用函数文件计算 jie(1,2,1)、jie(1,2,2)、jie(2,6,1).

运行结果为：

```
>> jie(1,2,1)
has two equal roots:
ans=
    -1 -1
>> jie(1,2,2)
has complex roots:
>> jie(2,6,1)
has discinct real roots
ans=
    -0.7085 -11.2915
```

1.2　基本运算

MATLAB 的产生是由矩阵运算推出的，因此矩阵和数组运算是 MATLAB 最基本、最重要的功能. 本章主要介绍 MATLAB 的数据类型，以及矩阵和数组的基本运算.

1.2.1　数据类型

MATLAB R2023 定义了 15 种基本的数据类型，包括整型、浮点型、字符型和逻辑型等，用户也可以定义自己的数据类型. MATLAB 内部的所有数据类型都是按照数组的形式进行存储和运算的.

数值型包括整数和浮点数, 其中整数包括有符号数和无符号数, 浮点数包括单精度型和双精度型. 在默认情况下, MATLAB R2023 默认将所有数值都按照双精度浮点数类型来存储和操作, 用户如果要节省存储空间, 可以使用不同的数据类型.

1. 常数和变量

1) 常数 . MATLAB 的常数采用十进制表示, 可以用带小数点的形式直接表示, 也可以用科学计数法表示, 数值的表示范围是 $10^{-309} \sim 10^{309}$.

2) 变量 . 变量是数值计算的基本单元, 使用 MATLAB 变量时无须先定义, 其名称是第一次合法出现时的名称, 因此使用起来很便捷.

（1）变量的命名规则

● 变量名区分字母的大小写. 例如 "A" 和 "a" 是不同的变量.

● 变量名不能超过 63 个字符, 第 63 个字符后的字符被忽略.

● 变量名必须以字母开头, 变量名的组成可以是任意字母、数字或者下划线, 但不能有空格和标点符号.

● 关键字（如 if、while 等）不能作为变量名.

在 MATLAB R2023 中, 所有标识符（包括函数名、文件名）都遵循变量名的命名规则.

（2）特殊变量

MATLAB 有一些自己的特殊变量, 是由系统预先自动定义的, 当 MATLAB 启动时驻留在内存中, 常用特殊变量如表 1-4 所示.

表 1-4　常用特殊变量

变量名	取值	变量名	取值
ans	运算结果的默认变量名	i 或 j	虚数单位
pi	圆周率	nargin	函数的输入变量数目
eps	浮点数的相对误差	margout	函数的输出变量数目
inf 或 INF	无穷大	realmin	最小的可用正实数
NaN 或 nan	不定值, 如 0/0 等	realmax	最大的可用正实数

2. 整数和浮点数

（1）整数

MATLAB R2023 提供了 8 种内置的整数类型, 为了在使用时提高运行速度和存储空间, 应该尽量使用字节少的数据类型, 使用类型转换函数可以将各种整数类型强制相互转换. 表 1-5 中列出了各种整数类型的数值范围和类型转换函数.

表 1-5　整数的数据类型转换函数

数据类型	数值范围	类型转换函数	数据类型	数值范围	类型转换函数
无符号 8 位整数	$0 \sim 2^8 - 1$	unit8	有符号 8 位整数	$2^{-7} \sim 2^7 - 1$	int8
无符号 16 位整数	$0 \sim 2^{16} - 1$	unit16	有符号 16 位整数	$2^{-15} \sim 2^{15} - 1$	int16
无符号 32 位整数	$0 \sim 2^{32} - 1$	unit32	有符号 32 位整数	$2^{-31} \sim 2^{31} - 1$	int32
无符号 64 位整数	$0 \sim 2^{64} - 1$	unit64	有符号 64 位整数	$2^{-63} \sim 2^{63} - 1$	int64

（2）浮点数

浮点数包括单精度型（single）和双精度型（double），其中双精度型为 MATLAB 默认的数据类型．表 1-6 中列出了各种浮点数的数值范围和类型转换函数．

表 1-6　浮点数的数据类型转换函数

数据类型	存储空间/B	数值范围	类型转换函数
单精度型	4	$1.1755\mathrm{e}-38\sim3.4028\mathrm{e}+38$	single
双精度型	8	$2.2251\mathrm{e}-308\sim1.7977\mathrm{e}+308$	double

3. 复数

MATLAB 用特殊变量"i"和"j"表述虚数的单位，因此，注意在编程时不要和其他变量混淆．

复数的产生可以有几种方式：

- $z=a+b*\mathrm{i}$ 或 $z=a+b*\mathrm{j}$.
- $z=a+b\mathrm{i}$ 或 $z=a+b\mathrm{j}$（当 b 为常数时）.
- $z=r*\exp(\mathrm{i}*\mathrm{theta})$，其中相角 theta 以弧度为单位，复数 z 的实部 $a=r*\cos(\mathrm{theta})$；复数 z 的虚部 $b=r*\sin(\mathrm{theta})$.
- $z=\mathrm{complex}(a,b)$.

MATLAB 中关于复数的运算函数如表 1-7 所示．

表 1-7　复数的运算函数

函数名称	函数功能	函数名称	函数功能
real(x)	求复数 x 的实部	angle(x)	求复数 x 的相角
image(x)	求复数 x 的虚部	conj(x)	求复数 x 的共轭复数
abs(x)	求复数 x 的模	complex(a,b)	分别以 a，b 作为实部和虚部创建复数

1.2.2　矩阵和数组的运算

1. 矩阵的输入

下面介绍几种矩阵的常用输入方法．

（1）直接输入

这是一种最方便、最直接的方法，它适用于对象维数较少的矩阵．矩阵的输入应遵循以下基本规则：

- 矩阵元素应用方括号"[]"括住．
- 同行内的元素间用逗号","或空格隔开．
- 行与行之间用分号";"或回车键隔开．
- 元素可以是数值或表达式．

例 1-5　直接输入命令创建矩阵

$$A=\begin{bmatrix} 1 & 2 & 3 \\ 4 & 15 & 60 \\ 7 & 8 & 9 \end{bmatrix}$$

解　MATLAB 命令为：

```
A=[1 2 3;4 15 60;7 8 9]
```

运行结果为：

```
A=
   1   2   3
   4  15  60
   7   8   9
```

（2）用矩阵编辑器输入

矩阵编辑器适用于维数较大的矩阵．在调用矩阵编辑器之前必须先定义一个变量，无论是一个数值还是一个矩阵均可．输入步骤如下：

- 在命令行窗口创建变量 A.
- 在工作区可以看到多了一个变量 A，双击变量 A 就可打开矩阵编辑器.
- 选中元素可以直接修改元素的值，修改完毕后单击关闭按钮，这时变量就被定义并保存了.

（3）用矩阵函数生成矩阵

除了逐个输入元素生成所需矩阵外，MATLAB 还提供了大量的函数来创建一些特殊的矩阵.

1）生成对角矩阵：

- $A=\mathrm{diag}(\boldsymbol{v},k)$ 生成主对角线方向上的第 k（整数）层元素是向量 $\boldsymbol{v}$ 的矩阵．规定：当 $k=0$ 时，它表示矩阵的主对角线；当 $k>0$ 时，它表示主对角线的平行位置上方的第 k 层；当 $k<0$ 时，它表示主对角线的平行位置下方的第 $|k|$ 层.
- $\boldsymbol{v}=\mathrm{diag}(\boldsymbol{A},k)$ 提取矩阵 $\boldsymbol{A}$ 中主对角线方向上第 k（整数）层元素，得到的是向量 $\boldsymbol{v}$.

2）魔方矩阵（矩阵中每行、每列及两条对角线上的元素和都相等）：$\mathrm{magic}(n)$ 生成 n 阶魔方矩阵，其中 n 为大于 2 的正整数.

3）随机矩阵：$\mathrm{rand}(m,n)$ 随机生成服从均匀分布的 $m\times n$ 矩阵，其元素为 0~1 之间的数.

此外，还有零矩阵、单位矩阵、元素全为 1 的矩阵等特殊矩阵，函数功能见表 2-5.

表 1-8　常用的矩阵函数及其功能

函数名称	函数功能	函数名称	函数功能
zeros(m,n)	生成 m 行 n 列的零矩阵	fliplr($\boldsymbol{A}$)	将矩阵 $\boldsymbol{A}$ 左右翻转
eye(n)	生成 n 阶单位矩阵	flipud($\boldsymbol{A}$)	将矩阵 $\boldsymbol{A}$ 上下翻转
ones(m,n)	生成 m 行 n 列的元素全为 1 的矩阵	hilb(n)	生成 n 阶 Hilbert 矩阵
ones(size($\boldsymbol{A}$))	生成与矩阵 $\boldsymbol{A}$ 同样大小的矩阵	invhilb(n)	生成 n 阶反 Hilbert 矩阵
diag($\boldsymbol{v}$, k)	生成对角矩阵	pascal(n)	生成 n 阶 Pascal 矩阵
diag($\boldsymbol{A},k$)	生成由矩阵 $\boldsymbol{A}$ 第 k 条对角线的元素组成的列向量	tril($\boldsymbol{A},k$)	生成与矩阵 $\boldsymbol{A}$ 同样大小的下三角矩阵
rand(m,n)	生成 m 行 n 列的随机矩阵	triu($\boldsymbol{A},k$)	生成与矩阵 $\boldsymbol{A}$ 同样大小的上三角矩阵
randn(m,n)	生成 m 行 n 列的正态随机矩阵	magic(n)	生成 n 阶魔方矩阵

例 1-6 利用函数生成矩阵

$$\boldsymbol{A}=\begin{pmatrix} 1 & 0 & 0 \\ 0 & 2 & 0 \\ 0 & 0 & 3 \end{pmatrix}, \qquad \boldsymbol{B}=\begin{pmatrix} 0 & 1 & 0 & 0 \\ 0 & 0 & 2 & 0 \\ 0 & 0 & 0 & 3 \\ 0 & 0 & 0 & 0 \end{pmatrix}$$

解　MATLAB命令为：

```
v=[1 2 3]
A=diag(v,0)
B=diag(v,1)
```

运行结果为：

```
v=
  1  2  3
A=
  1  0  0
  0  2  0
  0  0  3
B=
  0  1  0  0
  0  0  2  0
  0  0  0  3
  0  0  0  0
```

例 1-7　　（1）生成一个 3 阶魔方矩阵 A；（2）生成一个 4 阶单位矩阵 B.

解　MATLAB命令为：

```
A=magic(3)
B=eye(4)
```

运行结果为：

```
A=
  8  1  6
  3  5  7
  4  9  2
B=
  1  0  0  0
  0  1  0  0
  0  0  1  0
  0  0  0  1
```

例 1-8　输入矩阵

$$A = \begin{pmatrix} 1 & 1 & 1 \\ 1 & 1 & 1 \\ 1 & 1 & 1 \end{pmatrix}$$

解　MATLAB命令为：

```
A=ones(3)
```

运行结果为：

```
A=
  1  1  1
  1  1  1
  1  1  1
```

例 1-9　随机生成含有 5 个元素的行向量.

解　MATLAB命令为：

```
rand(1,5)
```

运行结果为：

```
ans=
    0.9501 0.2311 0.6068 0.4860 0.8913
```

例 1-10 随机生成数值在 10～30 之间的含有 5 个元素的行向量.

解 MATLAB 命令为：

```
10+(30-10)*rand(1,5)
```

运行结果为：

```
ans=
    25.2419 19.1294 10.3701 26.4281 18.8941
```

例 1-11 生成三对角矩阵

$$
A = \begin{pmatrix}
1 & 2 & 0 & 0 & 0 & 0 \\
1 & 1 & 2 & 0 & 0 & 0 \\
0 & 2 & 1 & 2 & 0 & 0 \\
0 & 0 & 3 & 1 & 2 & 0 \\
0 & 0 & 0 & 1 & 1 & 2 \\
0 & 0 & 0 & 0 & 2 & 1
\end{pmatrix}
$$

解 MATLAB 命令为：

```
a1=ones(1,6)
a2=2*ones(1,5)
a3=[1 2 3 1 2]
A=diag(a1,0)+diag(a2,1)+diag(a3,-1)
```

运行结果为：

```
a1=
    1  1  1  1  1  1
a2=
    2  2  2  2  2
a3=
    1  2  3  1  2
A=
    1  2  0  0  0  0
    1  1  2  0  0  0
    0  2  1  2  0  0
    0  0  3  1  2  0
    0  0  0  1  1  2
    0  0  0  0  2  1
```

（4）通过文件生成

有时需要处理一些没有规律的数据，如果在命令行窗口输入，清除后再次使用时需要重新输入，这就增加了工作量. 为解决此类问题，MATLAB 提供了两种解决方案：一种方案是直接将数据作为矩阵输入到 M 文件中；另一种方案是将数据作为变量保存到 MAT 文件中.

用 M 文件保存矩阵的方法是在 M 文件编辑器中按照正常输入矩阵的方法输入数据，然后将其保存成 M 文件. 使用时在命令行窗口直接输入文件名即可.

例 1-12 用 M 文件保存矩阵

$$A = \begin{pmatrix} 1 & 2 & 3 & 4 & 5 & 6 \\ 7 & 8 & 9 & 10 & 11 & 12 \\ 0 & -2 & -3 & 5 & 8 & 1 \\ 3 & 7 & 9 & 0 & -4 & -5 \\ 2 & 3 & 8 & -9 & 0 & 0 \\ 1 & 0 & 0 & 6 & -3 & -8 \end{pmatrix}$$

解　在 M 文件编辑器中输入以下矩阵，保存成文件 shuju1.m：

```
X=[1,2,3,4,5,6;7,8,9,10,11,12;0,-2,-3,5,8,1;3,7,9,0,-4,-5;2,3,8,-9,0,0;1,0,0,6,-3,-8]
```

在命令行窗口直接输入文件名将显示矩阵信息：

```
shuju1
X=
    1    2    3    4    5    6
    7    8    9   10   11   12
    0   -2   -3    5    8    1
    3    7    9    0   -4   -5
    2    3    8   -9    0    0
    1    0    0    6   -3   -8
```

（5）数组生成

数组作为特殊的矩阵，即 $1 \times n$ 矩阵或 $n \times 1$ 矩阵，除了可以作为普通的矩阵输入外，还有其他生成方式.

1）使用 `from:step:to` 生成数组，当 step 省略时，表示步长 step＝1. 当 step 为负数时，可以创建降序的数组.

例 1-13　使用 `from:step:to` 创建数组.

解　MATLAB 命令为：

```
a=-1:0.5:2
```

运行结果为：

```
a=
    -1.0000  -0.5000   0   0.5000   1.0000   1.5000   2.0000
```

2）使用 linspace 和 logspace 函数生成数组. linspace 用来生成线性等分数组，logspace 用来生成对数等分数组. logspace 函数可以用于对数坐标的绘制.

命令格式如下：

```
linspace(a,b,n)    %生成从 a 到 b 之间线性分布的 n 个元素的数组,若 n 省略,则默认为 100.
logspace(a,b,n)    %生成从 10ᵃ 到 10ᵇ 之间按对数等分的 n 个元素的数组,若 n 省略,则默认为 50.
```

2. 矩阵和数组的算术运算

矩阵的运算规则是按照线性代数运算法则定义的，但是有着明确而严格的数学规则，而数组运算是按数组的元素逐个进行的.

（1）矩阵运算

矩阵的基本运算包括加法（＋）、减法（－）、乘法（×）、左除（\）、右除（/）和乘幂（^）等. 另外还有其他运算，如求矩阵 A 的转置（transpose(A)）、A 的行列式（det(A)）、A 的秩（rank(A)）等，本书后面的章节将对这些运算进行详细介绍.

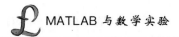
（2）数组运算

数组运算又称点运算，其加、减、乘、除和乘方运算都是对两个尺寸相同的数组进行元素对元素的运算. 设数组为

$$\alpha = [a_1, a_2, \cdots, a_n], \quad \beta = [b_1, b_2, \cdots, b_n]$$

则对应的具体运算为

$$\alpha \pm \beta = [a_1 \pm b_1, a_2 \pm b_2, \cdots, a_n \pm b_n]$$

$$\alpha. \times \beta = [a_1 b_1, a_2 b_2, \cdots, a_n b_n]$$

$$\alpha.^\wedge k = [a_1^k, a_2^k, \cdots, a_n^k]$$

$$\alpha./\beta = \left[\frac{a_1}{b_1}, \frac{a_2}{b_2}, \cdots, \frac{a_n}{b_n}\right]$$

$$\alpha.\backslash\beta = \left[\frac{b_1}{a_1}, \frac{b_2}{a_2}, \cdots, \frac{b_n}{a_n}\right]$$

$$f(\alpha) = [f(a_1), f(a_2), \cdots, f(a_n)]$$

例 1-14 数组运算示例.

```
>> a=1:5                 %定义数组 a
a=
   1  2  3  4  5
>> b=3:2:11              %定义相同长度的数组 b
b=
   3  5  7  9  11
>> a.^2                  %求数组 a 的 2 次幂
ans=
   1  4  9  16  25
>> a.* b                 %求数组 a 点乘数组 b
ans=

   3  10  21  36  55
```

例 1-15 计算 $\sin(k\pi/2)(k = \pm 2, \pm 1, 0)$ 的值.

解 MATLAB 命令为：

```
x=-pi:pi/2:pi;
y=sin(x)
```

运行结果为：

```
y=
   -0.0000  -1.0000  0  1.0000  0.0000
```

从以上示例可以看出，数组运算是对应元素的运算.

3. 关系运算和逻辑运算

MATLAB 常用的关系操作符有 <（小于）、<=（小于等于）、>（大于）、>=（大于等于）、==（等于）、~=（不等于）. 关系运算的结果是逻辑值 1（true）或 0（false）. 常用的逻辑运算符是 &（与）、|（或）、~（非）和 xor（异或）.

例 1-16 已知矩阵 $\boldsymbol{A} = \begin{pmatrix} 1 & 2 \\ 1 & 2 \end{pmatrix}$，$\boldsymbol{B} = \begin{pmatrix} 1 & 1 \\ 2 & 2 \end{pmatrix}$，对它们进行简单的关系与逻辑运算.

解 MATLAB 命令为：

```
A=[1 2;1 2];
B=[1 1;2 2];
C=(A<B)&(A==B)
```

运行结果为：

```
C=
    0   0
    0   0
```

1.2.3　字符串

MATLAB 处理字符串的功能也非常强大，字符串用单引号（'）括起的一串字符表示.

1. 字符串的输入

1）直接赋值：用单引号（'）括起字符来直接赋值创建字符串.

● 输入英文字符：

```
>> s1='MATLAB 7'
s1=
MATLAB 7
```

● 输入中文字符：

```
>> s2='字符串'
s2=
字符串
```

● 使用两个单引号输入字符串中的单引号：

```
s3='显示''MATLAB'''
s3=
显示'MATLAB'
```

2）多个字符串组合.

● 用"，"连成长字符串：

```
>> str1=[s1,'',s2]
str1=
MATLAB 7 字符串
```

● 用"；"构成 $m \times n$ 的字符串矩阵，每行字符串元素的个数可以不同，但每行字符的总数必须相同，否则系统报错.

```
>> str2=[s1,'     ';s2,'                ';s3]    %s1 为 8 个字符,s2 为 3 个字符,s3 为 10 个字符,因此
                                                  s1 后面和 s2 后面依次必须添加 2 个和 7 个空格.
str2=
MATLAB 7
字符串
显示'MATLAB'
```

2. 字符串常用操作

MATLAB R2023 可以对字符串进行查找、比较、运行等操作.

例 1-17　使用字符串函数运算.

解　MATLAB 命令为：

```
str='a+b,c+d,'
n=findstr(str,',')              %查找字符串中","的位置
```

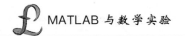
```
str1=str(1:n(1))                    %取第一个","前的字符
str2=str(n(1)+1:n(2))               %取第二个","前的字符
str3=strrep(str1,',','*2')          %将","用*2代替
a=5
b=2
eval(str1)                          %计算str1的值
str2=upper(str2)                    %将字符串转换成大写字母
```

运行结果为：

```
str=
a+b,c+d,

n=
    4    8

str1=
a+b,

str2=
c+d,

str3=
a+b*2
a=
    5
b=
    2
ans=
    7
str2=
C+D
```

常用的字符串函数如表1-9所示.

表 1-9　常用的字符串函数

分类	函数名	函数功能
字符串 比较	strcmp	比较两个字符串是否相等，相等为1，不相等为0
	strncmp	比较两个字符串的前 n 项是否相等
	strcmpi	与strcmp功能相同，只是忽略大小写
	strncmpi	与strncmp功能相同，只是忽略大小写
字符串 查找	findstr	在字符串中查找另一个字符串
	strmatch	在字符串数组中查找匹配字符所在的行数
	strtok	查找字符串中第一个分隔符（包括空格、回车和 Tab 键）
其他 操作	upper	将字符串中的小写字符转换成大写
	lower	将字符串中的大写字符转换成小写
	strrep	将字符串中的部分字符用新字符替换
	strjust	对齐字符串（左对齐、右对齐、居中）
	eval	执行包含 MATLAB 表达式的字符串
	blanks	空字符串
	deblank	删除字符串后面的空格
	str2mat	由独立的字符串形成文本矩阵

1.3　MATLAB 程序设计

M 文件程序控制语句通常包括顺序语句、循环语句、选择语句和交互语句等. 虽然 MATLAB 不像 C、Fortran 等高级语言那样具有丰富的控制语句，但是 MATLAB 自身强大的函数功能弥补了这种不足，使用户在编写 M 文件时并不感觉困难.

1.3.1　顺序语句

顺序语句是最简单的控制语句，就是按照顺序从头至尾地执行程序中的各条语句. 顺序语句一般不包含其他子语句或控制语句.

例 1-18　一个仅由顺序语句构成的 M 文件.

解　MATLAB 命令为：

```
a=1;
b=2;
c=3;
d=sin(a/b)/c;
e=cos(a/b)/c;
f=d+e
```

运行结果为：

```
f=
    0.4523
```

1.3.2　循环语句

在实际过程中经常会遇到一些需要有规律地重复进行运算的问题，此时，就需要重复执行某些语句，这样就需要用循环语句进行控制. 在循环语句中，被重复执行的语句称为循环体，每个循环语句通常都包含循环条件，以判断循环是否继续进行下去. MATLAB 提供了两种循环方式：for 循环和 while 循环.

1. for 循环语句

for 循环语句使用起来较为灵活，一般用于循环次数已经确定的情况，它的循环判断条件通常是对循环次数的判断. for 语句的调用格式为：

```
for i=表达式 1:表达式 2:表达式 3
    循环体
end
```

其中，表达式 1 为循环初值，表达式 2 为循环步长，表达式 3 为循环终值. 如果省略表达式 2，则默认步长为 1. 对于正的步长，当 i 的值大于表达式 3 的值时，将结束循环；对于负的步长，当 i 的值小于表达式 3 的值时，将结束循环. for 语句允许嵌套使用，一个 for 关键字必须和一个 end 关键字相匹配.

例 1-19　用 for 循环语句生成 $1 \sim n$ 的乘法表.

解　MATLAB 命令为：

```
%建立 M 函数文件 chap1_13.m
function f= chap1_13(n)
for i=1:n
    for j=i:n
```

```
    f(i,j)=i*j;
    end
end

>> chap1_13(8)
```

运行结果为：

```
ans=
    1   2   3   4   5   6   7   8
    0   4   6   8  10  12  14  16
    0   0   9  12  15  18  21  24
    0   0   0  16  20  24  28  32
    0   0   0   0  25  30  35  40
    0   0   0   0   0  36  42  48
    0   0   0   0   0   0  49  56
    0   0   0   0   0   0   0  64
```

在 for 循环语句中通常需要注意以下事项：

1）for 语句一定要有 end 关键字作为结束标志，否则以下的语句将被认为包含在 for 循环体内.

2）循环体中每个语句结尾处一般用分号";"结束，以避免中间运算过程的输出. 如果需要查看中间结果，则可以去掉相应语句后面的分号.

3）如果循环语句为多重嵌套，则最好将语句写成阶梯状，这样有助于查看各层的嵌套情况.

4）不能在 for 循环体内强制对循环变量进行赋值来终止循环的运行. 例如：

```
for i=1:5
    x(i)=sin(pi/i);
    i=6;              %强制设定循环变量值
end
x                     %对循环变量值的设定无效
x=
  0.0000  1.0000  0.8660  0.7071  0.5878
```

2. while 循环语句

与 for 循环语句相比，while 循环语句一般用于不能确定循环次数的情况. 它的判断控制可以是一个逻辑判断语句，因此它的应用更加灵活.

while 循环语句的调用格式为：

```
while 逻辑表达式
    循环体
end
```

当逻辑表达式的值为真时，执行循环体语句；当逻辑表达式的值为假时，终止该循环. 当逻辑表达式的计算对象为矩阵时，只有当矩阵中所有元素均为真时，才执行循环体. 当表达式为空矩阵时，不执行循环体中的任何语句. 为了简单起见，通常可以用函数 all 和 any 等把矩阵表达式转换成标量. 在 while 循环语句中，可以用 break 语句退出循环.

例 1-20　寻找阶乘超过 10^{10} 的最小整数.

解　MATLAB 命令为：

```
n=1;
while prod(1:n)<1e10
    n=n+1;
```

```
end
n
```

运行结果为：

```
n=
    14
```

1.3.3　选择语句

在一些复杂的运算中，通常需要根据特定的条件来确定进行何种计算，为此 MATLAB 提供了 if 语句和 switch 语句，用于根据条件选择相应的计算语句.

1. if 语句

if 语句根据逻辑表达式的值来确定是否执行选择语句体. if 语句的调用格式如下：

```
if 逻辑表达式 1
    选择语句体 1
elseif 逻辑表达式 2
    选择语句体 2
...
else
    选择语句体 n
end
```

当执行 if 语句时，首先判断逻辑表达式 1 的值，当逻辑表达式 1 的值为真时，执行选择语句体 1，执行完选择语句体 1 后，跳出该选择语句体继续执行 end 后面的语句；当逻辑表达式 1 的值为假时，跳过选择语句体 1 继续判断逻辑表达式 2 的值；当逻辑表达式 2 的值为真时，执行选择语句体 2，执行完选择语句体 2 后跳出选择语句体结构. 如此进行，当 if 和 elseif 后的所有表达式的值都为假时，执行语句体 else.

例 1-21　编写一个函数文件，计算分段函数的数值：

$$f(x) = \begin{cases} x & \text{若 } x < 1 \\ 2x - 1 & \text{若 } 1 \leqslant x \leqslant 10 \\ 3x - 11 & \text{若 } 10 < x \leqslant 30 \\ \sin x + \ln x & \text{若 } x > 30 \end{cases}$$

解　MATLAB 命令为：

1）建立 M 函数文件 li21.m：

```
function y=li21(x)        %分段函数的计算
if x<1
  y=x;
elseif x>=1&x<=10
  y=2*x-1;
elseif x>10&x<=30
  y=3*x-11;
else y=sin(x)+log(x)
end
```

2）调用 M 函数文件计算 $f(0.2)$，$f(2)$，$f(30)$，$f(10\pi)$：

```
>> Result=[li21(0.2),li21(2),li21(30),li21(10* pi)]
```

运行结果为：

```
Result=
    0.2000  3.0000  79.0000  3.4473
```

2. switch 语句

switch 语句和 if 语句类似．switch 语句根据变量或表达式的取值不同分别执行不同的命令．该语句的调用格式如下：

```
switch  表达式
case  值 1
        语句体 1
case  值 2
        语句体 2
…
otherwise
        语句体  otherwise
end
```

当表达式的值为 1 时，转到语句体 1；当表达式的值为 2 时，执行语句体 2；当表达式的值不为关键字 case 所列的值时，执行语句体 otherwise.

例 1-22　编写一个函数文件，根据不同的输入值给出不同的显示信息．

解　MATLAB 命令为：

```
Input_num= input('enter the number:');    ％函数 input 提示用户从命令行窗口输入数值
switch input_num                          ％根据不同的输入值显示不同的信息
        case-1 disp('negative one!');
        case 0 disp('zero!');
        case 1 disp('positive one!');
        otherwise disp('other value!');
end
```

将文件保存为 li22.

运行结果为：

```
>> li22
enter the number:-1
negative one!
>> li22
enter the number:1
positive one!
>> li22
enter the number:0
zero!
>> li22
enter the number:22
other value!
```

1.3.4　交互语句

在很多程序设计语言中，经常会遇到输入输出控制、提前终止循环、跳出子程序、显示出错信息等．此时就要用到交互语句来控制程序的进行．

1. 输入输出控制语句

输入输出语句包括用户输入提示信息语句（input）和请求键盘输入语句（keyboard）．

1）input 用来提示用户从键盘输入数据、字符串或表达式，并接收输入值. 其调用格式如下：
- a=input('prompt') 　在屏幕上显示提示信息 prompt，等待用户的输入，输入的数值赋给变量 a.
- b=input('prompt','s') 　返回的字符串作为文本变量而不是变量名或数值.

如果没有输入任何字符，只是按回车键，input 将返回一个空矩阵. 在提示信息的文本字符串中可能包含"\ n"字符."\ n"表示换行输出，它允许用户的提示字符串显示为多行输出.

2）keyboard 是在 M 文件中请求键盘输入命令. 其调用格式如下：

keyboard 　该命令被放置在 M 文件中时，将停止文件的继续执行并将控制权传给键盘. 通过在提示符前显示 K 来表示一种特殊状态. 在 M 文件中使用该命令，对程序的调试及在程序运行中修改变量都很方便.

为了终止 keyboard 模式，可以输入命令 return，然后按回车键.

2. 等待用户响应命令 pause

pause 命令用于暂时中止程序的运行. 当程序运行此命令时，将暂时中止，然后等待用户按任意键继续运行. 该命令在程序的调试过程和用户需要查询中间结果时十分有用，该命令的调用格式如下：

- pause 　此命令将导致 M 文件停止运行，等待用户按任意键继续运行.
- pause(n) 　在继续运行前中止执行程序 n 秒，这里 n 可以是任意实数. 时钟的精度是由 MATLAB 的工作平台所决定的，绝大多数工作平台都支持 0.01 秒的时间间隔.
- pause on 　允许后续的 pause 命令中止程序的运行.
- pause off 　保证后续的任何 pause 或 pause(n) 语句都不中止程序的运行.

3. 中断命令 break

break 命令通常用在循环语句或条件语句中. 通过使用 break 命令，可以不必等待循环的自然结束，而是根据循环的终止条件来跳出循环.

例 1-23 　编写一个函数文件，计算鸡兔同笼问题，即输入个数和脚数，求解鸡兔各有多少.

解 　MATLAB 命令为：

```
function[x,y]=li23(t,j)
i=1;
while i
   if rem(j-i*2,4)==0&(i+(j-i*2)/4)==t
      break;
   end
   i=i+1;
end
x=i;
y=(j-2*i)/4;
```

运行结果为：

```
>> [x,y]=li23(36,100)
x=                %鸡数
   22
y=                %兔数
   14
```

4. continue 命令

continue 命令经常与 for 或 while 循环语句一起使用，作用是结束本次循环，即跳过循环体中下面尚未执行的语句，接着进行下一次循环. 该命令的调用格式如下：

continue   结束本次循环进入下一次循环.

5. return 命令

return 命令能够使当前的函数正常退出. 这个语句经常用于函数的末尾，以正常结束函数的运行. 当然，该函数也经常用于其他地方，首先对特定条件进行判断，然后根据需要，调用该语句终止当前运行，并返回.

6. error 语句

在进行程序设计时，很多情况下会出现错误，此时如果能够及时把错误显示出来，则用户将能够根据错误信息找到错误的根源. MATLAB 提供的 error 语句就是用于完成这类功能的. 该语句的调用格式如下：

- error('message')   显示错误信息，并将控制权交给键盘. 提示的错误信息是字符串 message 的内容. 如果 message 是空的字符串，则 error 命令将不起作用.
- error('message',A1,A2,…,An)   显示的错误信息字符串中包含有格式化字符，例如，用于 MATLAB sprintf 函数中的特殊字符. 在提示信息中，每一个转化字符被转换成参数表中的 A1,A2,…,An.
- error('errID',____)   包含此异常中的错误标识符. 此标识符可用于区分错误，它还允许你控制在 MATLAB 遇到错误时系统做何反应. 可以包括先前语法中的任何输入参数.
- error(errorStruct)   使用标量结构体中的字段抛出错误.
- error(correction,____)   为异常提供建议修复. 可以包括先前语法中的任何输入参数.

7. warning 语句

warning 语句的用法与 error 语句类似，与 error 不同的是，warning 语句不会中断程序的执行，仅给出警告信息.

8. echo 语句

一般情况下，执行 M 文件时，在命令行窗口中看不到文件中的命令，但在某些情况下，需要查看 M 文件中命令的执行情况. 为此需要将 M 文件中的所有命令在执行过程中显示出来，此时可以使用 echo 语句.

 习题

1. 计算表达式 $e^{12}+23^3\log_2 5\div\tan 21$ 的值.

2. 计算表达式 $\tan(-x^2)\arccos x$ 在 $x=0.25$ 和 $x=0.78\pi$ 处的函数值.

3. 编写 M 命令文件，求 $\sum\limits_{k=1}^{50}k^2+\sum\limits_{k=1}^{10}\dfrac{1}{k}$ 的值.

4. 编写函数文件，计算 $\sum\limits_{k=1}^{n}k!$，并求出当 $k=20$ 时表达式的值.

5. 用不同的数据格式显示自然底数 e 的值，并分析各个数据格式之间有什么相同与不同之处.

6. 矩阵 $A=\begin{bmatrix} 1 & 2 & 3 \\ 4 & 5 & 6 \\ 7 & 8 & 9 \end{bmatrix}$，$B=\begin{bmatrix} 4 & 6 & 8 \\ 5 & 5 & 6 \\ 3 & 2 & 2 \end{bmatrix}$，计算 $A*B$，$A.*B$，并比较两者的区别.

7. 已知矩阵 $A=\begin{pmatrix} 5 & 2 \\ 9 & 1 \end{pmatrix}$，$B=\begin{pmatrix} 1 & 2 \\ 9 & 2 \end{pmatrix}$，进行简单的关系运算 $A>B$，$A==B$，$A<B$，并进行逻辑运算 $(A==B)\&(A<B)$，$(A==B)\&(A>B)$.

8. 编写一个程序，比较两个字符串 s1 和 s2，如果 s1>s2，输出为 1；如果 s1<s2，输出为 0；如果 s1=s2，输出为 -1.

9. 用 $\frac{\pi}{4}=1-\frac{1}{3}+\frac{1}{5}-\frac{1}{7}+\cdots$ 求 π 的近似值，直到某一项的绝对值小于 10^{-6} 为止.

10. 编写一个转换成绩等级的程序，其中成绩等级转换标准为：考试分数在 [90,100] 的显示为优秀；分数在 [80,90) 的显示为良好；分数在 [60,80) 的显示为及格；分数在 [0,60) 的显示为不及格.

11. 编写函数，计算 $1!+2!+\cdots+50!$.

12. 利用 for 循环找出 100～200 之间的所有素数.

13. 求斐波那契数列的前 40 个数. 数列特点：前两个数为 1，1. 从第 3 个数开始，该数是其前两个数之和，即

$$\begin{cases} F_1=1 & \text{若 } n=1 \\ F_2=1 & \text{若 } n=2 \\ F_n=F_{n-1}+F_{n-2} & \text{若 } n>2 \end{cases}$$

14. 编写程序，判断某一年是否为闰年. 闰年的条件是：（1）能被 4 整除，但不能被 100 整除的年份都是闰年，如 1996 年和 2004 年；（2）能被 100 整除，又能被 400 整除的年份是闰年，如 1600 年和 2000 年. 不符合这两个条件的年份不是闰年.（提示：rem 命令可以计算两数相除后的余数.）

第 **2** 章　MATLAB 绘图

2.1　MATLAB 二维曲线绘图

MATLAB 不仅具有强大的数值运算功能，而且具有强大的二维和三维绘图功能. MATLAB R2023a 提供了功能非常强大、使用也很方便的图形编辑功能. 通过图形，用户可以直接观察数据间的内在关系，也可以方便地分析各种数据结果.

MATLAB 的数据可视化和图像处理两大功能几乎满足了一般实际工程、科学计算中的所有图形图像处理的需要. 在数据可视化方面，MATLAB 可使用户计算所得的数据根据不同的情况转化成相应的图形. 用户可以选择直角坐标、极坐标等不同的坐标系；在 MATLAB 中可以显示平面图形、空间图形、直方图、向量图、柱状图、空间网面图、空间表面图等. 当初步完成图形的可视化后，MATLAB 还可对图形做进一步加工——初级操作（如标注、添色、变换视角）、中级操作（如控制色图、取局部视图、切片图）、高级操作（如提供动画、句柄等）.

2.1.1　二维曲线绘图命令

1. plot 函数

MATLAB 函数 plot 是一个简单而且使用广泛的线性绘图命令. 利用它可以生成线段、曲线和参数方程曲线的函数图形. 其他的二维绘图命令都是以 plot 为基础的，而且调用方式与该命令类似.

plot 绘图命令有以下一些常用形式.

（1）`plot(Y)`

功能：画一条或多条折线图. 其中 Y 是数值向量或数值矩阵.

说明：如果 Y 是实数向量，则 MATLAB 会以 Y 向量元素的下标为横坐标，元素的数值为纵坐标绘制折线；如果 Y 是复数向量，则 MATLAB 会以向量元素的实部为横坐标，虚部为纵坐标绘制折线；如果 Y 是实数矩阵，MATLAB 会为矩阵的每一列画出一条折线，绘图时，以矩阵 Y 每列元素的相应下标值为横坐标，以 Y 的元素为纵坐标绘制折线图；如果 Y 是复数矩阵，MATLAB 为矩阵的每一列画出一条折线，绘图时，分别以矩阵 Y 每一列元素的实部为横坐标，虚部为纵坐标绘制折线图.

例 2-1　用 plot(y) 函数绘制图形.

解　MATLAB 命令为：

```
y=[2,3,5,6;8,5,7,4;4,5,6,7];
plot(y)
```

运行结果如图 2-1 所示.

（2）plot(X,Y)

功能：绘制一条或多条折线图，其中 X 和
Y 可以是向量或矩阵.

说明：如果 X 与 Y 均为实数向量，MATLAB
会以 X 为横坐标，Y 为纵坐标绘制折线，此时
X 与 Y 必须同维；如果 X 与 Y 都是 $m \times n$ 矩阵，
则 plot(X,Y) 将在同一图形窗口中绘制 n 条不
同颜色的折线. 其绘图规则为，以矩阵 X 的第
i 列分量作为横坐标，矩阵 Y 的第 i 列分量作
为纵坐标，绘制出第 i 条连线.

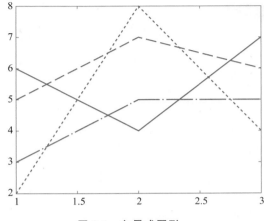

图 2-1　向量式图形

如果 X 是向量，Y 是矩阵，并且向量的维
数等于矩阵的行数（或列数），则 plot(X,Y) 将以向量 X 为横坐标，分别以矩阵 Y 的每一列
（或每一行）为纵坐标，在同一坐标系中画出多条不同颜色的折线图；如果 X 是矩阵，Y 是向
量，那么情况与上面类似，Y 向量是这些曲线的纵坐标.

在上述几种使用形式中，若有复数出现，则不考虑复数的虚数部分.

注　plot(x,y) 命令可以用来绘制连续函数 $f(x)$ 的图形，其中定义域是 $[a,b]$. 绘图
时用命令 x=a:h:b 获得函数 $f(x)$ 在绘图区间 $[a,b]$ 上的自变量点向量数据，对应的函数
值向量为 $y=f(x)$. 步长 h 可以任意选取，一般情况下，步长越小，曲线越光滑，但是步长
太小会增加计算量，运算速度会降低，所以一定要选取一个合适的步长.

例 2-2　在区间 $[-\pi,\pi]$ 上绘制函数 $y=\sin x$ 的图形.

解　MATLAB 命令为：

```
x=-pi:pi/50:pi;
y=sin(x);
plot(x,y),grid on
```

运行结果如图 2-2 所示.

例 2-3　画出椭圆 $\dfrac{x^2}{5^2}+\dfrac{y^2}{9^2}=1$ 的曲线图.

分析　对于这种情形，我们首先把原方程
写成参数方程

$$\begin{cases} x=5\cos t \\ y=9\sin t \end{cases} \quad (0 \leqslant t \leqslant 2\pi)$$

解　MATLAB 命令为：

```
t=0:pi/50:2*pi;
x=5*cos(t);
```

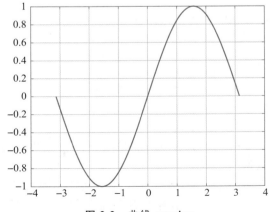

图 2-2　曲线 $y=\sin x$

```
y=9*sin(t);
plot(x,y),grid on
```

运行结果如图 2-3 所示.

例 2-4 绘制 $y=\sin(x+3)$ 和 $y=e^{\sin x}$ 的图形.

解 这两条曲线中 x 是向量，y 是矩阵. MATLAB 命令为：

```
x=-2*pi:pi/50:2*pi;
y=[sin(x+3);exp(sin(x))];
plot(x,y),grid on
```

运行结果如图 2-4 所示.

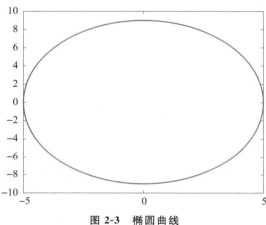

图 2-3 椭圆曲线

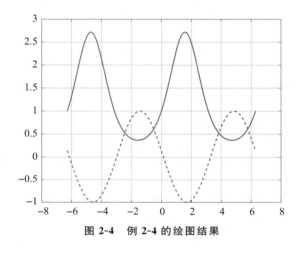

图 2-4 例 2-4 的绘图结果

（3）plot(X1,Y1,X2,Y2,X3,Y3,…)

功能：在同一图形窗口画出多条折线或曲线.

例 2-5 在同一图形窗口画出三个函数 $y=2x$，$y=\cos x$，$y=\sin x$ 的图形，自变量范围为 $-3\leqslant x\leqslant 3$.

解 MATLAB 命令为：

```
x=-3:0.1:3;
y1=2*x;y2=cos(x);y3=sin(x);
plot(x,y1,x,y2,x,y3)
legend('2*x','cosx','sinx')   %添加图例命令
```

运行结果如图 2-5 所示.

2. loglog 函数

loglog 函数的功能是绘制双轴对数图形，其调用格式为：

● loglog(Y)   如果 Y 为实数向量或矩阵，该函数结合 Y 列向量的下标与 Y 的列

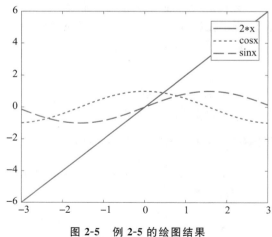

图 2-5 例 2-5 的绘图结果

向量绘制图形；如果 Y 为复数向量或矩阵，则 loglog(Y)等价于 loglog(real(Y)，imag(Y)). 在 loglog 的其他调用形式中将忽略 Y 的虚数部分.

- `loglog(X1,Y1,X2,Y2)` 结合 Xn 与 Yn 匹配的数据绘制双轴对数图形，其中 n＝1，2. 若其中只有 Xn 或 Yn 为矩阵，另外一个为向量，则函数将绘制向量对矩阵行或列的图形，行向量的维数等于矩阵的列数，列向量的维数等于矩阵的行数.

例 2-6 绘制双轴对数图形.

解 MATLAB 命令为：

```
x=1:10;    %在[1,10]区间创建等间隔的数据点
y=exp(x); loglog(x,y, 'ro-')
```

运行结果如图 2-6 所示.

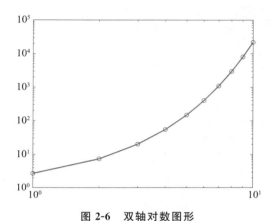

图 2-6 双轴对数图形

3. 单轴对数图形函数

单轴对数图形函数有 semilogx 和 semilogy.

使用 semilogx 函数绘制的图形，横轴采用对数坐标，纵轴采用线性坐标；相反，使用 semilogy 函数绘制的图形，横轴采用线性坐标，纵轴采用对数坐标. 这两个函数的调用格式如下：

- `semilogx(Y)` 如果 Y 为实数向量或矩阵，则结合 Y 列向量的下标与 Y 的列向量绘制图形. 如果 Y 为复数向量或矩阵，则 `semilogx(Y)` 等价于 `semilogx(real(Y), imag(Y))`. 在 semilogx 的其他调用形式中将忽略 Y 的虚数部分.

- `semilogx(X1,Y1,X2,Y2)` 结合 Xn 与 Yn 匹配的数据绘制单轴对数图形，其中 n＝1，2. 若其中只有 Xn 或 Yn 为矩阵，另外一个为向量，则函数将绘制向量对矩阵行或列的图形，行向量维数等于矩阵的列数，列向量的维数等于矩阵的行数.

semilogy 函数的用法类似于 semilogx.

例 2-7 绘制指数函数 $y＝e^x$ 的单轴对数图形，其中纵轴采用对数坐标，横轴采用线性坐标.

解 MATLAB 命令为：

```
x=1:10;
y=exp(x);
semilogy(x,y)
```

运行结果如图 2-7 所示.

4. 双坐标轴函数 yyaxis

双坐标轴问题是科学计算和绘图中经常遇到的问题，当需要将同一个自变量的两个（或者多个）不同量纲、不同数量级的函数曲线绘制在同一个图形中时，就需要在图形中使用双坐标轴. yyaxis 函数的调用格式为：

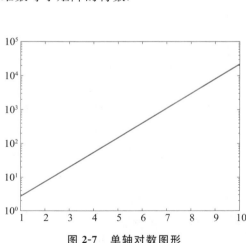

图 2-7 单轴对数图形

- `yyaxis left` 激活当前坐标区中与左侧 y 轴关联的一侧. 后续图形命令的目标为左侧. 如果当前坐标区中没有两个 y 轴，则此命令将添加第二个 y 轴. 如果没有坐标区，则此命令将首先创建坐标区.

- yyaxis right 激活当前坐标区中与右侧 y 轴关联的一侧. 后续图形命令的目标为右侧.
- yyaxis(ax,___) 指定 ax 坐标区（而不是当前坐标区）的活动侧. 如果坐标区中没有两个 y 轴，则此命令将添加第二个 y 轴. 指定坐标区作为第一个输入参数. 使用单引号将'left'和'right'引起来.

例 2-8 利用 yyaxis 来绘制多轴标注图形.

解   MATLAB 命令为：

```
x=0:0.01:20;
y1=200*exp(-0.05*x).*sin(x);
y2=0.8*exp(-0.5*x).*sin(10*x);
yyaxis left                    %激活左侧
plot(x,y1)
ylabel('慢衰减')                %标注左侧纵坐标轴
hold on
yyaxis right                   %激活右侧
plot(x,y2);
ylabel('快衰减')                %标注右侧纵坐标轴
xlabel('时间')                  %标注横坐标
title('不同衰减速度对比')        %添加标题
```

运行结果如图 2-8 所示.

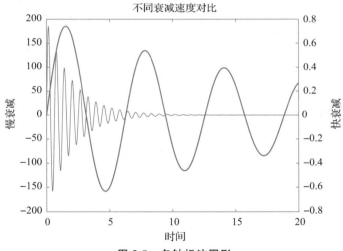

图 2-8   多轴标注图形

2.1.2   控制参数

1. 基本绘图控制参数

（1）图形窗口创建命令 figure

figure 是所有 MATLAB 图形输出的专用窗口参数. 当 MATLAB 没有打开图形窗口时，如果执行了一条绘图命令，该命令将自动创建一个图形窗口. 而 figure 可以自己创建窗口，使用格式为：

```
figure↙;
figure(n)↙;打开第 n 个图形窗口
```

（2）图形窗口清除命令 clf

（3）分隔线控制命令 grid

grid 的使用格式如下：

- grid on　在图中使用分隔线.
- grid off　在图中消隐分隔线.
- grid　在 grid on 与 grid off 之间进行切换.

（4）图形的重叠绘制命令 hold

hold 的使用格式如下：

- hold on　保留当前图形和它的轴，使此后图形叠放在当前图形上.
- hold off　返回 MATLAB 的默认状态. 此后图形命令运作将抹掉当前窗中的旧图形，然后画上新图形.
- hold　在 hold on 与 hold off 之间进行切换.

（5）取点命令 ginput

ginput 命令是 plot 命令的逆命令，它的作用是在二维图形中记录下鼠标所选点的坐标值. 使用格式为：

- [x,y]= ginput(n)　函数从当前的坐标图上选择 n 个点，并返回这 n 个点的相应坐标向量 x、y.n 个点可由鼠标定位. 用户可以按下回车键，在输入 n 个点之前终止输入.
- [x,y]= ginput　函数获得任意个数的输入点，直到用户按下回车键为止，并返回这些点相应的坐标向量 x、y.
- [x,y,button]= ginput(n)　函数从当前的坐标图上选择 n 个点，并返回这 n 个点的坐标向量值 x、y 和键或按钮的标示. 参数 button 是一个整数向量，显示用户按下哪一个鼠标键或返回 ASCII 码值.

（6）图形放大命令 zoom

zoom 命令对二维图形进行放大或缩小. 放大或缩小会改变坐标轴范围. 使用格式为：

- zoom on　使系统处于可放大状态.
- zoom off　使系统回到非放大状态，但前面放大的结果不会改变.
- zoom　在 zoom on 与 zoom off 之间进行切换.
- zoom out　使系统回到非放大状态，并将图形恢复原状.
- zoom xon　对 x 轴有放大作用.
- zoom yon　对 y 轴有放大作用.
- zoom reset　系统将记住当前图形的放大状态，作为放大状态的设置值. 以后使用 zoom out 命令将放大状态打开时，图形并不是返回到原状，而是返回 reset 时的放大状态.
- zoom(factor)　用放大系数 factor 对图形进行放大或缩小. 若 factor>1，则系统将图形放大 factor 倍，若 0<factor<1，则系统将图形放大 1/factor 倍.

例 2-9　利用 hold 命令、grid 命令在同一坐标系中画出如下两条曲线：
$$y=\cos x，\quad y=\sin x，\quad x \text{ 满足 } 0 \leqslant x \leqslant 2\pi$$

解　MATLAB 命令为：

```
x=0:pi/50:2*pi;
y1=cos(x);y2=sin(x);
```

```
plot(x,y1,'b*')
hold on,
plot(x,y2,'r.'),grid on
```

运行结果如图 2-9 所示.

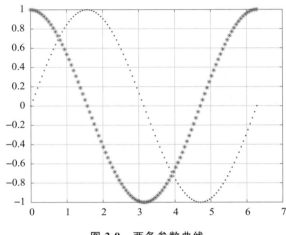

图 2-9   两条参数曲线

2. 坐标轴的控制

在 MATLAB 中可以利用 axis 命令来完成坐标轴的控制. 调用格式为:

- axis([xmin xmax ymin ymax])   设定二维图形坐标轴的范围.
- axis([xmin xmax ymin ymax zmin zmax])   设定三维图形坐标轴的范围.
- axis on   恢复消隐的坐标轴.
- axis off   使坐标轴消隐.
- axis   在 axis on 与 axis off 之间进行切换.
- axis auto   将坐标轴的取值范围设为默认值.
- axis ij   坐标原点设置在图形窗口的左上角, 坐标轴 i 垂直向下, j 水平向右.
- axis xy   设定为笛卡儿坐标系.
- axis equal   使坐标轴在三个方向上刻度增量相同.
- axis square   使坐标轴在三个方向上长度相同.
- axis tight   将数据范围设置为刻度.
- axis normal   默认的矩阵坐标系.
- axis image   等长刻度, 坐标框紧贴数据范围.
- axis fill   使坐标充满整个绘图区.

3. 线条属性

二维绘图命令还可以修改曲线线条的属性, 比如曲线线型、标记类型、颜色、标记符号的大小等. 具体为:

```
plot(X,LineSpec)
plot(X,Y,LineSpec)
```

```
plot(X1,Y1,LineSpec1,X2,Y2,LineSpec2,…)
plot(…,'PropertyName',PropertyValue,…)
```

说明　参数 LineSpec 的功能是定义线的属性. MATLAB 允许用户对线条定义属性.

1) 颜色. 颜色控制字符如表 2-1 所示.

表 2-1　颜色控制字符

颜色控制字符	颜色	RGB 值	颜色控制字符	颜色	RGB 值
y/yellow	黄色	1 1 0	g/green	绿色	0 1 0
m/magenta	洋红	1 0 1	b/blue	蓝色	0 0 1
c/cyan	青色	0 1 1	w/white	白色	1 1 1
r/red	红色	1 0 0	k/black	黑色	0 0 0

2) 标记类型. 标记类型如表 2-2 所示.

表 2-2　标记类型

绘图字符	数据点	绘图字符	数据点
.	黑点	d	钻石形
o	小圆圈	^	三角形（向上）
x	叉号	v	三角形（向下）
+	十字标号	<	三角形（向左）
*	星号	>	三角形（向右）
s	小方块	h	六角星
p	五角星		

3) 线型. 线型控制字符如表 2-3 所示.

4) 线条宽度. 指定线条的宽度，取值为整数（单位为像素点）. 例如，plot(x,y,'LineWidth',2).

5) 标记大小. 指定标记符号的大小，取值为整数（单位为像素点）. 例如，plot(x,y,'MarkerSize',12).

6) 标记面填充颜色. 指定用于填充标记面的颜色. 取值见表 2-1. 例如，plot(x,y,'MarkerFaceColor','m').

表 2-3　线型控制字符

线型控制字符	线型
—	实线
:	点线
-.	点画线
— —	虚线

7) 标记周边颜色. 指定标记符颜色或者标记符（小圆圈、小方块、钻石形、五角星、六角星和四个方向的三角形）周边线条的颜色. 例如，plot(x,y,'MarkerEdgeColor',[0.49 1 0.63]).

在所有能产生线条的命令中，参数 LineSpec 可以定义线条的下面三个属性：线型、标记类型、颜色. 对线条的上述属性的定义可用字符串来完成，例如，plot(x,y,'--og').

例 2-10　绘制函数 $y = \cos(2t)$ 的图像，并定义线条的属性.

解　MATLAB 命令为：

```
t=0:pi/25:2*pi;
plot(t,cos(2*t),'-mo','linewidth',2,'markeredgecolor','k',...
'markerfacecolor',[.49 1.63],'markersize',10)
```

运行结果如图 2-10 所示.

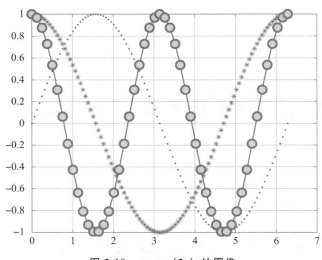

图 2-10 $y = \cos(2t)$ 的图像

4. 图形的标注

MATLAB 可以在画出的图形上加各种标注及文字说明，以丰富图形的表现力. 图形标注主要有图名标注、坐标轴标注、文字标注、图例标注等.

（1）图名标注

在 MATLAB 中，通常可以用三种方法对图名进行标注：

1）通过"Insert"→"Title"菜单命令添加图名. 选择"Insert"→"Title"菜单，MATLAB 将在图形顶端打开一个文本框，用户可以在文本框里输入标题.

2）使用属性编辑器（Property Editor）添加图名. 选择"Tools"→"Edit Plot"，激活图形编辑状态，在图形框内双击空白区域即可调出属性编辑器. 也可以选择"View"→"Property Editor"调出属性编辑器. 然后在 title 输入框里添加图名.

3）使用 title 函数标注图名，命令格式为：

- `title('String')`   在图形的顶端加注文字作为图名
- `title('String','PropertyName',PropertyValue,…)`   定义图名所用字体、大小、标注角度

（2）坐标轴标注

坐标轴标注方法与图名标注方法相同，也可以通过"Insert"菜单、属性编辑器和函数三种方法完成，这里只介绍函数方法.

坐标轴标注使用命令 xlabel、ylabel、zlabel，调用格式为：

- `xlabel('String'),ylabel('String'),zlabel('String')`   在当前图形的 x 轴、y 轴、z 轴旁边加入文字内容.
- `xlabel('String','PropertyName',PropertyValue,…)`.
- `ylabel('String','PropertyName',PropertyValue,…)`.
- `zlabel('String','PropertyName',PropertyValue,…)`   定义轴名所用字体、大小、标注角度.

- xlabel(target,txt),ylabel(target,txt),zlabel(target,txt)　为指定的目标对象添加标签.

（3）文字标注

MATLAB 还提供对所绘图形的文字标注功能：text 命令，在图形中指定的点上加注文字；gtext 命令，先利用鼠标定位，再在此位置加注文字，该命令不支持三维图形.

- text(x,y,'String')　适用于二维图形，在点（x,y）上加注文字 String.
- text(x,y,z,'String')　适用于三维图形，在点（x,y,z）上加注文字 String.
- text(x,y,z,'String','PropertyName',PropertyValue,…)　添加文本 String，并设置文本属性.
- gtext('String')　在鼠标指定位置上标注.

说明　使用 gtext 命令后，会在当前图形上出现一个十字叉，等待用户选定位置进行标注. 移动鼠标到所需位置并单击鼠标左键，MATLAB 就在选定位置标上文字.

（4）图例标注

当在一幅图中出现多种曲线时，结合绘制时的不同线型与颜色等特点，用户可以使用图例加以说明. 图例标注可以采用 "Insert" 菜单和 legend 函数两种方法完成. legend 的使用格式为：legend('String1','String2','String3',…).

5. 一个图形窗口多个子图的绘制

subplot 命令不仅适用于二维图形，也适用于三维图形. 其本质是将窗口分为几个区域，再在每个小区域中画图形. 其命令格式如下：

- subplot(m,n,i)或 subplot(mni)　把图形窗口分为 m×n 个子图，并在第 i 个子图中画图.
- subplot(m,n,i,'replace')　如果在绘制图形的时候已经定义了坐标轴，该命令将删除原来的坐标轴，创建一个新的坐标轴系统.
- subplot('position',[left bottom width height])　在普通坐标系中创建新的坐标系. left 和 bottom 元素指定子图的左下角相对于图窗的左下角的位置，width 和 height 元素指定子图维度，各元素取 0 和 1 之间的归一化值（基于图窗内界）.

例 2-11　在同一坐标系中画出两个函数 $y=\cos(2x)$，$y=\sin x\sin(6x)$ 的图形，自变量范围为 $0\leqslant x\leqslant\pi$，函数 $y=\cos(2x)$ 用红色星号表示，函数 $y=\sin x\sin(6x)$ 用蓝色实线表示，并加图名、坐标轴、文字、图例标注.

解　MATLAB 命令为：

```
x=0:pi/50:pi;
y1=cos(2*x);y2=sin(x).*sin(6*x);
plot(x,y1,'r*',x,y2,'b- '),grid on
title('曲线 cos(2x)与 sin(x)sin(6x)')
xlabel('x 轴'),ylabel('y 轴')
gtext('y1=cos(2x)'),gtext('y2=sin(x)sin(6x)')
legend('y1=cos(2x)','y2=sin(x)sin(6x)')
```

运行结果如图 2-11 所示.

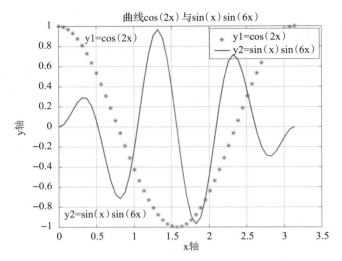

图 2-11 曲线 $y = \cos(2x)$ 与 $y = \sin x \sin(6x)$ 的图形

例 2-12 演示 subplot 命令对图形窗口的分割.

解 MATLAB 命令为:

```
clf;
x=-2:.2:2;
y1=x+sin(x);y2=sin(x)./x;y3=(x.^2);
subplot(2,2,1),plot(x,y1,'m.'),grid on,title('y=x+sinx')
subplot(2,2,2),plot(x,y2,'rp'),grid on,title('y=sinx/x')
subplot('position',[0.2,0.05,0.6,0.45]),
plot(x,y3),grid on,text(0.3,2.3,'x^2')
```

运行结果如图 2-12 所示.

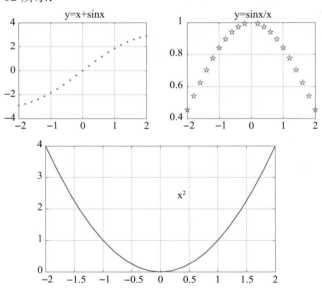

图 2-12 subplot 命令对图形窗口的分割

6. 绘制数值函数二维曲线的命令 fplot

前面介绍的 plot 命令是将函数数值得到的数值矩阵转化为连线图形. 在实际应用中, 如果不太了解某个函数的变化趋势, 在用 plot 命令绘制该图形时, 就有可能因为自变量的范围选取不当而使函数图像失真. 这时我们可以根据微分的思想, 将图形的自变量间隔取得足够小来减小误差, 但是这种方法会增加 MATLAB 处理数据的负担, 降低效率.

MATLAB 提供 fplot 函数来解决该问题. fplot 函数的特点是: 它的绘图数据点是自适应产生的. 在函数平坦处, 它所取数据点比较稀疏; 在函数变化剧烈处, 它将自动取较密的数据点. 这样就可以十分方便地保证绘图的质量和效率.

fplot 的格式是: fplot(fun,limits,tol,linespec).

说明　fun 是函数名, 可以是 MATLAB 已有的函数, 也可以是自定义的 M 函数, 还可以是字符串定义的函数; limits 表示绘制图形的坐标轴取值范围, 有两种方式——[xmin xmax] 表示图形 x 坐标轴的取值范围, [xmin xmax ymin ymax] 则表示 x, y 坐标轴的取值范围; tol 是相对误差, 默认值为 $2e-3$; linespec 表示图形的线型、颜色和数据点等设置.

例 2-13　分别利用 plot 与 fplot 绘制曲线 $y=\cos(1/x)$ 在区间 $[-1,1]$ 的图像, 并进行比较.

解　1) 用 plot 画图. MATLAB 命令为:

```
x=-1:.1:1;
y=cos(1./x)
plot(x,y)
```

运行结果如图 2-13 所示.

2) 用 fplot 画图. MATLAB 命令为:

```
fplot('cos(1./x)',[-1,1])
```

运行结果如图 2-14 所示.

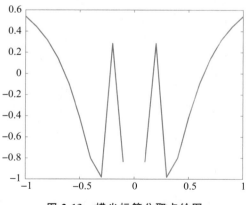

图 2-13　横坐标等分取点绘图

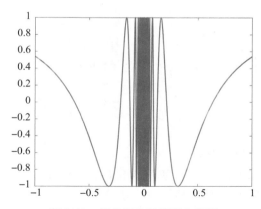

图 2-14　横坐标自适应取点绘图

7. 绘制符号函数二维曲线的命令 ezplot

ezplot 是 MATLAB 为用户提供的简易二维图形命令, 其前两个字符 "ez" 就是 "easy to", 表示对应的命令是简易命令. 这个命令的特点是, 不需要用户准备任何数据, 就可以直接画出字符串函数或者符号函数的图形.

ezplot 命令的调用格式为:

```
ezplot(F,[xmin,xmax])
```

说明　F 可以是字符串表达函数、符号函数、内联函数等,但是所有函数都只能是一元函数.默认区间是 $[-2\pi,2\pi]$.在默认情况下,ezplot 命令会将函数表达式和自变量写成图形名称与横坐标名称,用户可以根据需要使用 title、xlabel 命令来命名图形名称和横坐标名称.

例 2-14　绘制 $y=\dfrac{2}{3}\mathrm{e}^{-\frac{t}{2}}\cos\left(\dfrac{3}{2}t\right)$ 在 $[0,4\pi]$

上的图形.

解　MATLAB 命令为:

```
syms t            %创建符号对象 t
ezplot('2/3*exp(-t/2)*cos(3/2*t)',[0,4*pi])
```

运行结果如图 2-15 所示.

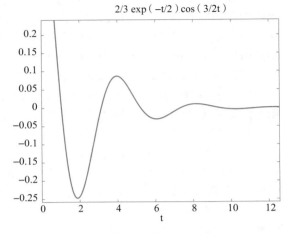

图 2-15　符号函数生成的图形

2.1.3　二维特殊图形

除了 plot 命令外,MATLAB 还提供了许多其他的二维绘图命令,这些命令大大扩充了 MATLAB 的曲线绘图命令集,可以满足用户的不同需求.各种绘图命令及其功能如表 2-4 所示.

表 2-4　二维特殊图形绘图命令

函数名称	功能	函数名称	功能
area	填满绘图区域	fill	填满二维多边形
bar	条形图	pie	饼形图
barh	水平条形图	stem	离散杆图
compass	极坐标向量图	stairs	阶梯图
comet	彗星轨迹图	plotmatrix	矩阵散布图
errorbar	误差条图	ribbon	带状图
quiver	矢量图	contour	等高线图
pcolor	伪色彩图	contourf	填充的等高线图
feather	羽状图	clabel	等高线图标出字符

1. 条形图

MATLAB 中使用函数 bar 和 barh 来分别绘制二维垂直条形图和二维水平条形图.这两个函数的用法相同,其调用格式为:

1) bar(Y)　若 Y 为向量,则分别显示每个分量的高度,横坐标为 1 到 length (Y);若 Y 为矩阵,则把 Y 分解成行向量,再分别画出,横坐标取 1 到 size (Y,1),即矩阵的行数.

2) bar(X,Y)　在指定的横坐标 X 上画出 Y.

3) bar(X,Y,width)　参数 width 用来设置条形的相对宽度和控制在一组内条形的间距.默认值为 0.8,所以,如果用户没有指定 width,则同一组内的条形有很小的间距;若设置 width 为 1，则同一组内的条形相互接触.

4）bar(X,Y,'style')　指定条形的排列类型. 类型有 "group" 和 "stack"，其中 "group" 为默认的显示模式.

- group：若 Y 为 $n \times m$ 矩阵，则 bar 显示 n 组，每组有 m 个垂直条形的条形图.
- stack：将矩阵 Y 的每一个行向量显示在一个条形中，条形的高度为该行向量中的分量和. 其中同一条形中的每个分量用不同的颜色显示出来，从而可以显示每个分量在向量中的分布.

例 2-15　使用 bar 函数与 barh 函数绘图.

解　MATLAB 命令为：

```
y=rand(6,4)*8;
subplot(2,2,1),bar(y,'group'),title('group')
subplot(2,2,2),bar(y,'stack'),title('stack')
subplot(2,2,3),barh(y,'stack'),title('stack')
subplot(2,2,4),bar(y,1.6),title('stack')
```

运行结果如图 2-16 所示.

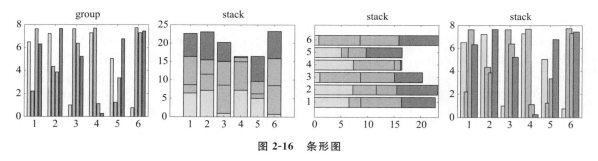

图 2-16　条形图

2. 面积图

area 函数显示向量或矩阵中各列元素的曲线图，该函数将矩阵中的每列元素分别绘制成曲线，并填充曲线和 x 轴之间的空间.

当显示向量或是矩阵中的元素在 x 轴的特定点占所有元素的比例时，面积图十分直观，在默认情况下，area 函数将矩阵中各行的元素集中并将这些值绘制成曲线.

其调用格式为：

- area(Y)　绘制 Y 对一组隐式 x 坐标的图，并填充曲线之间的区域. 如果 Y 是向量，则 x 坐标的范围为 1 到 length（Y）；如果 Y 是矩阵，则 x 坐标的范围是从 1 到 Y 的行数.
- area(X,Y)　绘制 Y 中的值对 x 坐标 X 的图. 然后，该函数根据 Y 的形状填充曲线之间的区域. 如果 Y 是向量，则该图包含一条曲线. area 填充该曲线和水平轴之间的区域；如果 Y 是矩阵，则该图对 Y 中的每列都包含一条曲线. area 填充这些曲线之间的区域并堆叠它们，从而显示在每个 x 坐标处每个行元素在总高度中的相对量.

例 2-16　绘制面积图.

解　MATLAB 命令为：

```
x=1:4;
y=[1 4 2;2 4 3;4 7 5;0 5 4];
```

```
area(x,y)
```
运行结果如图 2-17 所示.

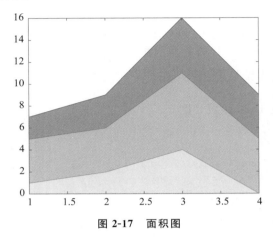

图 2-17   面积图

3. 饼形图

在统计学中，经常要用到饼形图来表示各个统计量占总量的份额，饼形图可以显示向量或矩阵中元素在总体的百分比. MATLAB 中使用 pie 函数来绘制二维饼形图. 其调用格式为：

- pie(Y)   绘制 Y 的饼形图，如果 Y 是向量，则 Y 的每个元素占有一个扇形，其顺序为从饼形图上方正中开始，以逆时针为序，分别是 Y 的每个元素；如果 Y 是矩阵，则按照各列的顺序排列. 在绘制时，如果 Y 的元素之和大于 1，则按照每个元素所占的百分比绘制；如果元素之和小于 1，则按照每个元素的值绘制，绘制出一个不完整的饼形图.

- pie(Y,explode)   参数 explode 设置相应的扇形偏离整体图形，用于突出显示.

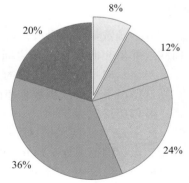

例 2-17   某班数学考试，90 分及以上 20 人，80～90 分（不含）36 人，70～80 分（不含）24 人，60～70 分（不含）12 人，60 分以下 8 人，绘制二维饼形图.

解   MATLAB 命令为：

```
x=[20 36 24 12 8];
explode=[0 0 0 0 1];% 让不及格的部分脱离饼形图
pie(x,explode)
```
运行结果如图 2-18 所示.

4. 离散型数据图

图 2-18   饼形图

MATLAB 使用 stem 和 stairs 绘制离散数据，分别生成火柴棍图形和二维阶梯图形. stem 调用格式为：

- stem(Y)   画火柴棍图. 该图用线条显示数据点与 x 轴的距离，并在数据点处绘制一小圆圈.

- stem(X,Y)   按照指定的 x 绘制数据序列 y.

- stem(X,Y,'fill')　给数据点处的小圆圈着色.
- stem(X,Y,'lineSpec')　指定线型、标记符号和颜色.

例 2-18　绘制离散型数据图.

解　MATLAB 命令为:

```
x=0:.1:2;
stem(exp(-x.^2),'fill','r-.')
```

运行结果如图 2-19 所示.

stairs 函数用来绘制二维阶梯图形, 其用法与 stem 相同, 此处不再赘述.

例 2-19　绘制正弦波的阶梯图形.

解　MATLAB 命令为:

```
x=0:pi/20:2*pi;
y=sin(2*x);
stairs(x,y)
```

运行结果如图 2-20 所示.

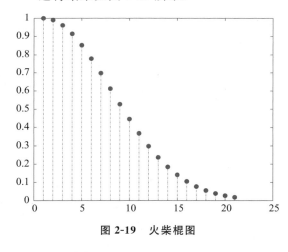

图 2-19　火柴棍图

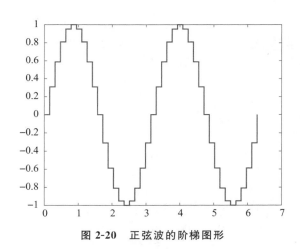

图 2-20　正弦波的阶梯图形

5. 极坐标图形

在 MATLAB 中, 除了可以在熟悉的直角坐标系中绘图外, 还可以在极坐标中绘制各种图形.

绘制极坐标图形用函数 polarplot, 其常用的调用格式为:

- polar(theta,r)　使用极角 theta（弧度制）和极径 r 绘制极坐标图形, 这两个参数可以是向量或矩阵. 当它们是向量时, 它们必须具有相同的长度. 当它们是矩阵时, 它们的大小必须相同.
- polarplot(theta,rho,LineSpec)　可以设置极坐标图形中的线条线型、标记类型和颜色等主要属性.
- polarplot(theta1,rho1,...,thetaN,rhoN)　绘制多个 rho 和 theta 对组.
- polarplot(theta1,rho1,LineSpec1,...,thetaN,rhoN,LineSpecN)　指定每个线条的线型、标记符号和颜色.

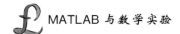

例 2-20   绘制 $\rho = |\sin(4t)|$ 在一个周期内的曲线.

解   MATLAB 命令为：

```
t=0:pi/50:2*pi;
polarplot(t,abs(sin(4*t)),'r')
```

运行结果如图 2-21 所示.

6. 等高线的绘制

等高线用于创建、显示并标注由一个或多个矩阵确定的等值线，绘制二维等高线最常用的是 contour 函数，其调用格式为：

- contour(Z)   绘制矩阵 Z 的等高线，绘制时将 Z 在 $X-Y$ 平面上插值，等高线数量和数值由系统根据 Z 自动确定.
- contour(Z,n)   绘制矩阵 Z 的等高线，等高线数目为 n.
- contour(Z,v)   绘制矩阵 Z 的等高线，等高线的值由向量 v 决定.
- contour(X,Y,Z)   绘制矩阵 Z 的等高线，坐标值由矩阵 X 和 Y 指定，矩阵 X、Y、Z 的维数必须相同.
- contour(...,LineSpec)   利用指定的线型绘制等高线.

例 2-21   绘制三维函数 peaks 的等高线.

解   MATLAB 命令为：

```
n=-2:0.2:2;
[X,Y,Z]=peaks(n);% X 和 Y 是用于绘制等高线的坐标值,等价于 meshgrid(n)产生的值
contour(X,Y,Z,10)
```

运行结果如图 2-22 所示.

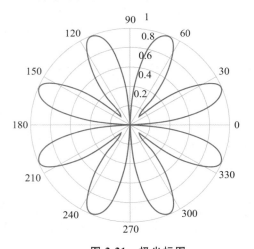

图 2-21   极坐标图

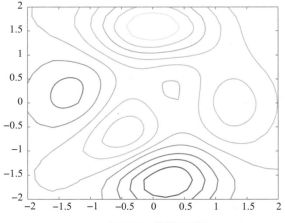

图 2-22   等高线图

2.2   MATLAB 三维绘图

2.2.1   三维曲线绘图命令

在 MATLAB 中，plot3 函数用于绘制三维曲线. 它与 plot 相同，都是 MATLAB 内部函

数. 其使用格式是:

- plot3(X,Y,Z)
- plot3(X,Y,Z,'String')
- plot3(X1,Y1,Z1,'String1',X2,Y2,Z2,'String2',...)

其中, X1、Y1、Z1 可以为向量或者矩阵, 通过 String 来控制曲线的颜色、线型和数据点.

当 X1、Y1、Z1 为长度相同的向量时, plot3 命令将绘制一条分别以向量 X1、Y1、Z1 为 X、Y、Z 轴坐标值的空间曲线; 当 X1、Y1、Z1 为矩阵时, 该命令以每个矩阵的对应列为 X、Y、Z 坐标绘制出空间曲线.

空间参数曲线的方程为 $x = x(t)$, $y = y(t)$, $z = z(t)$, 参数 t 连接了变量 x, y, z 的函数关系. MATLAB 提供了空间参数曲线绘图功能.

例 2-22　绘制三维曲线图:

$$\begin{cases} x = t\sin t \\ y = t\cos t \quad (0 \leqslant t \leqslant 20\pi) \\ z = t \end{cases}$$

解　MATLAB 命令为:

```
t=0:pi/10:20*pi;
x=t.*sin(t);
y=t.*cos(t);
z=t;
plot3(x,y,z)
```

运行结果如图 2-23 所示.

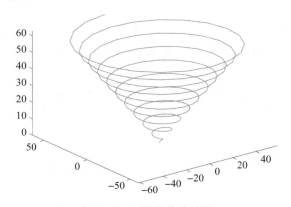

图 2-23　三维圆锥曲线图

例 2-23　在同一坐标系下绘制如下两个函数的图像:

$$\begin{cases} x = t\sin t \\ y = t\cos t \\ z = t \end{cases} \text{ 与 } \begin{cases} x = t\sin t \\ y = t\cos t, \text{ 其中 } 0 \leqslant t \leqslant 10\pi \\ z = -t \end{cases}$$

解　MATLAB 命令为:

```
t=linspace(0,10*pi,1001);
plot3(t.*sin(t),t.*cos(t),t,t.*sin(t),t.*cos(t),-t)
```

运行结果如图 2-24 所示.

例 2-24　使用 plot3 函数绘制三维螺旋线，并用红色星号线画出.

解　MATLAB 命令为：

```
t=0:pi/50:10*pi;        %设置自变量 t 的取值范围
plot3(sin(t),cos(t),t,'r*');
grid on;                %显示网格
axis square             %使三个坐标轴等长
```

运行结果如图 2-25 所示.

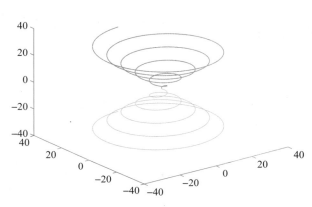

图 2-24　两条对称的三维圆锥曲线图

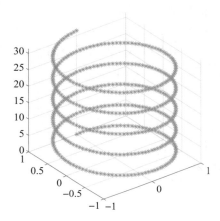

图 2-25　三维螺旋线

2.2.2　控制参数

三维图形比二维图形具有更多的控制信息，除了可以像二维图形那样控制线型、颜色外，还可以控制图形的视角、材质、光照等，这些是二维图形所没有的.

1. 视角控制命令 view

三维视图表现一个空间内的图形，为了使图形的效果更逼真，可以从不同的位置和角度来观察该图形. MATLAB 提供了图形视角控制命令，view 函数主要用于从不同的角度观察图形. 其调用格式为：

- view(az,el)　设置查看三维图的三个角度，其中 az 为水平方位角，从 Y 轴负方向开始，以逆时针方向旋转为正；el 为垂直方位角，以向 Z 轴方向的旋转为正，以向 Z 轴负方向的旋转为负.
- view([x,y,z])　在笛卡儿坐标系下的视角，而忽略向量 x，y，z 的幅值.
- view(2)　设置默认的二维视角，此时 az＝0，el＝90.
- view(3)　设置默认的三维视角，此时 az＝－37.5，el＝30.

例 2-25　绘制函数 $z=x\mathrm{e}^{-x^2-y^2}$，并从不同的角度观察图形.

解　MATLAB 命令为：

```
t=-2:0.1:2;
[x,y]=meshgrid(t);
z=x.* exp(-x.^2-y.^2);
subplot(2,2,1),surf(x,y,z)
```

```
view(3)
subplot(2,2,2),surf(x,y,z)
view(30,30)
subplot(2,2,3),surf(x,y,z)
view(30,0)
subplot(2,2,4),surf(x,y,z)
view(-120,30)
```

运行结果如图 2-26 所示.

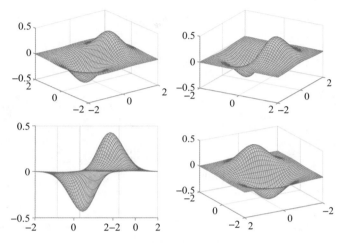

图 2-26　以不同的视角看表面图

2. 旋转控制命令 rotate

rotate 命令的调用格式为：rotate(h,direction,alpha)，该命令将图形绕方向旋转一个角度，其中参数 h 表示旋转对象；参数 direction 有两种方法设置方向，即球坐标设置法（将其设置为 [theta,phi]，其单位是度）和直角坐标法（[x,y,z]）；参数 alpha 是按右手法旋转的角度.

例 2-26　利用 rotate 从不同的角度查看函数 $z = x\,\mathrm{e}^{-x^2-y^2}$.

解　MATLAB 命令为：

```
t=-2:0.1:2;
[x,y]=meshgrid(t);
z=x.*exp(-x.^2-y.^2);
h=surf(z)
rotate(h,[-2,-2,0],30,[2,2,0])
colormap cool
```

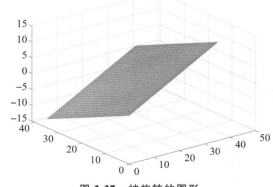

图 2-27　被旋转的图形

运行结果如图 2-27 所示.

说明　使用 view 命令旋转的是坐标轴，而使用 rotate 命令旋转的是图形本身，而坐标轴不变.

还有一个动态旋转命令 rotate3d，可以让用户使用鼠标来旋转视图，无须自行输入视角的角度参数.

例 2-27　使用动态旋转命令调整三维函数 peaks 的视角.

　　解　MATLAB 命令为：

```
surf(peaks(40));
rotate3d;
```

运行结果如图 2-28 所示.

图形中会出现旋转的光标，可以在图形区域按住鼠标左键来回调整视角，在图形窗口的左下方会出现所调整的角度.

调整一定角度后（az=70,el=25），出现的图形如图 2-29 所示.

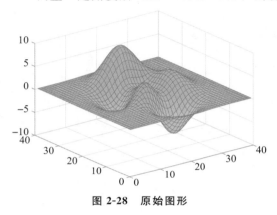
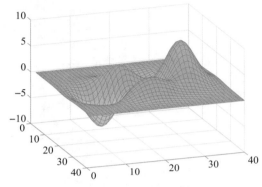

图 2-28　原始图形　　　　　　　　　　　图 2-29　旋转后的图形

3. 背景颜色控制命令 colordef

丰富的颜色可以使图形更有表现力，MATLAB 提供了多种色彩控制命令，它们可以对整个图形中的所有因素进行颜色设置.

设置图形背景颜色的命令是 colordef，其调用格式为：

- colordef white　　将图形的背景颜色设置为白色.
- colordef black　　将图形的背景颜色设置为黑色.
- colordef none　　将图形背景和图形窗口的颜色设置为默认的颜色.
- colordef(fig,color_option)　　将图形句柄 fig 图形的背景设置为由 color_option 设置的颜色.

说明　它将影响其后产生的图形窗口中所有对象的颜色.

例 2-28　为 peaks 函数设置不同的背景颜色.

　　解　MATLAB 命令为：

```
subplot(1,3,1);colordef none;
surf(peaks(35));
subplot(1,3,2);colordef black;
surf(peaks(35));
subplot(1,3,3);colordef white;
surf(peaks(35));
```

运行结果如图 2-30 所示.

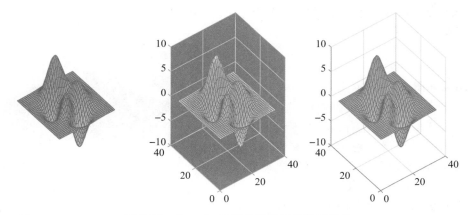

图 2-30　为 peaks 函数设置不同的背景颜色

4. 图形颜色控制命令 colormap

在 MATLAB 中，除了可以方便地控制图形的背景颜色外，还可以控制图形的颜色与表现，这主要由函数 colormap 来完成，其调用格式为：

```
colormap([R,G,B])
```

用单色绘图，[R,G,B]代表一个配色方案，R 代表红色，G 代表绿色，B 代表蓝色，且 R、G、B 必须在 [0 1] 区间内．通过设置 R、G、B 的大小，可以调制出不同的颜色．

表 2-5 列出了一些常见的颜色配比方案．

在 colormap([R,G,B])命令中，函数的变量[R,G,B]是一个三列矩阵，行数不限，这个

表 2-5　MATLAB 中常见的颜色配比方案

R（红色）	G（绿色）	B（蓝色）	调制的颜色
0	0	0	黑
1	1	1	白
1	0	0	红
0	1	0	绿
0	0	1	蓝
1	1	0	黄
1	0	1	洋红
0	1	1	青蓝
1	1/2	0	橘黄
1/2	0	0	深红
1/2	1/2	1/2	灰色

矩阵就是色图矩阵．色图可以通过矩阵元素的直接赋值来定义，也可以按照某个数据规律产生．

MATLAB 预定义了一些色图矩阵 CM 数值，它们的维度由其调用格式来决定．调用格式为：

```
colormap(CM)
```

表 2-6 列出了 MATLAB 中常用的色图矩阵名称及其含义．

表 2-6　色图矩阵名称及其含义

名称	含义	名称	含义
bone	蓝色调灰色图	hot	黑红黄白色图
cool	青红浓淡色图	hsv	饱和色图
copper	纯铜色调浓淡色图	jet	蓝头红尾的饱和色图
flag	红白蓝黑交错图	pink	粉红色图
gray	灰度调浓淡色图	prism	光谱色图

例 2-29 绘制 peaks 函数的图形，同时设置该图形的颜色.

解　MATLAB 命令为：

```
surf(peaks(100));
colormap(cool)
```

运行结果如图 2-31 所示

5. 图形着色控制命令 shading

在 MATLAB 中，除了可以为图形设置不同的颜色外，还可以设置颜色的着色方式. 着色控制命令由 shading 命令决定，其调用格式为：

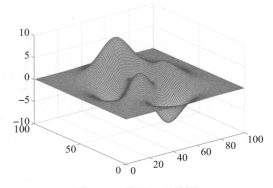

图 2-31　使用 cool 绘图

- shading flat　使用平滑方式着色. 网格图的某条线段或者曲面图中的某个贴片都是一种颜色，该颜色取自线段的两端，或者该贴片四顶点中下标最小那点的颜色.
- shading interp　使用插值的方式为图形着色. 网格图线段或者曲面图贴片上各点的颜色由该线段两端，或者该贴片四顶点的颜色线性插值所得.
- shading faceted　以平面为单位进行着色，在 flat 用色的基础上，在贴片上的四周勾画黑色网线，是系统默认值.

例 2-30 绘制圆，然后进行不同的着色.

解　MATLAB 命令为：

```
[X,Y,Z]=sphere(30);
subplot(1,3,1);surf(X,Y,Z);shading interp
subplot(1,3,2);surf(X,Y,Z);shading flat
subplot(1,3,3);surf(X,Y,Z)
```

运行结果如图 2-32 所示.

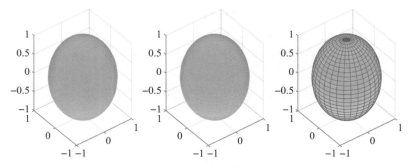

图 2-32　图形的不同着色方式

6. 透视控制命令 hidden

在 MATLAB 中，当使用 mesh、surf 等命令绘制三维图形时，三维图形后面的网格线会隐藏重叠，如果要了解隐藏的网格线，需要使用透视控制命令 hidden. 其调用格式为：

- hidden on　消隐重叠线.
- hidden off　透视重叠线.

例 2-31　透视演示.

解　MATLAB 命令为：

```
[X0,Y0,Z0]=sphere(30);
X=2* X0;Y=2* Y0;Z=2* Z0;
surf(X0,Y0,Z0);                     %画里面的小球
shading interp                      %使用插值方法着色
hold on,mesh(X,Y,Z),colormap(hot),  %画外面的大球
hold off
hidden off                          %透视外面大球看到里面的小球
axis equal,axis off                 %使坐标轴在三个方向上刻度增量相同,并消隐坐标轴
```

运行结果如图 2-33 所示.

7. 光照控制命令 light

MATLAB 提供了许多函数对图形中的光源进行定位，并改变光照对象的特征，如表 2-7 所示.

图 2-33　剔透玲珑球

表 2-7　MATLAB 的图像光源操作函数

函数	功能
camlight	设置并移动关于摄像头的光源
lightangle	在球坐标下设置或定位一个光源
light	设置光源
lighting	选择光源模式
material	设置图形表面对光照的反应模式

在表 2-7 中，light 函数用于设置光源，其调用格式为：

- light('PropertyName',Propertyvalue,...)　创建光源并设置其属性.
- handle=light(...)　返回所创建光源的句柄.

例 2-32　生成一个曲面图，之后添加光源.

解　绘制 peaks 函数的曲面图，MATLAB 命令为：

```
z=peaks(50);
surf(z)
```

运行结果如图 2-34 所示.

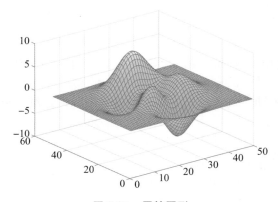

图 2-34　原始图形

现在给曲面图添加光源，MATLAB 命令为：

```
light('position',[20,20,5])
```

运行结果如图 2-35 所示.

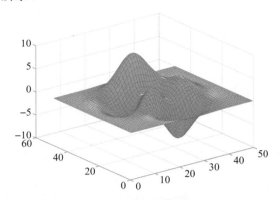

图 2-35　添加了光源后的曲面图

图 2-35 显示的是添加光源的图形，而且射向图形的角度是 $[20,20,5]$.

2.2.3　三维特殊图形

表 2-8 列出了 MATLAB 中的一些三维特殊图形函数.

表 2-8　三维特殊图形函数

函数	功能	函数	功能
comet3	三维彗星轨迹图	slice	实体切片图
meshc	三维网格与等高线组合图	surfc	三维表面与等高线组合图
meshz	带台柱的三维曲面	surfl	具有高度的三维表面图
pie3	三维饼形图	trisurf	三角表面图
stem3	三维离散杆图	trimesh	三角网状表面图
quiver3	三维矢量图	waterfall	瀑布图
contour3	三维等高线图	bar3	三维条形图
cylinder	生成圆柱体	bar3h	三维水平条形图
sphere	生成球体		

1. 三维条形图

在 MATLAB 中，使用 bar3 和 bar3h 来绘制三维条形图，其调用格式与二维图形函数 bar 和 barh 相似.

例 2-33　使用 bar3 和 bar3h 绘制一个随机矩阵的横向与纵向三维条形图.

解　MATLAB 命令为：

```
X=rand(6,6)*10;        %产生 6×6 矩阵,其中每个元素为 1~10 之间的随机数
subplot(2,2,1),bar3(X,'detached'),title('detached');
subplot(2,2,2),bar3(X,'grouped'),title('grouped');
subplot(2,2,3),bar3h(X,'stacked'),title('stacked');
subplot(2,2,4),bar3h(X,'detached'),title('detached');
```

运行结果如图 2-36 所示.

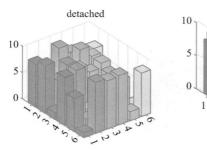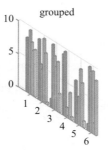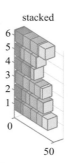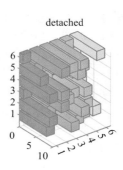

图 2-36　三维条形图

2. 三维饼形图

饼形图是分析数据比例时常用的图表类型，主要用于显示各个项目与其总和的比例关系，它强调部分与整体的关系.

pie3 函数用于绘制三维饼形图，其用法与二维饼形图绘制函数 pie 基本相同.

例 2-34　绘制三维饼形图，分析各个部分销量所占的比例.

解　MATLAB 命令为：

```
x=[1 4 2 1 1 1]        %产生一个含有6个数构成的向量
explode=[0 1 0 0 0 0];  %分离出向量 x 的第二个元素
pie3(x,explode)
```

运行结果如图 2-37 所示.

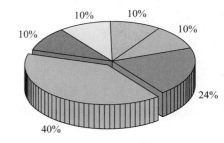

图 2-37　三维饼形图

3. 三维离散杆图

stem3 函数用于绘制三维离散杆图，其用法与二维离散图的 stem 函数基本相同.

例 2-35　使用 stem3 函数绘制 $y=\mathrm{e}^{-st}+11$ 的三维离散杆图.

解　MATLAB 命令为：

```
t=0:0.1:10;
s=0.1+i
y=exp(s*t);
stem3(real(y),imag(y),t)
hold on
plot3(real(y),imag(y),t,'r')
hold off
view(-39.5,62)
```

运行结果如图 2-38 所示.

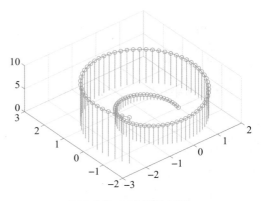

图 2-38　三维离散杆图

4. 柱坐标图

在 MATLAB 中，绘制柱坐标图的主要命令是 pol2cart. 这个命令用于将极坐标或者柱坐标的数值转换成直角坐标系下的坐标值，然后使用三维绘图命令进行绘图，也就是在直角坐标系统下绘制使用柱坐标值描述的图形.

例 2-36   绘制柱坐标图.

解   MATLAB 命令为:

```
t=0:pi/50:4*pi;
r=sin(t);
[x,y]=meshgrid(t,r);
z=x.*y;
[X,Y,Z]=pol2cart(x,y,z);
mesh(X,Y,Z)
```

运行结果如图 2-39 所示.

5. 三维等高线

contour3 函数用于绘制一个矩阵的三维等高线图, 其用法与绘制二维等高线图的 contour 函数基本相同.

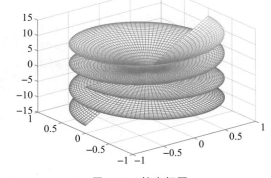

图 2-39   柱坐标图

例 2-37   绘制函数 $z = x\mathrm{e}^{-x^2 - y^2}$ 的等高线图.

解   MATLAB 命令为:

```
t=-2:0.25:2;
[x,y]=meshgrid(t);
z=x.*exp(-x.^2-y.^2);
contour3(x,y,z,36)          %绘制 z 的等高线,36 为等高线的数目
grid off                    %去掉网格线
```

运行结果如图 2-40 所示.

如果使用表 2-6 中的 cool 颜色图并加视角, 则 MATLAB 命令为:

```
t=-2:0.25:2;
[x,y]=meshgrid(t);
z=x.*exp(-x.^2-y.^2);
contour3(x,y,z,36)                                    %绘制 z 的等高线,36 为等高线的数目
hold on                                               %保留等高线
surf(x,y,z,'EdgeColor',[0.8 0.8 0.8],'FaceColor','none')  %绘制表面图
grid off                                              %去掉网格线
view(-15,25)                                          %设定视角
colormap cool                                         %建立颜色图
```

运行结果如图 2-41 所示.

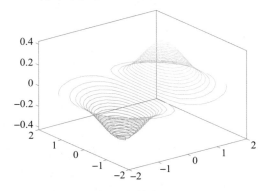

图 2-40   等高线图

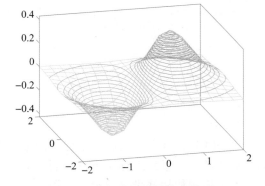

图 2-41   加了视角的等高线图

2.3　图形对象及其句柄

学习完绘制三维图形后，本节将进一步深入学习如何对图形图像进行操作，MATLAB 所能绘制的图形多种多样，可以通过"句柄"的方法简单直接地查询、修改、增添图形的一系列性质与修饰. 通过基本时间控制函数 pause 或基本电影函数 movie，可以实现图形的变换、旋转，以达到动态效果.

2.3.1　图形对象及句柄简介

"对象"一词在计算机科学中常常用以表示对数据整体结构、整体性质的概括，是数据与命令的封装整体. 在 MATLAB 中则有"图形对象"概念（即图形的数据指令集合封装体）. 使用图形的句柄，可以轻松查找图形，并设定、改变图形的各种性质.

1. 图形对象

MATLAB 的图形对象包括计算机屏幕、图形窗口、用户菜单、坐标轴、用户控件、曲线、曲面、文字、图像、光源、区域块和方框等. MATLAB 在计算机屏幕上生成图形窗口，并为绘图函数提供表达空间. 注意到以上几种图形对象具有一定的层次关系，如图 2-42 所示.

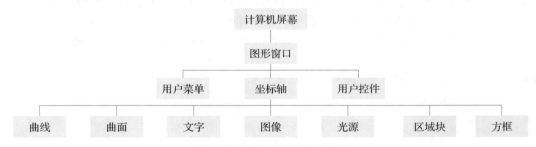

图 2-42　图形对象的层次关系

可以用父-子对象来描述这种层次关系：计算机屏幕是最高等级的父对象，图形窗口是它的子对象，而用户菜单、坐标轴和用户控件则作为图形窗口的子对象. 在图形窗口内创建坐标轴对象后，可以为坐标轴添加曲线、文字、光源等（图形窗口的）子对象.

必须注意的是，每个具体图形不必包含每个对象，如坐标轴对象不一定包含文本对象，但每个图形必须具备根屏幕和图形窗口. 实际上，如果没有图形窗口，绘图函数会以默认属性创建一个新图形窗口和坐标轴，例如：

```
clear;
[x,y]=meshgrid(1:1:10,1:1:10)
Hm_ax=axis
```

以上命令虽然没有建立坐标轴，但是坐标轴的句柄值已然存在（能够输出 Hm_ax）.

2. 图形对象句柄创建与查找

MATLAB 在创建每一个图形对象时都会为该对象分配唯一的一个值，这个值称为图形对象句柄（Handle）. 例如，图形窗口的句柄通常出现在图形窗口标题条中. 在 MATLAB 中可以先创建对象，然后将对象的句柄赋给变量，命令格式为：

```
Hf_fig=figure    按照默认属性建立一个图形窗口对象并赋值.
```

也可以直接将对象句柄赋给变量并显示，命令格式为：

- Hf_fig=gcf 将当前窗口的句柄赋给 Hf_fig 变量．
- Ha_ax=gca 将当前窗口内坐标轴的句柄赋给 Ha_ax 变量．
- Hx_obj=gco(Hf_fig) 返回与 Hf_fig 相关的当前对象的句柄．

Hf_fig 与 Ha_ax 仅仅是被赋值的变量，是可以任意改变的，但是通常以 H 开头，后接对象类型的英文首字母，再接下画线．

如果一个函数中包含多个图形，则返回含有与图形数量相同的句柄列向量，命令格式为：

Hf_wfall=waterfall(peaks(10)) 返回包含 10 个句柄的列向量．

句柄是图形对象的唯一标识符，不同对象的句柄不可能重复和混淆．

我们不仅可以获得对象的句柄，还可以通过该句柄对图形对象的属性进行设置，也可以获取与图形对象有关的属性值，从而能够更自主地绘制各种图形．

3. 属性名与属性值、修改属性值

MATLAB 给每种对象的每一个属性规定了一个名字，称为属性名，而属性名的取值称为属性值．比如 Color 是线条对象的一个属性名，它控制着线条对象的颜色属性；"r" 则是属性值，表示线条对象取红色．使用 get 函数和 set 函数可以方便地获取、控制对象的属性．

1) get 函数——返回指定句柄的属性值，其调用格式如下：

get(handle,'PropertyName') 如果在调用 get 函数时省略属性名，则返回句柄的所有属性值．

例 2-38 新建一个图形窗口，并输出其位置属性值．

解 MATLAB 命令为：

```
Hf_fig=figure;
get(Hf_fig,'position')
```

运行结果为：

```
ans=
    440 278 560 420
```

例 2-39 新建一个图形窗口，并输出其所有属性值．

解 MATLAB 命令为：

```
Hf_fig=figure;
get(Hf_fig)
```

运行结果为：

```
Alphamap:[0 0.0159 0.0317 0.0476 0.0635…](1×64 double)
BeingDeleted:off
BusyAction:'queue'
…(这里省略图像的诸多属性值)
WindowState:'normal'
indowStyle:'normal'
```

2) set 函数——控制对象的属性，其命令格式为：

set(句柄,属性名 1,属性值 1,属性名 2,属性值 2,…)

其中句柄用于指明要操作的图形对象．如果在调用 set 函数时省略全部属性名和属性值，则将显示出句柄所有的允许属性．

4. 默认属性

MATLAB 允许用户设置自己的默认属性，如果不想采用系统默认属性，则必须通过句柄改变这些属性. 可以通过一个以"Deafault"开头的特殊字符串更改默认属性，例如：

set(0,'DefaultFigureColor',[0.5 0.5 0.5])　表示将图形对象设定为灰色，该属性应用于所有根对象（即计算机屏幕的 0 值）.

同样也可以设置坐标系的线条颜色，命令格式为：

set(gcf,'DefaultAxesColor','r')　表示将线设置为红色.

例 2-40　绘制曲线 $y=\sin x$，并对图形窗口、曲线、标注设置不同属性值.

解　MATLAB 命令为：

```
x=0:pi/10:4*pi;y=sin(x);
Hf_fig=figure(1);
Hx_pos=get(Hf_fig,'position'),        %显示窗口位置属性:600 200 500 400
Hx_plot=plot(x,y);
Hx_color=get(Hx_plo,'color')          %显示线的颜色:0 0.4470 0.7410
Ht_tex=text(10,0.8,'y=sinx');
b3=get(Ht_tex,'fontsize')             %显示图形标注的字号 10
pause
set(Hf_fig,'position',[200,200,500,400])
set(Hx_plot,'color','b','LineStyle','- .','linewidth',4,'marker','s','markersize',10,'marker-
    facecolor' ,'m','markeredgecolor','g')
set(Ht_tex,'fontsize',15)             %设置图形标注的字号:20
set(gca,'fontsize',10)                %设置坐标轴的字号
```

运行结果如图 2-43 所示.

例 2-41　设置三维图形对象的属性值.

解　MATLAB 命令为：

```
clc;
x=-2:0.1:2;
[X,Y]=meshgrid(x);
Z=X.*exp(-X.^2-Y.^2);
h=surf(X,Y,Z);
get(h)
set(h,'edgecolor','b','facecolor','g','edgealpha',0.3,'facealpha',0.3)
```

运行结果如图 2-44 所示.

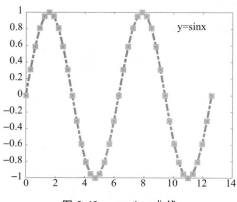

图 2-43　$y=\sin x$ 曲线

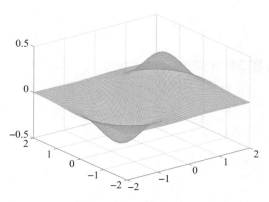

图 2-44　例 2-41 图像

2.3.2 动态图形

动态图形的设计依赖于图形的逐帧快速播放，图像生成的每一帧都需要依赖特定的图像生成函数、循环语句完成，而帧与帧之间的间断由 pause 函数完成，制造顺序播放图形的思路便由此形成．MATLAB 动画制作功能强大，可以对图形进行旋转、平移、变换等操作，本小节将介绍如何使用 MATLAB 制作二维、三维动画.

1. pause 函数

pause 函数常用来表示间隔 t(s) 时间后执行下一条命令，其具体调用格式如下：

```
pause(t)
```

1.3.4 节详细介绍过 pause 语句，这里不再赘述.

例 2-42　在坐标轴上依次生成 5 个点，时间间隔为 1s.

解　MATLAB 命令为：

```
x=[1,2,3,4,5]
y=[1,2,3,4,5]
for i=1:5
    plot(x(i),y(i),'b*')    %点用"*"来表示
    pause(1)
    hold on
end
```

运行结果如图 2-45 所示．请同学们自行调试.

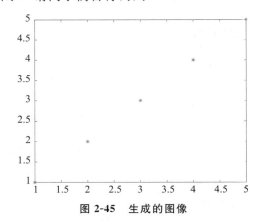

图 2-45　生成的图像

例 2-43　绘制 $\sin x$ 在 0 到 4π 上的动态生成图像，其中规定间隔时间为 0.01s.

解　MATLAB 命令为：

```
format long e;
x=linspace(0,4*pi,1000);
y=sin(x);
for k=1:length(x)
plot(x(k:k+1),y(k:k+1),'b','Linewidth',6);
axis([0 4*pi-1 1]);
hold on;
pause(0.01);
end
```

运行结果如图 2-46 所示.

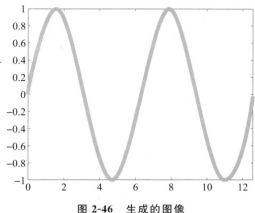

例 2-43 运行结果
的动态图

图 2-46　生成的图像

　　例 2-42 和例 2-43 简要说明了函数图形可以由几个函数生成至图形窗口，其中一些修改函数图形形状、角度的函数在之前已经详细说明，这里不再重复说明函数的具体调用方法，我们可以应用图像生成函数、pause 函数、for 循环来对图形进行动态化处理.

例 2-44　将正弦曲线向左平移，画出平移过程.

　　解　MATLAB 命令为：

```
t=-2*pi:pi/10:2*pi;
y1=sin(t);y2=cos(t);
plot(t,y2,'b')            %余弦
hold on,h=plot(t,y1,'m')  % 正弦
for i=0:0.2:10
y1=sin(t+i*pi/2);
set(h,'ydata',y1);
pause(0.2)
end
```

运行结果如图 2-47 所示.

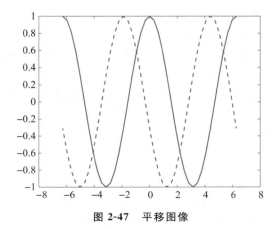

例 2-44 运行结果
的动态图

图 2-47　平移图像

例 2-45   圆的动态绘制过程.

解   MATLAB 命令为：

```
t=0:pi/20:2*pi;
x=cos(t);y=sin(t);
plot(x,y,'color',[0.5,0.5,0.5])
axis equal,hold on
h_r=plot(0,0,'w')
n=length(t);
h_txt=text(0,0.8,'')
for i=1:n
if i>=2
plot([x(i),x(i-1)],[y(i),y(i-1)],'r-','linewidth',2)
end
set(h_r,'xdata',[0,x(i)],'ydata',[0,y(i)],'color','b')
set(h_txt,'string',['(',num2str(x(i)),',',num2str(y(i)),')'])
pause(0.1)
end
```

运行结果如图 2-48 所示.

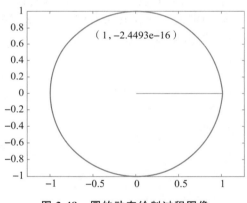

图 2-48   圆的动态绘制过程图像

例 2-45 运行结果
的动态图

例 2-46   绘制平面 $z=a(-150<a<200)$ 与马鞍面 $z=x^2-2y^2$ 构成的交线，并展示随着平面向上平移过程中，交线的动态变化情况.

解   本题分成两步，首先绘制初始状态时平面 $z=-150$ 与马鞍面的交线，然后绘制动态过程.

1）先画出初始状态（即 $a=-150$）时平面与马鞍面的交线，MATLAB 命令为：

```
clf;hold on
t=-10:0.1:10;
[x,y]=meshgrid(t);
z1=(x.^2- 2* y.^2);
mesh(x,y,z1,'edgealpha',0.4,'facealpha',0.4);
view(3);grid on
z2=-150*ones(size(x));
h_surf=mesh(x,y,z2,'edgealpha',0.3,'facealpha',0.3,'edgecolor','g','facecolor','g');
r0=abs(z1-z2)<=0.5;
```

```
zz=r0.*z2;yy=r0.*y;xx=r0.*x;
h_curve=plot3(xx(r0==1),yy(r0==1),zz(r0==1),'r.');
h_txt=text(0,0,100,'z=-150');
```

运行结果如图 2-49 所示.

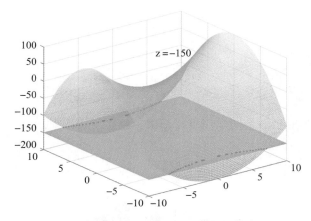

图 2-49　初始状态时平面与马鞍面的交线

2）画出随着 a 的值从小到大变化，交线的变化过程，MATLAB 命令为：

```
for a=-150:3:60
z2=a*ones(size(x));
set(h_surf,'zdata',z2)
r0=abs(z1-z2)<=0.5;
zz=r0.*z2;yy=r0.*y;xx=r0.*x;
set(h_curve,'xdata',xx(r0==1),'ydata',yy(r0~=0),'zdata',zz(r0==1))
set(h_txt,'string',['z=',num2str(a)])
pause(0.1)
end
```

例 2-46 运行结果
的动态图

运行结果如图 2-50 所示.

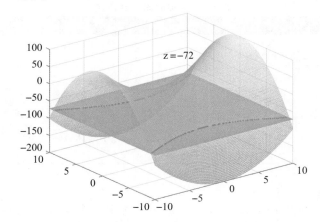

图 2-50　随着 a 的值从小到大变化，交线的变化过程

例 2-47   使用 rotate 函数旋转 $z = x\mathrm{e}^{-x^2-y^2}$ 函数.

解   MATLAB 命令为:

```
t=-2:0.1:2;
[x,y]=meshgrid(t);
colormap cool;
for i=0:1:360
  z=x.*exp(-x.^2-y.^2);
  h=surf(z)
  rotate(h,[0,0,1],i)
  pause(0.01)
end
```

运行结果如图 2-51 所示. 请同学们自行调试, 观察旋转图形.

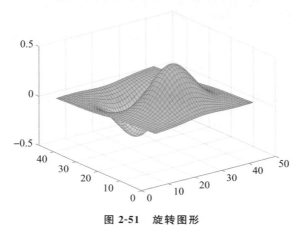

例 2-47 运行结果
的动态图

图 2-51   旋转图形

除了 pause 函数外, MATLAB 还向用户提供了 Tic、Toc 等丰富的时间控制函数, 如表 2-9 所示.

表 2-9   各种时间控制函数

函数功能	函数名称	函数调用格式
启动计时器	Tic	(start=)tic
读取计时器时间	Toc	t=tic([time])
获取时间值	GetSecs	s=GetSecs
等待指定时间	WaitSecs	wakeup=wakeup(s)% 以秒为单位
获取时间	GetTicks	Ticks=GetTicks
等待时间	WaitTicks	WaitTicks(wait)
时间精度	GetBusTicksTick	Period=GetBusTicksTick

2. getframe、movie 函数

除了使用 pause 函数及 for 循环来对图形进行控制外, MATLAB 还提供了捕捉和播放动画所需的工具, 即 getframe、movie 函数. getframe 函数可以对当前的图形进行快照操作, movie 函数则可以按顺序回放各帧. getframe 函数的调用格式如下:

- `F=getframe`　表示获取当前的坐标区或图像作为影像帧. 被赋值的 F 是一个结构体, 例如, 可以通过调用 f.cdata 调用所捕获的图像数据.
- `F=getframe(Hx)`　表示从句柄 Hx 中得到动画帧.
- `F=getframe(Hx,rec)`　表示从句柄 Hx 中的 rec 区域获得动画帧.

Movie 函数的调用格式如下:

- `movie(N)`　表示一次性播放帧矩阵 N 中的所有帧.
- `movie(N,n,fps)`　表示以每秒 fps 张图片（更新速率）的方式来播放 n 次.

我们举出一个实例来说明.

例 2-48　重复播放一个旋转曲面 10 次.

解　MATLAB 命令为:

```
clear;
[x,y]=meshgrid(-4:0.1:4,-4:0.1:4)
z=x.^2+y.^2;
Hx_surf=surf(x,y,z);              %画出三维曲面图,并获得其句柄
for i=1:20
    rotate(Hx_surf,[0,0,1],4);    %每循环一次就旋转 4°
    M(i)=getframe;                %获取该位置的图形,并存储在 M 结构体中
end
movie(M,10,6)                     %以 6 帧的速度播放 M 中的动画,重复播放 10 次
```

注　事实上, 以上操作将动画播放了 11 次, 这是因为前面的 for 循环已经进行了一次旋转, 请同学们自行尝试.

运行结果如图 2-52 所示.

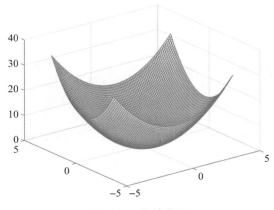

例 2-48 运行结果
的动态图

图 2-52　旋转曲面

习题

1. 绘制 $y=\mathrm{e}^{\frac{x}{3}}\sin(3x)(x\in[0,4\pi])$ 的图像, 要求用蓝色的星号画图, 并且绘制出其包络线 $y=\pm\mathrm{e}^{\frac{x}{3}}$ 的图像, 用红色的点画线画图.

2. 用 fplot、ezplot 命令绘制出函数 $y=\mathrm{e}^{-\frac{2t}{3}}\sin(1+2t)$ 在 $[1,10]$ 区间的图像.

3. 在同一图形窗口画三个子图，要求使用命令 gtext、axis、legend、title、xlabel、ylabel：

(1) $y = x\cos x$，$x \in (-\pi, \pi)$．

(2) $y = x\tan\dfrac{1}{x}\sin x^3$，$x \in (\pi, 4\pi)$．

(3) $y = e^{\frac{1}{x}}\sin x$，$x \in (1, 8)$．

4. 使用合适的单轴对数坐标函数绘制函数 $y = e^{x^2}$ 的图像（其中 $1 \leqslant x \leqslant 10$）．

5. 绘制圆锥螺线的图像并加各种标注，圆锥螺线的参数方程如下：

$$\begin{cases} x = t\cos\left(\dfrac{\pi}{6}t\right) \\ y = t\sin\left(\dfrac{\pi}{6}t\right), \qquad 0 \leqslant t \leqslant 20\pi \\ z = 2t \end{cases}$$

6. 在同一个图形窗口绘制半径为 1 的球面、柱面 $x^2 + y^2 = 1$ 以及极坐标图形 $\rho = \dfrac{1}{2}\sin 4t$，$t \in [0, 2\pi]$．

7. 用 mesh 与 surf 命令绘制三维曲面 $z = x^2 + 3y^2$ 的图像，并使用不同的着色效果及光照效果．

8. 绘制由函数 $\dfrac{x^2}{9} + \dfrac{y^2}{16} + \dfrac{z^2}{4} = 1$ 形成的立体图，并通过改变观测点获得该图形在各个坐标平面上的投影．

9. 绘制三维曲面 $z = 5 - x^2 - y^2$（$-1 \leqslant x \leqslant 1$）与平面 $z = 3$ 的交线．

10. 绘制曲面 $z = x^2 + 2y^2$ 与平面 $z = x - y + a$ 的交线，要求绘制出在 a 的值从 0 到 100 逐渐增大的过程中，曲面与平面交线的变化过程，即绘制出其变化动态效果图．

习题 10 的结果

11. 动态绘制蝴蝶线的参数方程：

$$x = \sin t\left(e^{\cos t} - 2\cos(4t) - \sin^5\left(\dfrac{t}{12}\right)\right)$$

$$y = \cos t\left(e^{\cos t} - 2\cos(4t) - \sin^5\left(\dfrac{t}{12}\right)\right)$$

$$0 \leqslant t \leqslant 2\pi$$

习题 11 的结果

12. 动态绘制心形线的参数方程，在右上角标注各点坐标，并连接原点到各点，绘制线段．

$$x = 5(1 + \cos t)\sin t$$

$$y = -5(1 + \cos t)\cos t$$

$$0 \leqslant t \leqslant 2\pi$$

习题 12 的结果

13. 已知螺旋线的参数方程，画出螺旋线以及螺旋线分别在 xOy、xOz 平面上投影的动态绘制过程．

$$x = t$$

$$y = 2\cos t - 5$$

$$z = 2\sin t + 5$$

$$0 \leqslant t \leqslant 50$$

习题 13 的结果

线性代数相关运算

第**3**章

    MATLAB 的基本运算单位是矩阵，在科技、工程、经济等多个领域中，经常需要把一个实际问题通过数学建模转化为一个线性方程组的求解问题，本章主要讨论矩阵的相关运算以及线性方程组的求解方法.

3.1 矩阵

    在 MATLAB 中，一个矩阵既可以是普通数学意义上的矩阵，也可以是标量或向量. 对于标量（一个数），可以将其看作 1×1 矩阵，而向量（一行或一列数）则可以认为是 $1 \times n$ 或 $n \times 1$ 矩阵. 另外，一个 0×0 矩阵在 MATLAB 中称为空矩阵. 矩阵的运算需要满足其严格的运算规则.

3.1.1 矩阵的修改

    假设 $\boldsymbol{A}$ 是一个矩阵，可用以下方法表示对其元素的提取，对行或列的提取、修改，以及对矩阵元素的增加、删除、修改及扩充等操作：

$\boldsymbol{A}(i,j)$ 表示矩阵 $\boldsymbol{A}$ 的第 i 行第 j 列元素.

$\boldsymbol{A}(:,j)$ 表示矩阵 $\boldsymbol{A}$ 的第 j 列元素.

$\boldsymbol{A}(i,:)$ 表示矩阵 $\boldsymbol{A}$ 的第 i 行元素.

$\boldsymbol{A}(:)$ 表示矩阵 $\boldsymbol{A}$ 的所有元素以列优先排列成一个列矩阵.

$\boldsymbol{A}(i)$ 表示矩阵 $\boldsymbol{A}$ 的第 i 个元素（列优先排列）.

$\boldsymbol{A}(i:j)$ 表示矩阵 $\boldsymbol{A}$ 的第 i 个元素与第 j 个元素之间的所有元素.

[ ]   表示空矩阵.

例 3-1 已知矩阵

$$\boldsymbol{A} = \begin{pmatrix} 1 & 3 & 5 \\ 2 & 4 & 6 \\ -1 & -2 & -3 \end{pmatrix}$$

要求：

1）提取矩阵中第 4 个元素以及第 2 行第 3 列的元素.

2）将原矩阵中第 3 行元素替换为 $(-1 \quad -3 \quad -5)$.

3）在以上操作的基础上，再添加一行元素 $(-2 \quad -4 \quad -6)$.

4）在以上操作的基础上，再删除第 1 列.

解　MATLAB 命令为：

```
>> A=[1 3 5;2 4 6;-1 -2 -3]          %输入矩阵 A
A =
     1    3    5
     2    4    6
    -1   -2   -3
>> A(4)                               %提取矩阵 A 的第 4 个元素
ans =
     3
>> A(2,3)                             %提取矩阵 A 的第 2 行第 3 列元素
ans =
     6
>> A(3,:)=[-1 -3 -5]                  %将矩阵 A 中第 3 行元素替换为(-1  -3  -5 )
A =
     1    3    5
     2    4    6
    -1   -3   -5
>> A(4,:)=[-2 -4 -6]                  %添加一行元素(-2  -4  -6 )
A =
     1    3    5
     2    4    6
    -1   -3   -5
    -2   -4   -6
>> A(:,1)=[]                          %删除第 1 列
A =
     3    5
     4    6
    -3   -5
    -4   -6
```

例 3-2　已知矩阵 $A=\begin{pmatrix}1 & -2\\0 & 4\end{pmatrix}$，$B=\begin{pmatrix}-1 & 0\\0 & 2\end{pmatrix}$，利用 A 与 B 生成矩阵 $C=(A\,\vdots\,B)$，$D=\begin{pmatrix}A\\B\end{pmatrix}$，$AB=\begin{pmatrix}A & O\\O & B\end{pmatrix}$.

解　MATLAB 命令为：

```
>> A=[1 -2;0 4];
>> B=[-1 0;0 2];
>> C=[A,B]
C =
     1    -2    -1     0
     0     4     0     2
>> D=[A;B]
D =
     1    -2
     0     4
    -1     0
     0     2
>> AB=[A,zeros(2);zeros(2),B]
AB =
```

```
  1      -2      0      0
  0       4      0      0
  0       0     -1      0
  0       0      0      2
```

3.1.2　矩阵的基本代数运算

　　MATLAB 最基本的运算对象是向量和矩阵，其中向量是特殊的矩阵. 矩阵的基本代数运算包括矩阵的加法、减法、乘法（常数与矩阵乘法以及矩阵与矩阵乘法）、求逆、转置等（见表 3-1).

　　MATLAB 中的矩阵运算要满足如下矩阵运算法则：

　　1）矩阵加法（减法）：$C=A+B$，$C=A-B$（要求 A 与 B 是同型矩阵）.

　　2）矩阵乘法：$C=AB$（要求 A 的列数要与 B 的行数相等). 注意，矩阵乘法不满足交换律，在计算矩阵乘幂时，矩阵 A 必须是方阵：$C=A^n$.

　　3）矩阵求逆：若矩阵 $AB=BA=E$，则矩阵 A 可逆，其逆矩阵为矩阵 B，记为 $A^{-1}=B$.
注意，矩阵 A 与 B 都是方阵，当 A 的行列式不等于零时，A 是可逆的.

表 3-1　矩阵的基本代数运算

运算	功能	命令形式
矩阵的加法和减法	同型矩阵相加（减）	A±B
数乘	数与矩阵相乘	kA（k 为一个常数）
矩阵与矩阵相乘	两个矩阵相乘（要求第一个矩阵的列数与第二个矩阵的行数相等）	AB
矩阵的乘幂	方阵的 n 次幂	A^n
矩阵求逆	求方阵的逆	inv(A)或 A^(-1)
矩阵的左除	左边乘以 A 的逆，$A^{-1}B$（A 必须为方阵）	A\B
矩阵的右除	右边乘以 A 的逆，BA^{-1}（A 必须为方阵）	B/A
矩阵的转置	求矩阵的转置	A'

例 3-3　已知矩阵

$$A=\begin{pmatrix} 1 & 2 & 3 \\ 4 & 5 & 6 \\ 7 & 8 & 9 \end{pmatrix}, \quad B=\begin{pmatrix} 1 & 0 & 0 \\ 2 & 2 & 0 \\ 3 & 3 & 3 \end{pmatrix}$$

　　求：$A+B$，$A-B$，$5A$，AB.

　　解　MATLAB 命令为：

```
>> A=[1 2 3;4 5 6;7 8 9];B=[1 0 0;2 2 0;3 3 3];
>> A+B
ans =
     2    2    3
     6    7    6
    10   11   12
>> A-B
ans =
```

```
         0    2    3
         2    3    6
         4    5    6
>> 5*A
ans =
         5   10   15
        20   25   30
        35   40   45
>> A*B
ans =
        14   13    9
        32   28   18
        50   43   27
```

例 3-4 已知矩阵

$$B = \begin{pmatrix} 3 & 0 & -2 & 1 \\ 2 & 1 & 0 & 1 \\ 6 & 3 & 2 & 5 \\ 0 & -1 & -1 & 2 \end{pmatrix}$$

求 B^{-1}.

解 MATLAB 命令为：

```
>> B=[3 0 -2 1;2 1 0 1;6 3 2 5;0 -1 -1 2]
B =
     3         0        -2         1
     2         1         0         1
     6         3         2         5
     0        -1        -1         2
>> B^(-1)              %或用命令 inv(B)
ans =
    2/3      -7/4       5/12      -1/2
     -1      15/4      -3/4       1/2
    1/3      -9/4       7/12      -1/2
   -1/3       3/4     -1/12       1/2
```

例 3-5 已知 $B = \begin{pmatrix} 1 & 0 & 0 \\ 2 & 2 & 0 \\ 3 & 3 & 3 \end{pmatrix}$，$C = \begin{pmatrix} 1 & 3 & 5 \\ 2 & 4 & 6 \end{pmatrix}$，求 C^{T}，CB，B^3.

解 MATLAB 命令为：

```
>> B=[1 0 0;2 2 0;3 3 3];C=[1 3 5;2 4 6];
>> C'
ans =
     1    2
     3    4
     5    6
>> C*B
ans =
    22   21   15
    28   26   18
>> B^3
```

```
ans =
     1     0     0
    14     8     0
    75    57    27
```

3.1.3　矩阵的其他运算

除基本代数运算外，MATLAB 还提供了一些其他矩阵运算，例如，求矩阵的行最简形、秩及翻转等，如表 3-2 所示.

表 3-2　矩阵的常见运算

运算	功能	命令形式
求矩阵的行最简形	将矩阵转化为行最简形形式	rref(A)
求矩阵的秩	给出矩阵的秩	rank(A)
求矩阵的行列式	给出矩阵的行列式	det(A)
将矩阵上下翻转	围绕水平轴按上下方向翻转其各行	flipud(A)
将矩阵左右翻转	围绕垂直轴按左右方向翻转其各列	fliplr(A)
将矩阵中的元素翻转	若不指定维数，则将矩阵中的元素按照其第 1 维进行翻转，否则按照指定维数进行翻转	flip(A) 或 flip(A,dim)
将矩阵逆时针旋转 90 度	将矩阵 A 逆时针旋转 90 度或 k 倍 90 度. 对于多维数组，rot90 表示在由第一个和第二个维度构成的平面中进行旋转	rot90(A) 或 rot90(A,k)

例 3-6　求矩阵 $A = \begin{pmatrix} 4 & 1 & 2 & 4 \\ 1 & 2 & 0 & 0 \\ 8 & 5 & 2 & 1 \\ 0 & 1 & 1 & 7 \end{pmatrix}$ 的秩和行最简形.

解　MATLAB 命令为：

```
>> A=[4 1 2 4;1 2 0 0;8 5 2 1;0 1 1 7]
A =
     4     1     2     4
     1     2     0     0
     8     5     2     1
     0     1     1     7
>> rank(A)
ans =
     4
>> rref(A)
ans =
     1     0     0     0
     0     1     0     0
     0     0     1     0
     0     0     0     1
```

例 3-7　将例 3-6 中的矩阵按上下、左右及逆时针方向旋转 90° 和 180°.

解　MATLAB 命令为：

```
>> A=[4 1 2 4;1 2 0 0;8 5 2 1;0 1 1 7]
```

```
A =
    4    1    2    4
    1    2    0    0
    8    5    2    1
    0    1    1    7
>> flipud(A)
ans =
    0    1    1    7
    8    5    2    1
    1    2    0    0
    4    1    2    4
>> fliplr(A)
ans =
    4    2    1    4
    0    0    2    1
    1    2    5    8
    7    1    1    0
>> rot90(A)
ans =
    4    0    1    7
    2    0    2    1
    1    2    5    1
    4    1    8    0
>> rot90(A,2)
ans =
    7    1    1    0
    1    2    5    8
    0    0    2    1
    4    2    1    4
```

例 3-8   设 A 为一个 3 维数组，其中

$$A(:,:,1)=\begin{bmatrix}4&1&2&4\\1&2&0&0\\8&5&2&1\\0&1&1&7\end{bmatrix},\quad A(:,:,2)=\begin{bmatrix}1&2&3&1\\0&1&1&1\\2&4&2&3\\1&3&4&2\end{bmatrix},\quad A(:,:,3)=\begin{bmatrix}5&0&0&1\\2&2&3&4\\1&2&2&3\\7&6&1&2\end{bmatrix}$$

分别将其按照第 1 个维度、第 2 个维度和第 3 个维度进行翻转.

解   MATLAB 命令为：

```
>> A(:,:,1)=[4 1 2 4;1 2 0 0;8 5 2 1;0 1 1 7]
A =
    4    1    2    4
    1    2    0    0
    8    5    2    1
    0    1    1    7
>> A(:,:,2)=[1 2 3 1;0 1 1 1;2 4 2 3;1 3 4 2]
A(:,:,1) =
         4              1              2              4
         1              2              0              0
         8              5              2              1
         0              1              1              7
A(:,:,2) =
```

```
           1           2           3           1
           0           1           1           1
           2           4           2           3
           1           3           4           2
>> A(:,:,3)=[5 0 0 1; 2 2 3 4; 1 2 2 3; 7 6 1 2]
A(:,:,1) =
           4           1           2           4
           1           2           0           0
           8           5           2           1
           0           1           1           7
A(:,:,2) =
           1           2           3           1
           0           1           1           1
           2           4           2           3
           1           3           4           2
A(:,:,3) =
           5           0           0           1
           2           2           3           4
           1           2           2           3
           7           6           1           2
>> flip(A)
ans(:,:,1) =
           0           1           1           7
           8           5           2           1
           1           2           0           0
           4           1           2           4
ans(:,:,2) =
           1           3           4           2
           2           4           2           3
           0           1           1           1
           1           2           3           1
ans(:,:,3) =
           7           6           1           2
           1           2           2           3
           2           2           3           4
           5           0           0           1
>> flip(A,2)
ans(:,:,1) =
           4           2           1           4
           0           0           2           1
           1           2           5           8
           7           1           1           0
ans(:,:,2) =
           1           3           2           1
           1           1           1           0
           3           2           4           2
           2           4           3           1
ans(:,:,3) =
           1           0           0           5
           4           3           2           2
           3           2           2           1
           2           1           6           7
>> flip(A,3)
```

```
ans(:,:,1) =
     5          0          0          1
     2          2          3          4
     1          2          2          3
     7          6          1          2
ans(:,:,2) =
     1          2          3          1
     0          1          1          1
     2          4          2          3
     1          3          4          2
ans(:,:,3) =
     4          1          2          4
     1          2          0          0
     8          5          2          1
     0          1          1          7
```

3.2　稀疏矩阵

在实际的工程应用中，许多矩阵含有大量的零元素，只有少数非零元素，我们称这样的矩阵为稀疏矩阵．若按照一般的存储方式对待稀疏矩阵，零元素将占据大量的空间，从而使得矩阵的生成和计算速度受到影响，效率下降．为此，MATLAB 提供了专门函数，只存储矩阵中的少量非零元素并对其进行运算，从而节省内存和计算时间．

矩阵的存储方式有两种：完全存储方式和稀疏存储方式．完全存储方式是将矩阵的全部元素按列存储，就是一般的矩阵存储方式．稀疏存储方式是仅存储矩阵所有非零元素的值及其所在的行号和列号，这对含有大量零元素的稀疏矩阵是十分有效的．

3.2.1　生成稀疏矩阵

在 MATLAB 中，既可以把一个全元素矩阵转化为稀疏矩阵，也可以直接创建稀疏矩阵．调用格式如下：

- S=sparse(A)　将全元素矩阵 A 转化为稀疏矩阵 S．
- S=sparse(i,j,s,m,n,nzmax)　创建 $m \times n$ 维稀疏矩阵 S．

说明　其中 i 和 j 分别是矩阵非零元素的行和列指标向量，s 是非零值向量，它的下标由对应的数对（i,j）确定，nzmax 指定了非零元素的存储空间，默认状态下 nzmax 为 length(s)．

例 3-9　将矩阵 $\begin{pmatrix} 0 & 5 & 0 & 0 \\ 1 & 0 & 0 & 6 \\ 0 & 0 & 2 & 0 \end{pmatrix}$ 转化为稀疏矩阵．

解　MATLAB 命令为：

```
>> A=[0 5 0 0;1 0 0 6;0 0 2 0];
>> S=sparse(A)
  S =
   (2,1)        1
   (1,2)        5
   (3,3)        2
   (2,4)        6
```

例 3-10　创建一个 6×6 稀疏矩阵，要求：非零元素在主对角线上，其数值为 5.

解　MATLAB 命令为：

```
>> A=sparse(1:6,1:6,5)
A =
   (1,1)        5
   (2,2)        5
   (3,3)        5
   (4,4)        5
   (5,5)        5
   (6,6)        5
```

例 3-11　创建一个 3 阶稀疏矩阵，使其主对角线上元素为魔方矩阵主对角线上的元素.

解　MATLAB 命令为：

```
>> A=sparse(1:3,1:3,diag(magic(3)))
A =
   (1,1)        8
   (2,2)        5
   (3,3)        2
```

例 3-12　一年生植物春季发芽，夏天开花，秋季产种，而没有腐烂、风干、被人为掠去的那些种子可以活过冬天. 若一棵植物到秋季平均产 c 粒种子，种子能够活过一个冬天的比例为 b，而 1 岁种子中能在春季发芽的比例为 a_1，两岁种子能在春季发芽的比例为 a_2. 假定种子最多可以活过两个冬天，现有 100 棵这种植物，要求 50 年后有 1000 棵植物，求出第二年（及以后某年）这种植物的数量.

解　记第 k 年植物的数量为 x_k，则上面的实验对应的模型为（到 n 年为止）：

$$x_k + p x_{k-1} + q x_{k-2} = 0,\ k = 2,\ 3,\ \cdots,\ n \tag{3-1}$$

其中 $p = -a_1 bc$，$q = -a_2 b(1-a_1) bc$. 设已知某年有植物 x_0，要求 n 年后数量达到 x_n，则方程 (3-1) 可以改写为如下线性代数方程组：

$$\boldsymbol{A} \boldsymbol{x} = \boldsymbol{b} \tag{3-2}$$

其中

$$\boldsymbol{A} = \begin{pmatrix} p & 1 & & & & \\ q & p & 1 & & & \\ & q & p & 1 & & \\ & & \ddots & \ddots & \ddots & \\ & & & q & p & 1 \\ & & & & q & p \end{pmatrix},\quad \boldsymbol{x} = \begin{pmatrix} x_1 \\ x_2 \\ x_3 \\ \vdots \\ x_{n-2} \\ x_{n-1} \end{pmatrix},\quad \boldsymbol{b} = \begin{pmatrix} -qx_0 \\ 0 \\ 0 \\ \vdots \\ 0 \\ -x_n \end{pmatrix} \tag{3-3}$$

为得到第二年（以及以后诸年）植物的数量 x_1（及 x_2，$\cdots$，x_{n-1}），需求解线性代数方程组 (3-2)，这里 $\boldsymbol{A}$ 是稀疏矩阵（非零元素很少）.

设 $c=10$，$a_1=0.5$，$a_2=0.25$，$b=0.20$，最初有 100 棵植物，要求 50 年后有 1000 棵植物，则方程组 (3-1) 和 (3-2) 中，$p = -a_1 bc = -1$，$q = a_2 b(1-a_1) bc = -0.05$，$n=50$，$x_0=100$，$x_{50}=1000$. 下面用稀疏矩阵方法求解以上方程组.

利用 MATLAB 中对稀疏矩阵的特殊处理方法，编程如下：

```
p=-1; q=-0.05; x0=100; xn=1000; n=49;
A1=sparse(1:n,1:n,p,n,n);
```

```
A2 = sparse(1:n-1,2:n,1,n,n);
A3 = sparse(2:n,1:n-1,q,n,n);
A = A1 + A2 + A3;
i = [1,n];
j = [1,1];
s = [-q*x0, -xn];
b = sparse(i,j,s,n,1);
x = A\b;
x1 = x(1);
k = 0:n+1;
xx = [x0,x',xn];
plot(k,xx)
grid
xx
```

运行结果如下：

```
xx =

    1.0e+ 003 *

    (1,1)        0.1000
    (1,2)        0.1017
    (1,3)        0.1067
    (1,4)        0.1118
    (1,5)        0.1171
    ...          ...        ...
    (1,46)       0.7921
    (1,47)       0.8299
    (1,48)       0.8695
    (1,49)       0.9110
    (1,50)       0.9545
    (1,51)       1.0000
```

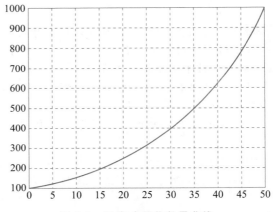

50 年内植物数量曲线如图 3-1 所示 .

图 3-1　50 年内植物数量曲线

3.2.2　还原成全元素矩阵

在某些情况下，需要清晰地看到稀疏矩阵的全貌，这时可以通过 full 函数来查看. full 函数的调用格式如下：

A= full(S)　将稀疏矩阵 S 转化为全元素矩阵 A.

例 3-13　创建一个 4 阶稀疏矩阵，并将其还原成全元素矩阵，要求非零元为 $a_{12}=5$，$a_{23}=1$，$a_{32}=3$.

解　MATLAB 命令为：

```
>> A=sparse([1 2 3],[2 3 2],[5 1 3],4,4)
A =
  (1,2)        5
  (3,2)        3
  (2,3)        1
>> A1=full(A)
A1 =
  0    5    0    0
  0    0    1    0
```

```
        0    3    0    0
        0    0    0    0
```

例 3-14 创建 6 阶带状稀疏矩阵并将其转化为全元素矩阵，要求：主对角线的元素全为 1，主对角线之上的元素全为 -1，主对角线之下的元素为 1，2，3，4，5.

解 MATLAB 命令为：

```
>> S1=sparse(1:6,1:6,1);
>> S2=sparse(1:5,2:6,-1,6,6,5);      %创建只含有主对角线之上元素的稀疏矩阵,维数为 6×6,其中非零
                                       元是 5 个,全是 -1
>> S3=sparse(2:6,1:5,[1,2,3,4,5],6,6,5);%创建只含有主对角线之下元素的稀疏矩阵,维数为 6×6,其中非零
                                       元是 5 个,分别为 1,2,3,4,5.
>> S=S1+S2+S3
S =
   (1,1)        1
   (2,1)        1
   (1,2)       -1
   (2,2)        1
   (3,2)        2
   (2,3)       -1
   (3,3)        1
   (4,3)        3
   (3,4)       -1
   (4,4)        1
   (5,4)        4
   (4,5)       -1
   (5,5)        1
   (6,5)        5
   (5,6)       -1
   (6,6)        1
>> A=full(S)
A =
    1   -1    0    0    0    0
    1    1   -1    0    0    0
    0    2    1   -1    0    0
    0    0    3    1   -1    0
    0    0    0    4    1   -1
    0    0    0    0    5    1
```

3.2.3 查看稀疏矩阵

对于稀疏矩阵而言，经常需要查看非零项，MATLAB 经常用到以下函数来实现：

- nnz：查看稀疏矩阵非零项的个数.
- nonzeros：查看稀疏矩阵的所有非零项.
- nzmax：返回稀疏矩阵的非零项所占的存储空间.
- find：返回稀疏矩阵的非零项的值及行数和列数.

例 3-15 假定某稀疏矩阵为 A，查看其信息.

解 MATLAB 命令为：

```
>> A=sparse([1 2 3 3],[1 3 2 1],[-1 1 3 -2],5,4);
>> n=nnz(A)              %A 的非零项的个数
```

```
n =
     4
>> nonzeros(A)           %A 的非零项的值
ans =
    -1
    -2
     3
     1
>> nx=nzmax(A)           %A 的非零项的存储空间
nx =
     4
>> [i,j,s]=find(A)       %A 的非零项所在的行数、列数以及值
i =
     1
     3
     3
     2
j =
     1
     1
     2
     3
s =
    -1
    -2
     3
     1
```

将其还原成全元素矩阵，验证以上结论：

```
>> A1=full(A)
A1 =
    -1     0     0     0
     0     0     1     0
    -2     3     0     0
     0     0     0     0
     0     0     0     0
```

3.2.4　稀疏带状矩阵

实际应用中常常会遇到稀疏带状矩阵，其创建由以下函数实现：

S=spdiags(B,d,m,n)　　抽取并创建对角稀疏带状矩阵.

说明　参数 m、n 表示生成 $m \times n$ 矩阵 S；d 是一个元素为整数的列向量，其中整数的含义是将位置 $S(i,i)$ 对应的斜行记为 0，其下方与其平行的行记为负数，上方与其平行的行记为正数，例如，向下平移 n 行的位置记为 $-n(n>0)$，向上平移 n 行的位置记为 $n(n>0)$；B 表示一个矩阵，用来指定生成的矩阵 S 中位置为 d 的整数斜行上的元素.

例 3-16　举例说明如何使用 spdiags 命令来创建稀疏矩阵.

解　MATLAB 命令为：

```
>> B=[1 2 3;-1 -2 -3;1 2 3;-1 -2 -3]
B =
```

```
         1      2      3
        -1     -2     -3
         1      2      3
        -1     -2     -3
>> d=[-3;0;2]
d =
    -3
     0
     2
>> S=spdiags(B,d,7,4)
S =
   (1,1)          2
   (4,1)          1
   (2,2)         -2
   (5,2)         -1
   (1,3)          3
   (3,3)          2
   (6,3)          1
   (2,4)         -3
   (4,4)         -2
   (7,4)         -1
>> D=full(S)
D =

     2      0      3      0
     0     -2      0     -3
     0      0      2      0
     1      0      0     -2
     0     -1      0      0
     0      0      1      0
     0      0      0     -1
```

说明　从还原成全元素的矩阵 D 中可以看出：D(1,1)，D(2,2)，D(3,3)，D(4,4) 对应的位置记为 0，其向下平移 3 行的位置记为 -3，在此斜行上对应的元素是 B 中的第一列元素；位置记为 0 的斜行上对应元素是 B 的第二列元素；位置记为 2（表示 0 位置向上平移 2 行）的斜行上对应元素是 B 的第三列元素.

3.3　线性方程组的解法

在许多实际问题中，我们经常碰到线性方程组的求解问题，本节将介绍一些较为常用的解法.

3.3.1　逆矩阵解法

线性方程组直接求解可用求逆的方法以及左除和右除来实现.

1）考虑线性方程组 $Ax = b$（其中系数矩阵 A 是可逆方阵），其解为 $x = A^{-1}b$，则可由命令 x=inv(A)*b 或命令 x=A\b 求得. 其中第一种命令形式是运用逆矩阵求解，第二种命令形式是用矩阵的左除求得. 我们建议使用第二种命令形式，因为与第一种相比，其求解速度更快，数值更精确.

例 3-17　求解下列方程组：

$$\begin{cases} x_1 + 2x_2 + 3x_3 = 2 \\ x_1 + 3x_2 + 5x_3 = 4 \\ x_1 + 3x_2 + 6x_3 = 5 \end{cases}$$

解　MATLAB 命令为：

```
>> A=[1,2,3;1,3,5;1,3,6];
>> b=[2;4;5];
>> x=A\b
x =
    -1
     0
     1
```

或

```
>> x=inv(A)*b
x =
    -1
     0
     1
```

2）若矩阵方程形式为 $AX = B$ 或 $XA = B$（其中 A，X 和 B 都是矩阵），则可直接使用左除和右除来求解方程组．命令格式如下：

- X=A\B　表示求解矩阵方程 $AX = B$ 的解．
- X=B/A　表示求解矩阵方程 $XA = B$ 的解．

例 3-18 求解矩阵方程 $X \begin{pmatrix} 2 & 1 & -1 \\ 2 & 1 & 0 \\ 1 & -1 & 1 \end{pmatrix} = \begin{pmatrix} 1 & -1 & 3 \\ 4 & 3 & 2 \end{pmatrix}$.

解　MATLAB 命令为：

```
>> A=[2,1,-1;2,1,0;1,-1,1];B=[1,-1,3;4,3,2];
>> X=B/A
X =
    -2.0000   2.0000   1.0000
    -2.6667   5.0000  -0.6667
```

3.3.2　初等变换法

通过对系数矩阵 A 或增广矩阵 B 进行初等行变换，可以将其化为简化行阶梯阵，MAT-LAB 命令是 rref(A) 或 rref(B)．

1）可以通过观察它们的秩与未知量的个数 n 之间的关系判别解的情况．系数矩阵或增广矩阵的秩可以用 MATLAB 命令 rank(A) 或 rank(B) 求得．

- n 元齐次线性方程组 $AX = 0$ 至少有一个零解，当系数矩阵 A 的秩 $= n$ 时，方程组 $AX = 0$ 有唯一的零解；当系数矩阵 A 的秩 $< n$ 时，方程组 $AX = 0$ 有无穷多解．
- n 元非齐次线性方程组 $AX = b$ 有解的充要条件是系数矩阵的秩等于增广矩阵的秩，即 $R(A) = R(A \vdots b)$．当 $R(A) = R(A \vdots b) < n$ 时，方程组 $AX = b$ 有无穷多解；当 $R(A) = R(A \vdots b) = n$ 时，方程组 $AX = b$ 有唯一解；当 $R(A) \neq R(A \vdots b)$ 时，方程组 $AX = b$ 无解．

2）如果有解，可由简化行阶梯阵写出对应的同解方程组，进而求出通解.

例 3-19　求齐次线性方程组 $\begin{cases} x_1 - 8x_2 + 10x_3 + 2x_4 = 0 \\ 2x_1 + 4x_2 + 5x_3 - x_4 = 0 \\ 3x_1 + 8x_2 + 6x_3 - 2x_4 = 0 \end{cases}$ 的通解.

解　MATLAB 命令为：

```
>> A= [1 -8 10 2;2 4 5 -1;3 8 6 -2];
>> rref(A)

ans =

    1      0       4       0
    0      1     -3/4    -1/4
    0      0       0       0
```

结果分析：可以看出系数矩阵 A 的秩为 2，小于未知量的个数 4，所以有无穷多解.
原方程组对应的同解方程组为：

$$\begin{cases} x_1 = -4x_3 \\ x_2 = \dfrac{3}{4}x_3 + \dfrac{1}{4}x_4 \end{cases}$$

分别取 $\begin{pmatrix} x_3 \\ x_4 \end{pmatrix} = \begin{pmatrix} 1 \\ -3 \end{pmatrix}$ 和 $\begin{pmatrix} x_3 \\ x_4 \end{pmatrix} = \begin{pmatrix} 0 \\ 4 \end{pmatrix}$，解得方程组的基础解系为：

$$\xi_1 = \begin{pmatrix} -4 \\ 0 \\ 1 \\ -3 \end{pmatrix}, \quad \xi_2 = \begin{pmatrix} 0 \\ 1 \\ 0 \\ 4 \end{pmatrix}$$

所以方程组的通解为：

$$\begin{pmatrix} x_1 \\ x_2 \\ x_3 \\ x_4 \end{pmatrix} = k_1 \begin{pmatrix} -4 \\ 0 \\ 1 \\ -3 \end{pmatrix} + k_2 \begin{pmatrix} 0 \\ 1 \\ 0 \\ 4 \end{pmatrix}$$

其中 k_1，k_2 为任意实数.

例 3-20　求如下非齐次线性方程组的通解：

$$\begin{cases} x_1 - x_2 - x_3 + x_4 = 0 \\ x_1 - x_2 + x_3 - 3x_4 = 1 \\ x_1 - x_2 - 2x_3 + 3x_4 = -\dfrac{1}{2} \end{cases}$$

解　MATLAB 命令为：

```
>> B= [1 -1 -1 1 0;1 -1 1 -3 1;1 -1 -2 3 -1/2] ;

>> rref(B)
```

```
ans =

    1       -1       0       -1      1/2
    0        0       1       -2      1/2
    0        0       0        0       0
```

结果分析：可以看出增广矩阵的秩为 2，等于系数矩阵的秩，而小于未知量的个数 4，所以有无穷多解．原方程组对应的同解方程组为：

$$\begin{cases} x_1 = x_2 + x_4 + 1/2 \\ x_3 = 2x_4 + 1/2 \end{cases}$$

可找到其中一个特解

$$\eta^* = \begin{pmatrix} 1/2 \\ 0 \\ 1/2 \\ 0 \end{pmatrix}$$

再求解对应的齐次线性方程组 $\begin{cases} x_1 = x_2 + x_4 \\ x_3 = 2x_4 \end{cases}$，可得到一个基础解系：

$$\xi_1 = \begin{pmatrix} 1 \\ 1 \\ 0 \\ 0 \end{pmatrix}, \quad \xi_2 = \begin{pmatrix} 1 \\ 0 \\ 2 \\ 1 \end{pmatrix}$$

因此，可得到此方程组的通解为：

$$\begin{pmatrix} x_1 \\ x_2 \\ x_3 \\ x_4 \end{pmatrix} = c_1 \begin{pmatrix} 1 \\ 1 \\ 0 \\ 0 \end{pmatrix} + c_2 \begin{pmatrix} 1 \\ 0 \\ 2 \\ 1 \end{pmatrix} + \begin{pmatrix} 1/2 \\ 0 \\ 1/2 \\ 0 \end{pmatrix}, \quad c_1, c_2 \in \mathbf{R}$$

3.3.3　矩阵分解法

矩阵分解是指用某种算法将一个矩阵分解成若干个矩阵的乘积．常用的矩阵分解有 LU 分解、QR 分解、Cholesky 分解．通过矩阵分解的方法求解线性方程组的优点是运算速度快，可以节省存储空间．

1. 矩阵的 LU 分解法

矩阵的 LU 分解是指将一个方阵 A 分解为一个下三角置换矩阵 L 和一个上三角矩阵 U 的乘积，如 $A = LU$ 的形式，矩阵的 LU 分解又称为高斯消去分解或三角分解．

n 阶矩阵 A 有唯一 LU 分解的充要条件是 A 的各阶顺序主子式不为零．矩阵 LU 分解的命令格式如下：

1）[L,U]=lu(A)：将方阵 A 分解为一个下三角置换矩阵 L 和一个上三角矩阵 U 的乘积．使用此命令时，矩阵 L 往往不是一个下三角矩阵，但可以通过行交换成为一个下三角矩阵．

2）[L,U,P]=lu(A)：将方阵 A 分解为一个下三角矩阵 L 和一个上三角矩阵 U 以及一个置换矩阵 P，使之满足 $PA = LU$．

将矩阵 A 进行 LU 分解后，线性方程组 $Ax=b$ 的解为 $x=U\backslash(L\backslash b)$ 或 $x=U\backslash(L\backslash Pb)$.

例 3-21　对如下矩阵进行 LU 分解：

$$A=\begin{pmatrix} 1 & 2 & 3 \\ 4 & 5 & 6 \\ 7 & 8 & 9 \end{pmatrix}$$

解　第 1 种方法，用命令格式 1：

```
>> A=[1 2 3;4 5 6;7 8 9];
>> [L,U]=lu(A)
L =
    0.1429    1.0000         0
    0.5714    0.5000    1.0000
    1.0000         0         0
U =
    7.0000    8.0000    9.0000
         0    0.8571    1.7143
         0         0    0.0000
```

其中矩阵 L 可以通过行交换转化为一个下三角矩阵.

第 2 种方法，用命令格式 2：

```
>> A=[1 2 3;4 5 6;7 8 9];
>> [L,U,P]=lu(A)
L =
    1.0000         0         0
    0.1429    1.0000         0
    0.5714    0.5000    1.0000
U =
    7.0000    8.0000    9.0000
         0    0.8571    1.7143
         0         0    0.0000
P =
     0     0     1
     1     0     0
     0     1     0
```

可以验证 $PA=LU$ 成立：

```
>> P*A-L*U
ans =
     0     0     0
     0     0     0
     0     0     0
```

例 3-22　通过矩阵 LU 分解求解下面的方程组：

$$\begin{pmatrix} 1 & 2 & 3 & 4 \\ 1 & 2^2 & 3^2 & 4^2 \\ 1 & 2^3 & 3^3 & 4^3 \\ 1 & 2^4 & 3^4 & 4^4 \end{pmatrix}\begin{pmatrix} x_1 \\ x_2 \\ x_3 \\ x_4 \end{pmatrix}=\begin{pmatrix} 4 \\ 20 \\ 82 \\ 320 \end{pmatrix}$$

解　MATLAB 命令为：

```
a=1:4;
for i=1:4
```

```
A(i,:)=a.^i;
end              %循环语句生成 A 矩阵,也可直接输入
A
[L,U]=lu(A);
b=[4;20;82;320];
x=U\(L\b)
```

运行结果为:

```
A=
    1    2    3    4
    1    4    9   16
    1    8   27   64
    1   16   81  256
x=
  -1.0000
  -1.0000
   1.0000
   1.0000
```

2. 矩阵的 QR 分解法

矩阵的 QR 分解是指将一个矩阵 A 分解为一个正交矩阵 Q 和一个上三角矩阵 R 的乘积形式，如 $A=QR$ 的形式，其中 Q 是正交矩阵，满足 $QQ^{\mathrm{T}}=E$（E 指单位矩阵），矩阵的 QR 分解又称为正交分解.

矩阵 QR 分解的命令格式如下:

1) [Q,R]=qr(A): 将矩阵 A 分解为一个正交矩阵 Q 和一个上三角矩阵 R 的乘积.

2) [Q,R,P]=qr(A): 将矩阵 A 分解为一个正交矩阵 Q 和一个上三角矩阵 R 以及一个置换矩阵 P，使之满足 $AP=QR$.

将矩阵 A 进行 QR 分解后，线性方程组 $Ax=b$（其中 A 为方阵）的解为 $x=R\backslash(Q\backslash b)$ 或 $x=P(R\backslash(Q\backslash b))$.

例 3-23 将如下矩阵进行 QR 分解:

$$A=\begin{pmatrix} 1 & -1 & 2 & 4 \\ 0 & 2 & 7 & 3 \\ 9 & 6 & 1 & -2 \\ 3 & 4 & -1 & -6 \end{pmatrix}$$

解 第 1 种方法，用命令格式 1:

```
>> A=[1 -1 2 4;0 2 7 3;9 6 1 -2;3 4 -1 -6]
A=
    1   -1    2    4
    0    2    7    3
    9    6    1   -2
    3    4   -1   -6
>> [Q,R]=qr(A)
Q=
  -0.1048    0.5272    0.4709    0.6995
        0   -0.6151    0.7857   -0.0653
  -0.9435    0.1318    0.0788   -0.2938
  -0.3145   -0.5712   -0.3933    0.6482
```

```
R =
   -9.5394   -6.8139   -0.8386    3.3545
         0   -3.2514   -2.5484    3.4271
         0         0    6.9139    6.4430
         0         0         0   -0.6995
```

为验证结果是否正确，输入如下命令：

```
>> Q*Q'
ans =
    1.0000   -0.0000   -0.0000   -0.0000
   -0.0000    1.0000    0.0000    0.0000
   -0.0000    0.0000    1.0000   -0.0000
   -0.0000    0.0000   -0.0000    1.0000
>> Q*R
ans =
    1.0000   -1.0000    2.0000    4.0000
         0    2.0000    7.0000    3.0000
    9.0000    6.0000    1.0000   -2.0000
    3.0000    4.0000   -1.0000   -6.0000
```

这说明结果正确.

第 2 种方法，用命令格式 2：

```
>> A=[1 -1 2 4;0 2 7 3;9 6 1 -2;3 4 -1 -6];
>> [Q,R,P]=qr(A)
Q =
   -0.1048   -0.2595    0.5631    0.7776
         0   -0.9500   -0.2946   -0.1037
   -0.9435   -0.0283    0.1871   -0.2722
   -0.3145    0.1715   -0.7491    0.5573
R =
   -9.5394   -0.8386    3.3545   -6.8139
         0   -7.3686   -4.8602   -1.1245
         0         0    5.4887   -3.0259
         0         0         0   -0.3888
P =
     1     0     0     0
     0     0     0     1
     0     1     0     0
     0     0     1     0
```

例 3-24 用 QR 分解求解下列线性方程组：

$$\begin{cases} 2x_1 + x_2 + x_3 + 4x_4 = 7 \\ x_1 + 2x_2 - x_3 + 4x_4 = 5 \\ x_1 - x_2 + 3x_3 + 3x_4 = 2 \\ 2x_1 + x_2 - 2x_3 + 2x_4 = 9 \end{cases}$$

解 MATLAB 命令为：

```
>> A=[2 1 1 4;1 2 -1 2;1 -1 3 3;2 1 -2 2];
>> b=[7;5;2;9];
>> [Q,R]=qr(A)
Q =
```

```
    -0.6325     -0.0000     -0.3780     -0.6761
    -0.3162     -0.7071     -0.3780      0.5071
    -0.3162      0.7071     -0.3780      0.5071
    -0.6325      0.0000      0.7559      0.1690
R =
    -3.1623     -1.5811           0     -5.3759
          0     -2.1213      2.8284      0.7071
          0           0     -2.6458     -1.8898
          0           0           0      0.1690
>> x=R\(Q\b)
x =
     1.0000
    -1.0000
    -2.0000
     2.0000
```

3. 矩阵的 Cholesky 分解法

矩阵的 Cholesky（楚列斯基）分解是指将对称正定矩阵 A 分解成一个下三角矩阵和其转置矩阵（一个下三角矩阵）的乘积，如 $A = R^T R$ 的形式.

矩阵 Cholesky 分解的命令格式如下：

1）R=chol(A)：产生一个上三角矩阵 R，使得 $A = R^T R$. 注意：A 为对称且正定的矩阵，若输入的 A 不是此类型矩阵，则输出一条出错信息.

2）[R,p]=chol(A)：产生一个上三角矩阵 R 以及一个数 p. 当 A 为对称正定矩阵时，输出与命令格式 1 相同的上三角矩阵 R，此时 $p = 0$；当 A 不是对称正定矩阵时，该命令不显示出错信息，此时 p 为一个正数；若 A 为满秩矩阵，则此时输出的 R 为一个阶数为 $p-1$ 的上三角矩阵.

将矩阵 A 进行 Cholesky 分解后，线性方程组 $Ax = b$ 的解为 $x = R \backslash (R^T \backslash b)$.

例 3-25　对下列矩阵进行 Cholesky 分解：

$$A = \begin{pmatrix} 2 & 1 & -1 \\ 1 & 2 & 0 \\ -1 & 0 & 1 \end{pmatrix}$$

解　第 1 种方法，用命令格式 1：

```
>> A=[2 1 -1;1 2 0;-1 0 1];
>> R=chol(A)
R =
    1.4142      0.7071     -0.7071
         0      1.2247      0.4082
         0           0      0.5774
```

验证 $A = R^T R$：

```
>> R'*R
ans =
    2.0000      1.0000     -1.0000
    1.0000      2.0000           0
   -1.0000           0      1.0000
```

第 2 种方法，用命令格式 2：

```
>> A=[2 1 -1;1 2 0;-1 0 1];
>> [R,p]=chol(A)
R =
    1.4142    0.7071    -0.7071
         0    1.2247     0.4082
         0         0     0.5774
p =
    0
```

$p=0$ 说明 A 是一个对称正定矩阵.

3.3.4 迭代解法

线性方程组 $Ax=b$ 的系数矩阵 A 为非奇异矩阵，且当 A 的所有对角元 $a_{kk} \neq 0 (k=1,2,\cdots,n)$ 时，由克莱姆法则知，线性方程组存在唯一的解 X^*，利用迭代法公式对线性方程组进行迭代计算，可求得线性方程组的近似解 $X^{(m)}=(x_1^{(m)}, x_2^{(m)}, \cdots, x_n^{(m)})^{\mathrm{T}}$.

常用的迭代法有雅可比迭代法和高斯-赛德尔迭代法，其思想是将方程组 $AX=b$ 等价变形为 $X=BX+g$ 的形式，由此构造出迭代公式 $X^{(m+1)}=BX^{(m)}+f$. 若矩阵 B 满足谱半径 $\rho(B)<1$，则当 $n\to\infty$ 时，$X^{(m)}$ 的极限就是原方程组的解.

考虑如下 n 元线性方程组：

$$\begin{cases} a_{11}x_1+a_{12}x_2+\cdots+a_{1n}x_n=b_1 \\ a_{21}x_1+a_{22}x_2+\cdots+a_{2n}x_n=b_2 \\ \vdots \\ a_{n1}x_1+a_{n2}x_2+\cdots+a_{nn}x_n=b_n \end{cases} \tag{3-4}$$

若 $a_{kk} \neq 0 (k=1,2,\cdots,n)$，将式（3-4）中每个方程的 a_{kk} 留在方程左边，其余各项移到方程右边. 将方程两边除以 a_{kk}，则得到下列同解方程组：

$$\begin{cases} x_1= \qquad\qquad -\dfrac{a_{12}}{a_{11}}x_2-\cdots-\dfrac{a_{1n}}{a_{11}}x_n+\dfrac{b_1}{a_{11}} \\ x_2=-\dfrac{a_{21}}{a_{22}}x_1 \qquad\qquad -\cdots-\dfrac{a_{2n}}{a_{22}}x_n+\dfrac{b_2}{a_{22}} \\ \vdots \\ x_n=-\dfrac{a_{n1}}{a_{nn}}x_1-\dfrac{a_{n2}}{a_{nn}}x_2-\cdots-\dfrac{a_{n,n-1}}{a_{nn}}x_{n-1}+\dfrac{b_n}{a_{nn}} \end{cases} \tag{3-5}$$

1. 雅可比迭代计算

对方程组（3-5）构造如下迭代形式：

$$\begin{cases} x_1^{(m+1)}=\dfrac{1}{a_{11}}(b_1-a_{12}x_2^{(m)}-\cdots-a_{1n}x_n^{(m)}) \\ x_2^{(m+1)}=\dfrac{1}{a_{22}}(b_2-a_{21}x_1^{(m)}-\cdots-a_{2n}x_n^{(m)}) \qquad (m=0,1,\cdots) \\ \vdots \\ x_n^{(m+1)}=\dfrac{1}{a_{nn}}(b_n-a_{n1}x_1^{(m)}-\cdots-a_{nn-1}x_{n-1}^{(m)}) \end{cases}$$

或写成矩阵形式. 先将方程组（3-5）的系数矩阵 A 分解为：

$$A = D - L - U = \begin{pmatrix} a_{11} & 0 & \cdots & 0 \\ 0 & a_{22} & \cdots & 0 \\ \vdots & \vdots & & \vdots \\ 0 & 0 & \cdots & a_{nn} \end{pmatrix} + \begin{pmatrix} 0 & 0 & \cdots & 0 \\ a_{21} & 0 & \cdots & 0 \\ \vdots & \vdots & & \vdots \\ a_{n1} & a_{n2} & \cdots & 0 \end{pmatrix} + \begin{pmatrix} 0 & a_{12} & \cdots & a_{1n} \\ 0 & 0 & \cdots & a_{2n} \\ \vdots & \vdots & & \vdots \\ 0 & 0 & \cdots & 0 \end{pmatrix}$$

其中,

$$D = \begin{pmatrix} a_{11} & 0 & \cdots & 0 \\ 0 & a_{22} & \cdots & 0 \\ \vdots & \vdots & & \vdots \\ 0 & 0 & \cdots & a_{nn} \end{pmatrix}, \quad -L = \begin{pmatrix} 0 & 0 & \cdots & 0 \\ a_{21} & 0 & \cdots & 0 \\ \vdots & \vdots & & \vdots \\ a_{n1} & a_{n2} & \cdots & 0 \end{pmatrix}, \quad -U = \begin{pmatrix} 0 & a_{12} & \cdots & a_{1n} \\ 0 & 0 & \cdots & a_{2n} \\ \vdots & \vdots & & \vdots \\ 0 & 0 & \cdots & 0 \end{pmatrix}$$

则雅可比迭代法矩阵形式为:

$$X^{(m+1)} = BX^{(m)} + f, \quad m = 0, 1, \cdots \tag{3-6}$$

其中

$$X^{(m)} = \begin{pmatrix} x_1^{(m)} \\ x_2^{(m)} \\ \vdots \\ x_n^{(m)} \end{pmatrix}, \quad B = D^{-1}(L + U) = \begin{pmatrix} 0 & -\dfrac{a_{12}}{a_{11}} & \cdots & -\dfrac{a_{1n}}{a_{11}} \\ -\dfrac{a_{21}}{a_{22}} & 0 & \cdots & -\dfrac{a_{n2}}{a_{22}} \\ \vdots & \vdots & & \vdots \\ -\dfrac{a_{n1}}{a_{nn}} & -\dfrac{a_{n2}}{a_{nn}} & \cdots & 0 \end{pmatrix}, \quad f = D^{-1}b = \begin{pmatrix} -\dfrac{b_1}{a_{11}} \\ -\dfrac{b_2}{a_{22}} \\ \vdots \\ -\dfrac{b_n}{a_{nn}} \end{pmatrix}$$

$$\tag{3-7}$$

特别地,若一个矩阵 $A = (a_{ij})_{n \times n}$ 的元素满足

$$|a_{kk}| > \sum_{\substack{j=1 \\ j \neq k}}^{n} |a_{kj}|, \quad k = 1, 2, \cdots, n \tag{3-8}$$

则称矩阵 A 是严格对角占优的. 此时, 线性代数方程组

$$Ax = b$$

有唯一解 X^*, 且对任意初始向量 $X^{(0)}$, 由式 (3-6) 和式 (3-7) 定义的迭代序列 $\{X^{(k)}\}$ 都收敛到 X^*.

例 3-26　判别下列方程组的雅可比迭代产生的序列是否会收敛:

1) $\begin{cases} 10x_1 - x_2 - 2x_3 = 7.2 \\ -x_1 + 10x_2 - 2x_3 = 8.3 \\ -x_1 - x_2 + 5x_3 = 4.2 \end{cases}$　　2) $\begin{cases} 10x_1 - x_2 - 2x_3 = 7.2 \\ -x_1 + 10x_2 - 2x_3 = 8.3 \\ -x_1 - x_2 + 0.5x_3 = 4.2 \end{cases}$

解　1) MATLAB 程序如下:

```
A=[10 -1 -2;-1 10 -2;-1 -1 5];
for j=1:3
    a(j)=sum(abs(A(:,j)))-2*(abs(A(j,j)));
end
for i=1:3
    if a(i)>=0
```

```
        disp('系数矩阵 A 不是严格对角占优的,此雅可比迭代不一定收敛')
        return
      end
if a(i)<0
    disp('系数矩阵 A 是严格对角占优的,此方程组有唯一解,且雅可比迭代收敛')
end
```

运行结果如下：

系数矩阵 A 是严格对角占优的,此方程组有唯一解,且雅可比迭代收敛

2）MATLAB 程序如下：

```
A=[10-1-2;-1 10-2;-1-1 0.5];
for j=1:3
    a(j)=sum(abs(A(:,j)))-2*(abs(A(j,j)));
end
for i=1:3
    if a(i)>=0
        disp('系数矩阵 A 不是严格对角占优的,此雅可比迭代不一定收敛')
        return
    end
end
if a(i)<0
    disp('系数矩阵 A 是严格对角占优的,此方程组有唯一解,且雅可比迭代收敛')
end
```

运行结果如下：

系数矩阵 A 不是严格对角占优的,此雅可比迭代不一定收敛

例 3-27　求下列线性方程组的精确解，并比较用雅可比迭代法求解的结果，假设最大迭代步数为 10：

$$\begin{cases} 10x_1 - x_2 - 2x_3 = 7.2 \\ -x_1 + 10x_2 - 2x_3 = 8.3 \\ -x_1 - x_2 + 5x_3 = 4.2 \end{cases}$$

思路　先将方程组同解变形，然后建立雅可比迭代方程组，并选择初始值，再利用雅可比迭代公式进行迭代计算.

解一　首先将方程组同解变形为：

$$\begin{cases} x_1 = \dfrac{1}{10}(x_2 + 2x_3 + 7.2) \\ x_2 = \dfrac{1}{10}(x_1 + 2x_3 + 8.3) \\ x_3 = \dfrac{1}{5}(x_1 + x_2 + 4.2) \end{cases}$$

此时雅可比迭代公式为：

$$\begin{cases} x_1^{(m+1)} = 0.1x_2^{(m)} + 0.2x_3^{(m)} + 0.72 \\ x_2^{(m+1)} = 0.1x_1^{(m)} + 0.2x_3^{(m)} = 0.83 \quad (m=0,\ 1,\ \cdots) \\ x_3^{(m+1)} = 0.2x_1^{(m)} + 0.2x_2^{(m)} + 0.84 \end{cases}$$

选取初始值 $x_1^{(0)}=0$，$x_2^{(0)}=0$，$x_3^{(0)}=0$，其 MATLAB 程序如下：

```
X0 = [0,0,0]';
A = [10, -1, -2; -1, 10 -2; -1, -1, 5];
b = [7.2,8.3,4.2]';
X1 = A\b;
t = [];

n = 10;
for k = 1 : n
    for j = 1 : 3
        X(j) = (b(j) - A(j,[1:j-1,j+1:3]) *X0([1:j-1,j+1:3])) / A(j,j);
    end
    t = [t, X'];
    X0 = X';
end
disp('方程组精确解:')
X1
disp('方程组迭代 10 步后的解:')
X
disp('方程组每次迭代的解:')
t'
```

运行结果如下：

```
方程组精确解:
    X1 =
        1.1000
        1.2000
        1.3000
方程组迭代 10 步后的解:
    X =
        1.1000    1.2000    1.3000
方程组每次迭代的解:
    ans =
        0.7200    0.8300    0.8400
        0.9710    1.0700    1.1500
        1.0570    1.1571    1.2482
        1.0854    1.1853    1.2828
        1.0951    1.1951    1.2941
        1.0983    1.1983    1.2980
        1.0994    1.1994    1.2993
        1.0998    1.1998    1.2998
        1.0999    1.1999    1.2999
        1.1000    1.2000    1.3000
```

解二 令

$$\boldsymbol{D}=\begin{pmatrix} 10 & & \\ & 10 & \\ & & 5 \end{pmatrix}, \quad \boldsymbol{L}=-\begin{pmatrix} 0 & & \\ -1 & 0 & \\ -1 & -1 & 0 \end{pmatrix}, \quad \boldsymbol{U}=-\begin{pmatrix} 0 & -1 & -2 \\ & 0 & -2 \\ & & 0 \end{pmatrix}$$

仍以 $x_1^{(0)}=0$，$x_2^{(0)}=0$，$x_3^{(0)}=0$ 为初始值，则可编写如下代码：

```
X0 = [0,0,0]';
```

```
D=diag([10,10,5]);
L=-[0 0 0; -1 0 0; -1 -1 0];
U=-[0 -1 -2; 0 0 -2; 0 0 0];
A=D-L-U;
b=[7.2, 8.3, 4.2]';
X1=A\b;
t=[];

dD=det(D);
if dD==0
    disp('因为对角矩阵 D 奇异,所以此方程组无解.')
else
    disp('因为对角矩阵 D 非奇异,所以此方程组有解.')
    iD=inv(D); B1=iD*(L+U);f1=iD*b;
    for k=1:10
        X=B1*X0+f1;
        X0=X;
        t=[t, X];
    end
end
disp('方程组精确解:')
X1
disp('方程组迭代 10 步后的解:')
X
disp('方程组每次迭代的解:')
t'
```

运行结果如下:

```
因为对角矩阵 D 非奇异,所以此方程组有解.
方程组精确解:
    X1 =
        1.1000
        1.2000
        1.3000
方程组迭代 10 步后的解:
    X =
        1.1000
        1.2000
        1.3000
方程组每次迭代的解:
    ans =
        0.7200    0.8300    0.8400
        0.9710    1.0700    1.1500
        1.0570    1.1571    1.2482
        1.0854    1.1853    1.2828
        1.0951    1.1951    1.2941
        1.0983    1.1983    1.2980
        1.0994    1.1994    1.2993
        1.0998    1.1998    1.2998
        1.0999    1.1999    1.2999
        1.1000    1.2000    1.3000
```

注　雅可比迭代求解可用以上两种方式编写程序.

2. 高斯–赛德尔迭代法

对方程组（3-5）还可构造如下迭代形式：

$$
\begin{cases}
x_1^{(m+1)} = \dfrac{1}{a_{11}}(b_1 - a_{12}x_2^{(m)} - a_{13}x_3^{(m)} - \cdots - a_{1n}x_n^{(m)}) \\[2mm]
x_2^{(m+1)} = \dfrac{1}{a_{22}}(b_2 - a_{21}x_1^{(m+1)} - a_{23}x_3^{(m)} - \cdots - a_{2n}x_n^{(m)}) \\[2mm]
x_3^{(m+1)} = \dfrac{1}{a_{33}}(b_3 - a_{31}x_1^{(m+1)} - a_{32}x_2^{(m+1)} - \cdots - a_{3n}x_n^{(m)}) \qquad (m=0,1,\cdots) \\[2mm]
\;\vdots \qquad\quad \vdots \qquad\quad \vdots \qquad\quad \vdots \qquad\quad\quad \vdots \\[2mm]
x_n^{(m+1)} = \dfrac{1}{a_{nn}}(b_n - a_{n1}x_1^{(m+1)} - a_{n2}x_2^{(m+1)} - \cdots - a_{nn-1}x_{n-1}^{(m+1)})
\end{cases}
$$

或写为矩阵形式 $\boldsymbol{X}^{(m+1)} = \boldsymbol{B}_1\boldsymbol{X}^{(m)} + \boldsymbol{f}_1 (m=0,1,\cdots)$，其中高斯–赛德尔迭代矩阵 $\boldsymbol{B}_1 = (\boldsymbol{D} - \boldsymbol{L})^{-1}\boldsymbol{U}$，$\boldsymbol{f}_1 = (\boldsymbol{D} - \boldsymbol{L})^{-1}\boldsymbol{b}$.

　　类似雅可比迭代法，可以根据方程组系数矩阵的性质判断算法的收敛性，但特别地，若方程组的系数矩阵 $\boldsymbol{A}$ 是对称正定的，则对于任意初始向量 $\boldsymbol{X}^{(0)}$，高斯–赛德尔迭代过程产生的迭代序列都收敛于线性方程组的解 $\boldsymbol{X}^*$.

例 3-28　求下列线性方程组的精确解，并比较用高斯–赛德尔迭代法求解的结果，假设最大迭代步数为 10：

$$
\begin{cases}
10x_1 - x_2 - 2x_3 = 7.2 \\
-x_1 + 10x_2 - 2x_3 = 8.3 \\
-x_1 - x_2 + 5x_3 = 4.2
\end{cases}
$$

解一　首先将线性代数方程组改写为：

$$
\begin{cases}
x_1 = 0.1x_2 + 0.2x_3 + 0.72 \\
x_2 = 0.1x_1 + 0.2x_3 + 0.83 \\
x_3 = 0.2x_1 + 0.2x_2 + 0.84
\end{cases}
$$

由此得到如下的高斯–赛德尔迭代格式：

$$
\begin{cases}
x_1^{(m+1)} = 0.1x_2^{(m)} + 0.2x_3^{(m)} + 0.72 \\
x_2^{(m+1)} = 0.1x_1^{(m+1)} + 0.2x_3^{(m)} + 0.83 \qquad (m=0,1,\cdots) \\
x_3^{(m+1)} = 0.2x_1^{(m+1)} + 0.2x_2^{(m+1)} + 0.84
\end{cases}
$$

故可编写如下的 MATLAB 程序：

```
X=[0,0,0]';
A=[10, -1, -2; -1, 10 -2; -1, -1, 5];
b=[7.2,8.3,4.2]';
X1=A\b;
t=[];

n=10;
for k=1:n
    for j=1:3
```

```
        X(j) = (b(j) - A(j,[1:j-1,j+1:3]) * X([1:j-1,j+1:3])) / A(j,j);
    end
    t = [t, X];
end
disp('方程组精确解:')
X1
disp('方程组迭代 10 步后的解:')
X
disp('方程组每次迭代的解:')
t'
```

运行结果如下:

方程组精确解:
```
    X1 =
        1.1000
        1.2000
        1.3000
```
方程组迭代 10 步后的解:
```
    X =
        1.1000
        1.2000
        1.3000
```
方程组每次迭代的解:
```
    ans =
        0.7200    0.9020    1.1644
        1.0431    1.1672    1.2821
        1.0931    1.1957    1.2978
        1.0991    1.1995    1.2997
        1.0999    1.1999    1.3000
        1.1000    1.2000    1.3000
        1.1000    1.2000    1.3000
        1.1000    1.2000    1.3000
        1.1000    1.2000    1.3000
        1.1000    1.2000    1.3000
```

解二　MATLAB 程序如下:

```
X0 = [0,0,0]';
A = [10, -1, -2; -1, 10 -2; -1, -1, 5];
b = [7.2,8.3,4.2]';

D = diag(diag(A));
U = -triu(A,1);
L = -tril(A,-1);
dD = det(D);

t = [];

if dD == 0
    disp('请注意:因为对角矩阵 D 奇异,所以此方程组无解.')
else
    disp('请注意:因为对角矩阵 D 非奇异,所以此方程组有解.')
    iD = inv(D-L);
```

```
        B1=iD*U;
        f1=iD*b;
        X1=A\b;
        X=X0;
        [n m]=size(A);
        for k=1:10
            X=B1*X0+f1;
            t=[t, X];
            X0=X;
        end
end
disp('方程组精确解:')
X1
disp('方程组迭代 10 步后的解:')
X
disp('方程组每次迭代的解:')
t'
```

运行结果如下:

请注意:因为对角矩阵 D 非奇异,所以此方程组有解.
方程组精确解:
```
    X1 =
        1.1000
        1.2000
        1.3000
```
方程组迭代 10 步后的解:
```
    X =
        1.1000
        1.2000
        1.3000
```
方程组每次迭代的解:
```
    ans =
        0.7200    0.9020    1.1644
        1.0431    1.1672    1.2821
        1.0931    1.1957    1.2978
        1.0991    1.1995    1.2997
        1.0999    1.1999    1.3000
        1.1000    1.2000    1.3000
        1.1000    1.2000    1.3000
        1.1000    1.2000    1.3000
        1.1000    1.2000    1.3000
        1.1000    1.2000    1.3000
```

比较例 3-27 中给出的解法,一般地,高斯－赛德尔迭代法比雅可比迭代法要好,但也有一些情况下,高斯－赛德尔迭代比雅可比迭代收敛慢,甚至雅可比迭代法收敛而高斯－赛德尔迭代法不收敛.

例 3-29　(输电网络)一种大型输电网络可简化为图 3-2 中的电路,其中 $R_1, R_2, \cdots, R_n$ 表示负载电阻,$r_1, r_2, \cdots r_n$ 表示线路内阻,设电源电压为 V.

1) 试给出各负载上电流 $I_1, I_2, \cdots, I_n$ 的方程.

2) 设 $R_1 = R_2 = \cdots = R_n = R$,$r_1 = r_2 = \cdots = r_n = r$,在 $r=1$,$R=6$,$V=18$,$n=10$ 的情

况下求 $I_1, I_2, \cdots, I_n$ 及总电流 I_0.

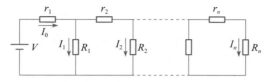

图 3-2　输电网络的简化电路图

解　1）记 $r_1, r_2, \cdots, r_n$ 上的电流为 $i_1, i_2, \cdots, i_n$，根据电路中电流、电压的关系可以得出

$$\begin{cases} I_1+i_2=i_1 \\ I_2+i_3=i_2 \\ \quad\vdots \\ I_{n-1}+i_n=i_{n-1} \\ I_n=i_n \end{cases} \quad \text{和} \quad \begin{cases} r_1 i_1+R_1 I_1=V \\ r_2 i_2+R_2 I_2=R_1 I_1 \\ \quad\vdots \\ r_n i_n+R_n I_n=R_{n-1} I_{n-1} \end{cases}$$

消去 $i_1, i_2, \cdots, i_n$ 得到

$$\begin{cases} (R_1+r_1)I_1+r_1 I_2+\cdots+r_1 I_n=V \\ -R_1 I_1+(R_2+r_2)I_2+\cdots+r_2 I_n=0 \\ \quad\vdots \\ -R_{n-1}I_{n-1}+(R_n+r_n)I_n=0 \end{cases} \tag{3-9}$$

记

$$\boldsymbol{R}=\begin{pmatrix} R_1+r_1 & r_1 & r_1 & \cdots & r_1 & r_1 \\ -R_1 & R_2+r_2 & r_2 & \cdots & r_2 & r_2 \\ & -R_2 & R_3+r_3 & \cdots & r_3 & r_3 \\ & & -R_3 & \ddots & \vdots & \vdots \\ & & & \ddots & R_{n-1}+r_{n-1} & r_{n-1} \\ & & & & -R_{n-1} & R_n+r_n \end{pmatrix}$$

$$\boldsymbol{I}=(I_1, I_2, \cdots, I_n)^{\mathrm{T}}, \quad \boldsymbol{E}=(V, 0, \cdots, 0)^{\mathrm{T}}$$

则式（3-9）可表示为

$$\boldsymbol{RI}=\boldsymbol{E} \tag{3-10}$$

式（3-9）或式（3-10）即为求解电流 $I_1, I_2 \cdots, I_n$ 的方程.

2）将已知条件代入并编写以下程序：

```
r=1;
R=6;
v=18;
n=10;
b1=sparse(1,1,v,n,1);
b=full(b1);
a1=triu(r*ones(n,n));
a2=diag(R*ones(1,n));
a3=-tril(R*ones(n,n), -1)+tril(R*ones(n,n), -2);
a=a1+a2+a3;
I=a \ b
```

```
I0 = sum(I)
```

运行结果如下：

```
I =
    2.0005
    1.3344
    0.8907
    0.5955
    0.3995
    0.2702
    0.1858
    0.1324
    0.1011
    0.0867
I0 =
    5.9970
```

3.4　矩阵的特征值和特征向量

　　矩阵的特征值及其特征向量在科学研究和工程计算中有非常广泛的应用，物理、力学和工程技术中的许多问题往往归结成求矩阵的特征值及特征向量的问题．

　　对于 n 阶方阵 A，如果存在数 λ 和 n 维非零列向量 x，使得等式 $Ax = \lambda x$ 成立，则称数 λ 为矩阵 A 的一个特征值，而非零向量 x 称为矩阵 A 的属于特征值 λ 的特征向量，简称为特征向量．

　　求矩阵 A 的特征值就要计算满足 $|A - \lambda E| = 0$ 成立的数 λ，这里 λ 即为所求特征值．其中
$$f(\lambda) = |A - \lambda E| = \lambda^n + a_1 \lambda^{n-1} + \cdots + a_{n-1}\lambda + a_n$$
称为矩阵 A 的特征多项式．

　　将所求出的特征值 λ 代入方程 $(A - \lambda E)x = 0$ 中，求其所对应的非零向量 x，这个非零向量 x 即为属于特征值 λ 的特征向量．

3.4.1　求矩阵的特征值和特征向量

　　应用 MATLAB 求矩阵的特征值及特征向量的命令如下：

　　1）poly(A)：求矩阵 A 的特征多项式，给出的结果是多项式所对应的系数（幂次按降幂排列）．

　　2）d=eig(A)：返回矩阵 A 的全部特征值组成的列向量（n 个特征值全部列出）．

　　3）[V,D]=eig(A)：返回 A 的特征值矩阵 D（主对角线的元素为特征值）与特征向量矩阵 V（列向量和特征值一一对应），满足 $AV = VD$．

例 3-30　已知矩阵 $A = \begin{pmatrix} 1 & -1 \\ 2 & 4 \end{pmatrix}$，求 A 的特征多项式及全部特征值．

　　解　MATLAB命令为：

```
>> A=[1,-1;2,4];
>> p=poly(A)     %求矩阵 A 的特征多项式对应的系数
p =
    1    -5     6
>> d=eig(A)
```

```
d =
    2
    3
```

分析　A 的特征多项式为 $x^2 - 5x + 6$；全部特征值为 2 和 3.

例 3-31　已知矩阵 $B = \begin{pmatrix} 1 & 2 \\ 0 & 3 \end{pmatrix}$，求 B 的特征值及对应的特征向量.

解　MATLAB 命令为：

```
>> B=[1 2;0 3];
>> [V,D]=eig(B)
V =
    1.0000    0.7071
         0    0.7071
D =
    1    0
    0    3
```

分析　在返回 B 的特征值矩阵 D 中，主对角线的元素 1、3 为特征值；特征向量矩阵 V 的列向量分别是特征值 1、3 所对应的特征向量.

例 3-32　求下列矩阵的特征值及其对应的特征向量.

$$A = \begin{pmatrix} -2 & 1 & 1 \\ 0 & 2 & 0 \\ -4 & 1 & 3 \end{pmatrix}$$

解　MATLAB 命令为：

```
>> A=[-2 1 1;0 2 0;-4 1 3]

A =

    -2         1         1
     0         2         0
    -4         1         3


>> [V,D]=eig(A)

V =

    -985/1393    -528/2177     379/1257
            0            0     379/419
    -985/1393   -2112/2177     379/1257


D=

    -1         0         0
     0         2         0
     0         0         2
```

分析　在返回矩阵 A 的特征值矩阵 D 中，主对角线的元素为 -1、2、2，可以看出 2 是二重根，对于 n 阶矩阵，返回的特征值矩阵也是 n 阶的，重根也全部列出. 特征向量矩阵 V 的列向量分别是特征值－1、2、2 所对应的特征向量.

3.4.2 矩阵特征值的几何意义

如果将一个矩阵看作一个线性变换的变换矩阵，则当二阶和三阶矩阵的特征值均为实数时，有着明显的几何意义. 此处将以二维空间中一个简单线性变换为例，说明矩阵的实特征值所具有的几何含义.

例 3-33 考虑变换矩阵为 $A = \begin{pmatrix} 1 & 3 \\ 2 & 2 \end{pmatrix}$ 的线性变换 $y = Ax$，其中 $x \in \mathbf{R}^2$. 矩阵 A 的特征值及其对应的特征向量是什么？在二维平面上，特征值和特征向量具有什么几何意义？

分析 为考察线性变换的作用，可将向量 $x \in \mathbf{R}^2$ 限定为单位向量. 此时，从几何上看，向量 x 的终点都是单位圆上的点. 通过绘制单位圆上的点与变换后点的关系，即可看到线性变换的几何作用.

解 在 MATLAB 环境中编写 eiggeo.m 文件，文件内容为：

```
clear all;
close all;
A=[1 3; 2 2];                                    %变换矩阵
k=[0:.005:2];
x=[cos(k*pi); sin(k*pi)];
y=A*x;
%求矩阵 A 的特征值和特征向量
[v, d]=eig(A);
%绘制特殊点变化的动画
for i=1 : length(k)
    plot(x(1,:),x(2,:));                         %绘制单位圆的图像
    hold on
    plot(y(1,:),y(2,:));                         %绘制变换后的图像
    plot(2*[-v(1,1),v(1,1)],2*[-v(2,1),v(2,1)]); %绘制特征向量
    plot(5*[-v(1,2),v(1,2)],5*[-v(2,2),v(2,2)]); %绘制特征向量
    x0=[cos(k(i)*pi); sin(k(i)*pi)];
    y0=A*x0;
    plot([0,x0(1)],[0,x0(2)],'MarkerSize',15,'Marker','.');
    plot([0,y0(1)],[0,y0(2)],'MarkerSize',15,'Marker','.');
    axis equal
    hold off
    pause(.05);
end
```

运行该文件，将看到一个动画，图 3-3 给出了当 $x = (1,0)^{\mathrm{T}}$ 时的图形. 在图 3-3 中，蓝色的线条给出了单位圆；橙色的线条给出了单位圆上每一点对应的向量经过线性变换后得到的结果向量的连线，它是一个椭圆；黄色和紫色的两条线分别对应矩阵 A 的两个特征向量所在的方向（这两条直线上的任何一个非零向量都是一个特征向量，但通常人们更关注长度为 1 的特征向量）；单位圆上的绿色线条对应的是向量 x，它可被看作

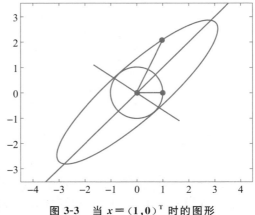

图 3-3 当 $x = (1,0)^{\mathrm{T}}$ 时的图形

是自变量；青色线条对应的是向量 Ax，它可被看作因变量. 可以看到，随着自变量沿逆时针变化，因变量将顺时针变化，但在自变量与特征向量所在直线重合时，因变量对应的向量与自变量对应的向量共线，即此时应有 $y = Ax = \lambda x$，其中 λ 就是相应的特征值.

说明

1）从几何上看，特征向量是原始向量（x）与变换后的向量（Ax）共线的非零向量.

2）特征值的符号说明了原始向量与变换后的向量之间的相对关系. 如果特征值是正的，则说明原始向量经过线性变换后方向不变，其长度变为原向量长度的特征值倍；如果特征值是负的，则说明变换后的向量与原始向量反向，其长度变为原长度的特征值的绝对值倍.

3.4.3　马尔可夫过程

马尔可夫过程（Markov process）是一类随机过程. 该过程起源于数学家安德雷·安德耶维齐·马尔可夫（АндрейАндреевичМарков，1856 年 6 月 14 日－1922 年 7 月 20 日）在 1907 年前后的研究. 一般地，设 $\{X(t), t \in T\}$ 为一随机过程，其中 T 为时间集合，E 为该过程可取的所有状态集合. 若令 $x_i = X(t_i)$ 为时刻 $t_i \in T$ 时随机变量 $X(t)$ 的一个取值，且对任意 $x_1, x_2, \cdots, x_n, x \in E$，随机变量 $X(t)$ 的分布函数只与 x_n 有关，即满足

$$F(x, t \mid x_n, x_{n-1}, \cdots, x_1, t_n, t_{n-1}, \cdots, t_1) = F(x, t \mid x_n, t_n)$$

即

$$P\{X(t) \leqslant x \mid X(t_n) = x_n, X(t_{n-1}) = x_{n-1}, \cdots, X(t_1) = x_1\} = P\{X(t) \leqslant x \mid X(t_n) = x_n\}$$

则该随机过程被称为满足马尔可夫性，也被称为马尔可夫过程.

特别地，部分马尔可夫过程可以使用状态转移的形式表示为如下迭代过程：

$$s_{n+1} = M s_n \tag{3-11}$$

其中，s_i 为时刻 $t_i (i = 0, 1, 2, \cdots)$ 时的状态向量，s_0 被称为初始状态；方阵 M 被称为状态转移矩阵，其每一个元素为一个转移概率.

通常，人们对马尔可夫过程的长期行为较为关心，即关注式（3-11）中当 $n \to \infty$ 时，s_n 的取值情况. 根据式（3-11）容易得到 $s_n = M^n s_0$. 若矩阵 M 可对角化，即存在可逆矩阵 Σ 使 $M = \Sigma \Lambda \Sigma^{-1}$，则 $s_n = \Sigma \Lambda^n \Sigma^{-1} s_0$.

例 3-34　设某 1 年生植物植株的基因型为 AA 型、Aa 型和 aa 型 3 种之一. 植物杂交的过程是分别从父代的两个独立个体中各取基因型中的一个基因，混合得到子代的基因型，各基因型植株经杂交后子代的基因型比例分布如表 3-3 所示. 若每年均使用 AA 型植株与实验田中的所有植株杂交，则子代中基因型的分布会如何变化？

表 3-3　植物杂交后子代的基因型比例分布表　　　　　　　　　　　　　（%）

		父代基因型组合					
		AA－AA	AA－Aa	AA－aa	Aa－Aa	Aa－aa	aa－aa
子代基因型	AA	100	50	0	25	0	0
	Aa	0	50	100	50	50	0
	aa	0	0	0	25	50	100

解　设 a_n、b_n 和 c_n 分别为第 n 代植株中基因型为 AA 型、Aa 型和 aa 型植株所占的比

例. 向量 $s_n = (a_n, b_n, c_n)^T$ 即为第 n 代植株的基因型分布. 由于 s_{n+1} 只与 s_n 有关, 所以各代植株中基因型分布的变化规律可以使用一个马尔可夫过程来刻画, 即

$$s_{n+1} = Ms_n, \quad n = 0, 1, 2, \cdots \tag{3-12}$$

其中 $s_0 = (a_0, b_0, c_0)^T$ 为初始基因型分布, 且

$$M = \begin{pmatrix} 1 & 0.5 & 0 \\ 0 & 0.5 & 1 \\ 0 & 0 & 0 \end{pmatrix}$$

根据式 (3-12) 不难得到

$$s_n = M^n s_0, \quad n = 1, 2, \cdots$$

若假设初始时各基因型植株的比例相同, 则各子代中基因型分布的变化可使用如下命令观察:

```
s0 = [1/3 1/3 1/3]';
M = [1 1/2 0; 0 1/2 1; 0 0 0];
s = s0;
for n = 1 : 7
    sn = M * s(:,n);
    s(:,n+1) = sn;
end
s
```

运行结果为:

```
s =
    0.3333    0.5000    0.7500    0.8750    0.9375    0.9688    0.9844    0.9922
    0.3333    0.5000    0.2500    0.1250    0.0625    0.0313    0.0156    0.0078
    0.3333         0         0         0         0         0         0         0
```

可以看出, 随着 n 的增加, 子代植株中基因型为 AA 的植株比例将越来越趋向于 100%.

若改变初始基因型分布, 这一趋势是否会发生改变? 可运行如下代码观察结果:

```
s0 = [0 1/2 1/2]';
M = [1 1/2 0; 0 1/2 1; 0 0 0];
s = s0;
for n = 1 : 7
    sn = M * s(:,n);
    s(:,n+1) = sn;
end
s
```

运行结果为:

```
s =
         0    0.2500    0.6250    0.8125    0.9063    0.9531    0.9766    0.9883
    0.5000    0.7500    0.3750    0.1875    0.0938    0.0469    0.0234    0.0117
    0.5000         0         0         0         0         0         0         0
```

可以看出, 虽然初始分布发生了变化, 但子代植株中基因型为 AA 的植株比例仍将趋向于 100%.

事实上, 可以将矩阵 M 对角化, 即运行如下命令:

```
>> [V, D] = eig(M)
V =
```

```
   1.0000    -0.7071     0.4082
        0     0.7071    -0.8165
        0          0     0.4082
D =
   1.0000         0     0
        0    0.5000     0
        0         0     0
```

则

$$\boldsymbol{M} = \boldsymbol{V}\boldsymbol{D}\boldsymbol{V}^{-1}$$

且

$$\boldsymbol{s}_n = \boldsymbol{M}^n \boldsymbol{s}_0 = \boldsymbol{V}\boldsymbol{D}^n\boldsymbol{V}^{-1}\boldsymbol{s}_0 = \boldsymbol{V}\begin{pmatrix} 1^n & 0 & 0 \\ 0 & 0.5^n & 0 \\ 0 & 0 & 0 \end{pmatrix}\boldsymbol{V}^{-1}\boldsymbol{s}_0$$

由此可得,

$$\boldsymbol{D}^n \to \begin{pmatrix} 1 & 0 & 0 \\ 0 & 0 & 0 \\ 0 & 0 & 0 \end{pmatrix}, \quad n \to \infty$$

这表明无论初始分布 $\boldsymbol{s}_0 \neq 0$ 取何值, 当 n 足够大时, $\boldsymbol{s}_n$ 中的第一个元素将趋向于1, 即子代植株中基因型为 AA 的比例将趋向于 100%.

3.5　综合实验

3.5.1　综合实验一: 濒危动物生态仿真

知识点: 马尔可夫过程, 矩阵运算.

实验目的: 以 MATLAB 为工具, 模拟生物种群的变化规律.

问题描述: 随着人类社会的不断发展, 越来越多的人认识到了对生态环境进行保护的重要意义, 逐渐认识到了人类与其他生物种群共生的关系, 越来越多的国家和地区也为推进生态环境的保护做出了大量细致而又卓有成效的努力. 从广义上讲, 濒危动物泛指珍贵、濒危或稀有的野生动物. 从野生动物管理学角度讲, 濒危动物是指《濒危野生动植物种国际贸易公约》附录所列动物, 以及国家和地方重点保护的野生动物.

但是, 不同的国家和地区对濒危物种的划分并不完全相同. 有的物种在某些地区属于濒危物种, 但在其他地区可能不是. 能否尝试给出一种分析方法呢? 我们用一个抽象的物种作为研究对象.

问题分析及模型建立:

一个物种, 不妨称为物种 A, 是否处于濒危的境地, 主要取决于在一定时间后该物种的种群数量是否趋向于0. 容易看到, 这样的问题本质上是一种状态转移问题, 可以使用马尔可夫链的方式进行刻画. 因此, 为建立物种种群数量随时间变化的数学模型, 引入如下假设:

1) 种群中每个物种都要经历 3 个阶段——幼年期、成熟期和老龄期, t 时刻对应的数量分别为 l_t, m_t 和 n_t, 为方便起见, 假设它们具有相同的时间长度.

2) 令 a 表示物种从幼年期进入成熟期的比例, $1-a$ 即为该物种在幼年期中的死亡率; b 为成熟期该物种的生育率; c 为该物种在成熟期的生存率; d 为该物种在老龄期的生存率.

为方便起见，若记 $x_t = (l_t, m_t, n_t)^\mathrm{T}$，转移矩阵为

$$M = \begin{pmatrix} 0 & b & 0 \\ a & 0 & 0 \\ 0 & c & d \end{pmatrix}$$

则该物种从 t 时刻到 $t+1$ 时刻的演化过程可以写为如下公式：

$$x_t = M x_{t-1} \tag{3-13}$$

显然，式（3-13）是一个迭代公式. 易见，只要给定初始时刻的种群分布 x_0，就可按照式（3-13）进行迭代，从而得到种群数量的变化趋势. 表 3-4 给出了一些可能的种群演进过程.

表 3-4   种群演进过程——$t+1$ 时刻物种 A 各期种群数量

状态	幼年期	成熟期	老龄期
幼年期	0	a	0
成熟期	b	0	0
老龄期	0	c	d

问题求解及结果分析：

实例 1 $a=0.8$，$b=0.7$，$c=0.8$，$d=0.3$，即处于幼年期的物种 A 中的 80% 会成长到成熟期；处于成熟期的物种 A 会以 70% 的比例繁衍下一代，并进入幼年期；处于成熟期的物种 A 中的 80% 会成长到老龄期；处于老龄期的物种 A 中的 30% 将会继续存活. 对于该情形，MATLAB 程序如下：

```
a = 0.8;                %幼年期的存活率
b = 0.7;                %成熟期的生育率
c = 0.8;                %成熟期的存活率
d = 0.3;                %老龄期的存活率

l0 = 10;                %幼年期种群的初始数量
m0 = 10;                %成熟期种群的初始数量
n0 = 10;                %老龄期种群的初始数量

x = [l0, m0, n0]';      %种群的初始数量

M = [0,b,0; a,0,0; 0,c,d];   %转移矩阵

for t = 1 : 20
x = [x, M * x(:,end)];
end

plot([x', sum(x)']);
axis([1, t+1, 0, max(sum(x))]);
xlabel('时间');
ylabel('种群数量');
legend('幼年期','成熟期','老龄期','总数');
```

运行结果如图 3-4 所示.

实例 2 $a=0.8$，$b=1.25$，$c=0.8$，$d=0.3$，即处于幼年期的物种 A 中的 80% 会成长到成熟期；处于成熟期的物种 A 会以 125% 的比例繁衍下一代，并进入幼年期；处于成熟期

的物种 A 中的 80％会成长到老龄期；处于老龄期的物种 A 中的 30％将会继续存活.

　　该实例的程序与实例 1 的基本相同，仅做了很小的修改，因此，此处仅给出其运行的结果，如图 3-5 所示.

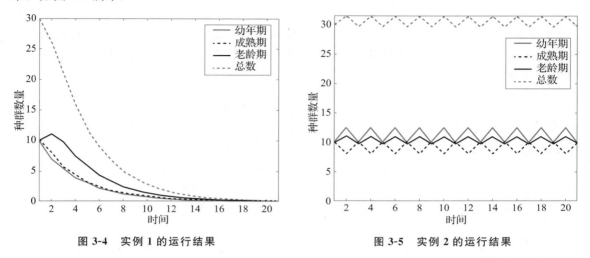

图 3-4　实例 1 的运行结果　　　　　　　　　　　图 3-5　实例 2 的运行结果

　　实例 3　进一步，$a = 0.9$，$b = 1.25$，$c = 0.8$，$d = 0.3$，即处于幼年期的物种 A 中的 90％会成长到成熟期；处于成熟期的物种 A 会以 125％的比例繁衍下一代，并进入幼年期；处于成熟期的物种 A 中的 80％会成长到老龄期；处于老龄期的物种 A 中的 30％将会继续存活. 程序仿真的结果如图 3-6 所示.

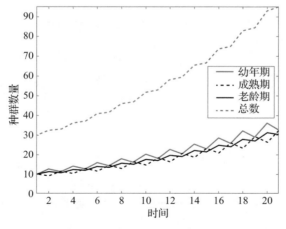

图 3-6　实例 3 的运行结果

　　前面的三个实例分别给出了三个不同类型物种的种群变化趋势. 容易看出，实例 1 中给出的种群数量随着时间的推移将会趋向于零，即种群会很快消亡. 实例 2 指出，该种群将会在某一个数量附近振荡，种群不会消亡. 实例 3 指出，该种群数量将会逐渐增加，因此也不会消亡. 就这三个种群来讲，实例 1 中给出的种群应当属于濒危物种.

　　通过对三个实例的对比发现，实例 2 中的种群在成熟期的个体生育率是高于实例 1 中的种群的，实例 3 中的幼年期个体的存活率高于实例 2 中的种群. 导致动物濒危到底依赖于哪些因素，我们将进行以下分析：

将式（3-13）稍加展开，容易得到

$$x_t = M^t x_0, \qquad t = 1, 2, \cdots \tag{3-14}$$

为了研究这个马尔可夫过程，考虑将矩阵 M 进行对角化. 事实上，利用线性代数的知识易知，若 M 有三个线性无关的特征向量，则可根据这些特征向量将 M 对角化. 以实例 1 中的矩阵 M 为例，容易看到

$$M = \begin{pmatrix} 0 & 0.7 & 0 \\ 0.8 & 0 & 0 \\ 0 & 0.8 & 0.3 \end{pmatrix}$$

其对应的特征向量和特征值可用 MATLAB 程序描述如下：

```
a=0.8;                        %幼年期的存活率
b=0.7;                        %成熟期的生育率
c=0.8;                        %成熟期的存活率
d=0.3;                        %老龄期的存活率

M=[0,b,0; a,0,0; 0,c,d];      %转移矩阵

[V, D]=eig(M)
```

程序运行的结果为：

$$V = \begin{pmatrix} 0 & 0.4159 & 0.5967 \\ 0 & 0.4446 & -0.6379 \\ 1.0000 & 0.7933 & 0.4868 \end{pmatrix}, \qquad D = \begin{pmatrix} 0.3000 & 0 & 0 \\ 0 & 0.7483 & 0 \\ 0 & 0 & -0.7483 \end{pmatrix}$$

其中，矩阵 V 的每一列均对应 M 的一个特征向量，其对应的特征值为 D 中相应列的非零元素. 由于其对应的三个特征向量线性无关，故有

$$M = VDV^{-1}$$

因此，

$$x_t = M^t x_0 = VD^t V^{-1} x_0$$

注意到，当 $t \to \infty$ 时，

$$D^t = \begin{pmatrix} 0.3000^t & 0 & 0 \\ 0 & 0.7483^t & 0 \\ 0 & 0 & (-0.7483)^t \end{pmatrix} \to \begin{pmatrix} 0 & 0 & 0 \\ 0 & 0 & 0 \\ 0 & 0 & 0 \end{pmatrix}$$

因此，无论 x_0 取何值，实例 1 中对应的物种都会消亡. 类似地，对于实例 2，有

$$M = \begin{pmatrix} 0 & 1.25 & 0 \\ 0.8 & 0 & 0 \\ 0 & 0.8 & 0.3 \end{pmatrix}$$

其特征向量和特征值分别为

$$V = \begin{pmatrix} 0 & 0.6355 & 0.7289 \\ 0 & 0.5084 & -0.5831 \\ 1.0000 & 0.5811 & 0.3588 \end{pmatrix}, \qquad D = \begin{pmatrix} 0.3000 & 0 & 0 \\ 0 & 1.0000 & 0 \\ 0 & 0 & -1.0000 \end{pmatrix}$$

容易看到，当 $t \to \infty$ 时，

$$\boldsymbol{D}^t = \begin{pmatrix} 0.3000^t & 0 & 0 \\ 0 & 1.0000^t & 0 \\ 0 & 0 & (-1.0000)^t \end{pmatrix} \to \begin{pmatrix} 0 & 0 & 0 \\ 0 & 1 & 0 \\ 0 & 0 & (-1)^t \end{pmatrix}.$$

因此，

$$\boldsymbol{x}_t = \boldsymbol{M}^t \boldsymbol{x}_0 = \boldsymbol{V} \boldsymbol{D}^t \boldsymbol{V}^{-1} \boldsymbol{x}_0$$

$$= \begin{pmatrix} 0 & 0.6355 & 0.7289 \\ 0 & 0.5084 & -0.5831 \\ 1.0000 & 0.5811 & 0.3588 \end{pmatrix} \begin{pmatrix} 0.3000 & 0 & 0 \\ 0 & 1.0000 & 0 \\ 0 & 0 & -1.0000 \end{pmatrix} \begin{pmatrix} -0.7033 & -0.2637 & 1.0000 \\ 0.7868 & 0.9834 & 0 \\ 0.6860 & -0.8575 & 0 \end{pmatrix} \boldsymbol{x}_0$$

$$\to \begin{pmatrix} 0 & 0.6355 & 0.7289 \\ 0 & 0.5084 & -0.5831 \\ 1.0000 & 0.5811 & 0.3588 \end{pmatrix} \begin{pmatrix} 0 & 0 & 0 \\ 0 & 1 & 0 \\ 0 & 0 & (-1)^t \end{pmatrix} \begin{pmatrix} -0.7033 & -0.2637 & 1.0000 \\ 0.7868 & 0.9834 & 0 \\ 0.6860 & -0.8575 & 0 \end{pmatrix} \begin{pmatrix} l_0 \\ m_0 \\ n_0 \end{pmatrix}$$

当 $t = 2k$ 时，有

$$\boldsymbol{x}_{2k} \to \begin{pmatrix} 0 & 0.6355 & 0.7289 \\ 0 & 0.5084 & -0.5831 \\ 1.0000 & 0.5811 & 0.3588 \end{pmatrix} \begin{pmatrix} 0 & 0 & 0 \\ 0 & 1 & 0 \\ 0 & 0 & 1 \end{pmatrix} \begin{pmatrix} -0.7033 & -0.2637 & 1.0000 \\ 0.7868 & 0.9834 & 0 \\ 0.6860 & -0.8575 & 0 \end{pmatrix} \begin{pmatrix} l_0 \\ m_0 \\ n_0 \end{pmatrix}$$

$$= \begin{pmatrix} 1.0000 & 0 & 0 \\ 0 & 1.0000 & 0 \\ 0.7033 & 0.2637 & 0 \end{pmatrix} \begin{pmatrix} l_0 \\ m_0 \\ n_0 \end{pmatrix} = \begin{pmatrix} l_0 \\ m_0 \\ 0.7033 \times l_0 + 0.2637 \times m_0 \end{pmatrix}$$

当 $t = 2k + 1$ 时，有

$$\boldsymbol{x}_{2k+1} \to \begin{pmatrix} 0 & 0.6355 & 0.7289 \\ 0 & 0.5084 & -0.5831 \\ 1.0000 & 0.5811 & 0.3588 \end{pmatrix} \begin{pmatrix} 0 & 0 & 0 \\ 0 & 1 & 0 \\ 0 & 0 & -1 \end{pmatrix} \begin{pmatrix} -0.7033 & -0.2637 & 1.0000 \\ 0.7868 & 0.9834 & 0 \\ 0.6860 & -0.8575 & 0 \end{pmatrix} \begin{pmatrix} l_0 \\ m_0 \\ n_0 \end{pmatrix}$$

$$= \begin{pmatrix} 0 & 1.2500 & 0 \\ 0.8000 & 0 & 0 \\ 0.2110 & 0.8791 & 0 \end{pmatrix} \begin{pmatrix} l_0 \\ m_0 \\ n_0 \end{pmatrix} = \begin{pmatrix} 1.2500 \times m_0 \\ 0.8000 \times l_0 \\ 0.2110 \times l_0 + 0.8791 \times m_0 \end{pmatrix}$$

无论 t 是奇数还是偶数，容易看到种群数量都会维持在一个稳定的水平——虽然会有振荡. 对于实例 3 中的矩阵

$$\boldsymbol{M} = \begin{pmatrix} 0 & 1.25 & 0 \\ 0.9 & 0 & 0 \\ 0 & 0.8 & 0.3 \end{pmatrix}$$

有

$$\boldsymbol{V} = \begin{pmatrix} 0 & 0.6304 & 0.7127 \\ 0 & 0.5349 & -0.6047 \\ 1.0000 & 0.5626 & 0.3555 \end{pmatrix}, \quad \boldsymbol{D} = \begin{pmatrix} 0.3000 & 0 & 0 \\ 0 & 1.0607 & 0 \\ 0 & 0 & -1.0607 \end{pmatrix}$$

因此，当 $t \to \infty$ 时，有

$$\boldsymbol{D}^t = \begin{pmatrix} 0.3000^t & 0 & 0 \\ 0 & 1.0607^t & 0 \\ 0 & 0 & (-1.0607)^t \end{pmatrix} \to \begin{pmatrix} 0 & 0 & 0 \\ 0 & +\infty & 0 \\ 0 & 0 & \infty \end{pmatrix}$$

类似前面的分析，易知种群的数量会不断增加.

思考：

1）若给定某种群 A 在 3 个时间周期内处于各个成长阶段的种群数量（如表 3-5 所示），能否预测该种群的趋势？

表 3-5　某种群 A 在 3 个时间周期内处于各个成长阶段的种群数量

	幼年期	成熟期	老年期
时间段 1	10	20	13
时间段 2	8	8	15
时间段 3	7	6	10

2）通常，对于一个实际的物种，转移矩阵中的元素不一定都是常数. 尝试使用不同种类（例如，均匀分布、高斯分布等）的随机数来生成转移矩阵中的各个量，然后重复上述实例.

3）种群处于各个时期的时间不同，如何设计仿真程序？

3.5.2　综合实验二：图像的压缩

知识点：特征值，特征向量.

实验目的：以 MATLAB 为工具，探讨图像的压缩问题.

问题描述：一般地，计算机的显示系统中最小的显示单位称为像素（pixel），每一个像素的颜色可用一个分别表示红色（r）、绿色（g）和蓝色（b）亮度的无符号整数表示，它们的取值范围都在 0 到 255 之间. 人们看到的图像则是很多像素按照行列排列后的结果. 因此，计算机系统中的彩色电子图片可用三个大小相同的颜色矩阵（红色矩阵 R，绿色矩阵 G 和蓝色矩阵 B）进行表示. 三个矩阵中特定位置对应的三个无符号数就给出了显示器上特定像素点需要显示的颜色信息. 特别地，灰度图（gray image）中的每一个像素仅使用一个 0 到 255 的无符号整数表示该像素对应的亮度信息，因此，灰度图可使用一个包含若干像素亮度信息的无符号整数矩阵表示. 为方便起见，本例主要考虑对称灰度图像的压缩存储问题，对于非对称图像及彩色图像的问题，读者可根据本例的思路自行考虑. 图 3-7 为一幅对称灰度图. 能否使用矩阵的特征值分解原理实现该图像的压缩存储？

图 3-7　一幅对称灰度图 （286×286 像素）

问题分析及模型建立：

根据矩阵特征分解理论，设 A 为 $n \times n$ 实对称矩阵，$\lambda_1, \lambda_2, \cdots, \lambda_n$ 为其 n 个实特征值，将它们按照绝对值降序的顺序排列，$p_1, p_2, \cdots, p_n$ 分别为特征值对应的特征向量，则有

$$A = (p_1, p_2, \ldots, p_n) \begin{pmatrix} \lambda_1 & & & \\ & \lambda_2 & & \\ & & \ddots & \\ & & & \lambda_n \end{pmatrix} \begin{pmatrix} p_1^{\mathrm{T}} \\ p_2^{\mathrm{T}} \\ \vdots \\ p_n^{\mathrm{T}} \end{pmatrix} = \lambda_1 p_1 p_1^{\mathrm{T}} + \lambda_2 p_2 p_2^{\mathrm{T}} + \cdots + \lambda_n p_n p_n^{\mathrm{T}} = \sum_{i=1}^{n} \lambda_i p_i p_i^{\mathrm{T}}$$

这意味着，可以使用部分特征值（例如，绝对值最大的 k 个特征值）连同它们的特征向量构造一个矩阵 A 的近似 $\widetilde{A}$．显然，当 $k=n$ 时，有 $\widetilde{A}=A$．

此外，若矩阵 A 不是对称矩阵，或者不是方阵，则可考虑使用奇异值对其进行分解．具体地，设 A 是秩为 r 的 $m \times n$ 矩阵，则存在一个 $m \times m$ 正交矩阵 U 和一个 $n \times n$ 正交矩阵 V，使得 $A=U\Sigma V^{\mathrm{T}}$，其中 Σ 为一个形如 $\begin{pmatrix} D & 0 \\ 0 & 0 \end{pmatrix}_{m \times n}$ 的矩阵，D 是一个 $r \times r$ 对角矩阵，D 对角线上的元素 $\sigma_i(i=1,2,\cdots,r)$ 是矩阵 A 的 r 个奇异值；矩阵 V 的各列为矩阵 $A^{\mathrm{T}}A$ 的特征值对应的特征向量；矩阵 U 的各列为矩阵 AA^{T} 的特征值对应的特征向量．可以证明，$A^{\mathrm{T}}A$ 与 AA^{T} 的特征值相等，且这些特征值 $\lambda_i(i=1,2,\cdots,r)$，与奇异值 σ_i 的关系为 $\sigma_i=\sqrt{\lambda_i}$，$i=1,2,\cdots,r$．特别地，对于实对称矩阵，还可以证明该矩阵的奇异值就等于其特征值．

与特征值分解类似，奇异值分解也可用于构造一个矩阵的近似矩阵．其过程与使用特征值构造近似矩阵基本相似，只不过需要计算奇异值，而不是特征值．这一过程将不在本例中赘述．

问题求解及结果分析：

在 MATLAB 环境中编写 eigcompress.m 文件，内容如下：

```
clear all;
close all;
img=imread('grayimage.png');
[P,D]=eigs(double(img),10);      %得到前 10 个绝对值最大的特征值和它们对应的特征向量
imga1=P*D*P';                    %利用前 10 个绝对值最大的特征值和它们对应的特征向量构造近似图像
[P,D]=eigs(double(img),50);      % 得到前 50 个绝对值最大的特征值和它们对应的特征向量
imga2=P*D*P';                    %利用前 50 个绝对值最大的特征值和它们对应的特征向量构造近似图像
[P,D]=eigs(double(img),100);     %得到前 100 个绝对值最大的特征值和它们对应的特征向量
imga3=P*D*P';                    %利用前 100 个绝对值最大的特征值和它们对应的特征向量构造近似图像

subplot(2,2,1);
imshow(img);
title('(a)');
subplot(2,2,2);
imshow(uint8(imga1));
title('(b)');
subplot(2,2,3);
imshow(uint8(imga2));
title('(c)');
subplot(2,2,4);
imshow(uint8(imga3));
title('(d)');
```

该程序运行结果如图 3-8 所示．可以看出，随着近似原始图像矩阵的特征值和特征向量的增多，近似图像与原始图像之间的差异也越来越小．图 3-8b 与图 3-8a 相比，能够明显看出它们之间的差异，特别是在图像中心部位，图 3-8b 显得较为模糊．但图 3-8c 与图 3-8a 相比就很难用观察的方法看出它们之间的明显差异．虽然从原理上说，使用了更多特征值和特征向量的图 3-8d 与图 3-8a 的差异更小，但它与图 3-8c 的差异其实并不明显．因此，仅保存相对较少的特征值和对应的特征向量即可达到保持原图像主要特征的目的．

a）原始灰度图

b）使用绝对值最大的10个特征值及相应的特征向量得到的近似图

c）使用绝对值最大的50个特征值及相应的特征向量得到的近似图

d）使用绝对值最大的100个特征值及相应的特征向量得到的近似图

图3-8　用绝对值最大的 10 个特征值、50 个特征值、100 个特征值及相应的特征向量得到的近似图

说明

1）在实践过程中，可设计特定的准则（例如，使用矩阵范数刻画图像之间的差异）来确定需要保存多少特征值和对应的特征向量，这样也就实现了压缩率的自动调整.

2）若图像矩阵是一个方阵，但不对称，则可以考虑将它沿对角线拆分成两个矩阵，然后分别构造对称矩阵来实现压缩，也可以直接使用特征值分解或奇异值分解来设计压缩方案.

3）若图像矩阵不是一个方阵，则先将其扩充为一个方阵后再处理也是可取的.当然，直接使用奇异值分解来设计压缩方案也许是一个较好的选择.

4）若图像是彩色图像，可考虑将表示不同颜色的多个颜色矩阵分别进行压缩.

 习题

1. 创建矩阵 $A = \begin{pmatrix} 1 & 0 & 0 \\ 0 & 2 & -1 \\ 0 & -1 & 3 \end{pmatrix}$，$B = \begin{pmatrix} 3 & 5 & 7 \\ 0 & 1 & 0 \end{pmatrix}$，$C = \begin{pmatrix} 1 & 1 \\ 1 & 1 \\ 1 & 1 \end{pmatrix}$，$D = \begin{pmatrix} 0 & 0 & 0 \\ 0 & 0 & 0 \end{pmatrix}$.

2. 随机生成：

（1）一个含有 5 个元素的列向量.

（2）一个数值在 0～100 之间的 3 行 4 列的矩阵.

3. 生成一个 5 阶魔方矩阵.

4. 生成如下三对角矩阵：

$$A = \begin{pmatrix} -2 & 1 & 0 & 0 & 0 \\ 2 & -2 & 3 & 0 & 0 \\ 0 & 4 & -2 & 5 & 0 \\ 0 & 0 & 6 & -2 & 7 \\ 0 & 0 & 0 & 8 & -2 \end{pmatrix}$$

5. 用 M 文件保存如下矩阵：

$$A = \begin{pmatrix} 1 & 2 & 3 & 4 & 5 & 6 \\ 2 & 4 & 6 & 8 & 10 & 12 \\ -1 & -2 & -3 & -4 & -5 & -6 \\ -2 & -4 & -6 & -8 & -10 & -12 \\ 1 & 1 & 1 & 1 & 1 & 1 \\ -1 & -1 & -1 & -1 & -1 & -1 \end{pmatrix}$$

6. 随机生成如下数列：

(1) 在 $[0, 10]$ 上随机生成一个含有 5 个数据的等差数列.

(2) 在 $[10, 100]$ 上随机生成一个含有 10 个数据的等比数列.

7. 生成如下数列：

(1) 生成一个从 -10 到 10 的步长是 2 的等差数列.

(2) 生成一个从 0 到 -20 的步长是 -2 的等差数列.

8. 已知矩阵 $A = \begin{pmatrix} 1 & 2 \\ 3 & 4 \end{pmatrix}$，实现下列操作：

(1) 添加零元素使之成为一个 3×3 方阵.

(2) 在以上操作的基础上，将第三行元素替换为（1 3 5）.

(3) 在以上操作的基础上，提取矩阵中第 2 个元素以及第 3 行第 2 列的元素.

9. 已知矩阵 $A = \begin{pmatrix} -2 & 1 & 4 \\ 1 & 4 & 7 \end{pmatrix}$，实现下列操作：

(1) 提取矩阵 A 的第一行元素并生成以此为主对角线元素的对角阵

$$B = \begin{pmatrix} -2 & 0 & 0 \\ 0 & 1 & 0 \\ 0 & 0 & 4 \end{pmatrix}$$

（提示：用 diag 命令生成对角阵.）

(2) 在矩阵 A 后添加第三行元素（4 7 10），构成矩阵 C.

(3) 生成矩阵 $D = (B \vdots C)$，$F = \begin{pmatrix} C \\ B \end{pmatrix}$.

(4) 删除矩阵 C 的第一列.

10. 已知矩阵 $A = \begin{pmatrix} 1 & 3 \\ 3 & 5 \end{pmatrix}$，$B = \begin{pmatrix} 2 & 4 \\ 6 & 8 \end{pmatrix}$，求：$A + B$，$A - B$，$AB$，$BA$，$|A|$，$|B|$.

11. 已知矩阵 $A = \begin{pmatrix} 1 & 3 & 5 \\ 0 & 2 & 7 \\ -1 & 1 & 3 \end{pmatrix}$，求：$|A|$，$A^{-1}$，$A^3$，$A^{\mathrm{T}} A$，以及行最简形.

12. 随机输入一个 6 阶方阵，并求其转置、行列式、秩，以及行最简形.

13. 已知 $a = (3 \ 0 \ -1 \ 4)$，$b = (-2 \ 1 \ 4 \ 7)$，求：$a .^* b$，$a .^2$，$a ./ b$，ab^{T}，$a^{\mathrm{T}} b$.

14. 将下列矩阵转化为稀疏矩阵，之后再将转换后的稀疏矩阵还原成全元素矩阵.

(1) $\begin{pmatrix} 2 & 0 & 0 & 1 \\ 0 & -2 & 1 & 0 \\ 0 & 1 & 0 & 0 \\ 1 & 0 & 0 & -2 \end{pmatrix}$ (2) $\begin{pmatrix} 1 & 0 & 0 & -1 & 0 \\ 0 & 0 & 2 & 0 & 0 \\ 0 & 1 & 0 & 0 & 3 \end{pmatrix}$ (3) $\begin{pmatrix} 1 & 0 & 0 & 0 & 2 \\ 0 & 0 & 0 & 3 & 0 \\ 0 & 0 & 1 & 0 & 0 \\ 0 & 3 & 0 & 0 & 0 \\ 2 & 0 & 0 & 0 & 1 \end{pmatrix}$

15. 创建一个 4 阶稀疏矩阵，使其副对角线上元素为 1.

16. 创建如下稀疏矩阵，查看其信息，并将其还原成全元素矩阵.

(1) $\begin{pmatrix} 1 & 0 & 2 & 0 & 0 \\ 0 & 1 & 0 & 2 & 0 \\ 3 & 0 & 1 & 0 & 2 \\ 0 & 3 & 0 & 1 & 0 \\ 0 & 0 & 3 & 0 & 1 \end{pmatrix}$ (2) $\begin{pmatrix} 1 & 0 & -1 & 0 & 1 & 0 & 0 \\ 0 & 2 & 0 & -2 & 0 & 2 & 0 \\ 0 & 0 & 3 & 0 & -3 & 0 & 3 \\ 0 & 0 & 0 & 4 & 0 & -4 & 0 \\ 0 & 0 & 0 & 0 & 5 & 0 & -5 \end{pmatrix}$

17. 求解下列线性方程组：

(1) $\begin{cases} x_1 + 3x_3 = 10 \\ 2x_1 + x_2 + 4x_3 = 18 \\ x_1 - x_2 + 2x_3 = 3 \end{cases}$ (2) $\begin{cases} 2x_1 - x_2 + 3x_3 = 13 \\ x_1 + 4x_2 - 2x_3 + x_4 = -8 \\ 5x_1 + 3x_2 + 2x_3 + x_4 = 10 \\ 2x_1 + 3x_2 + x_3 - x_4 = -6 \end{cases}$

18. 求下列线性方程组的通解：

(1) $\begin{cases} x_1 + x_2 + 2x_3 - x_4 = 0 \\ -x_1 + x_2 + 3x_3 = 0 \\ 2x_1 - 3x_2 + 4x_3 - x_4 = 0 \end{cases}$ (2) $\begin{cases} x_1 + x_2 + x_3 + 4x_4 - 3x_5 = 0 \\ 2x_1 + x_2 + 3x_3 + 5x_4 - 5x_5 = 0 \\ x_1 - x_2 + 3x_3 - 2x_4 - x_5 = 0 \\ 3x_1 + x_2 + 5x_3 + 6x_4 - 7x_5 = 0 \end{cases}$

(3) $\begin{cases} x_1 - x_2 - x_3 + x_4 = 0 \\ x_1 - x_2 + x_3 - 3x_4 = 1 \\ x_1 - x_2 - 2x_3 + 3x_4 = -1/2 \end{cases}$ (4) $\begin{cases} x_1 - x_2 + x_3 - x_4 = 1 \\ -x_1 + x_2 + x_3 - x_4 = 1 \\ 2x_1 - 2x_2 - x_3 + x_4 = -1 \end{cases}$

19. 现有一个木工、一个电工和一个油漆工，三人组成互助小组共同去装修彼此的房子．在装修之前，为了相对公平，他们达成如下协议：1) 每人工作的天数相等（包括给自己家干活），例如 10 天；2) 每人日工资根据一般市价在 60~80 元之间；3) 每日的日工资数应使得每人的总收入与总支出相等．表 3-6 是他们协商后制定出的工作天数的分配方案，如何计算他们每人应得的工资？

表 3-6　各工种工时信息

天数 ＼ 工种	木工	电工	油漆工
在木工家的工作天数	2	1	6
在电工家的工作天数	4	5	1
在油漆工家的工作天数	4	4	3

20. 将下列矩阵进行 LU 分解：

(1) $\boldsymbol{A} = \begin{pmatrix} 1 & 2 & 3 \\ 1 & 12 & 7 \\ 4 & 5 & 6 \end{pmatrix}$ (2) $\boldsymbol{B} = \begin{pmatrix} 0 & 2 & 4 & 1 \\ 2 & 8 & 6 & 4 \\ 3 & 10 & 8 & 8 \\ 4 & 12 & 10 & 6 \end{pmatrix}$

21. 通过矩阵 LU 分解求解矩阵方程 $\boldsymbol{AX} = \boldsymbol{b}$，其中

$$\boldsymbol{A} = \begin{pmatrix} 1 & 0 & 2 & 0 \\ 0 & 1 & 0 & 1 \\ 1 & 2 & 4 & 3 \\ 0 & 1 & 0 & 3 \end{pmatrix}, \quad \boldsymbol{b} = \begin{pmatrix} 1 \\ 2 \\ -1 \\ 5 \end{pmatrix}$$

22. 将下列矩阵进行正交分解：

(1) $\begin{pmatrix} 7 & 2 & 3 \\ 1 & -5 & 3 \\ 3 & 4 & 5 \end{pmatrix}$ (2) $\begin{pmatrix} 1 & 2 & 3 \\ 1 & 2 & 3 \\ 3 & 4 & 5 \end{pmatrix}$

23. 用 QR 方法求解下列方程组，然后用其他方法验证解的正确性：

(1) $\begin{cases} 5x_1 + 4x_2 + 5x_3 = 1 \\ 7x_1 + 8x_2 + 9x_3 = 2 \\ 12x_1 + 3x_2 + 8x_3 = 3 \end{cases}$ (2) $\begin{cases} 3x_1 + 4x_2 + 5x_3 = 4 \\ 7x_1 + 8x_2 + 9x_3 = 2 \\ 12x_1 + 3x_2 + 8x_3 = 3 \end{cases}$

24. 将下列矩阵进行 Cholesky 分解：

$$(1)\begin{pmatrix} 1 & -1 & 2 & 1 \\ -1 & 3 & 0 & -3 \\ 2 & 0 & 9 & -6 \\ 1 & -3 & -6 & 19 \end{pmatrix} \qquad (2)\begin{pmatrix} \dfrac{1}{\sqrt{2}} & -\dfrac{1}{\sqrt{2}} & 0 & 0 \\ -\dfrac{1}{\sqrt{2}} & \dfrac{1}{\sqrt{2}} & 0 & 0 \\ 0 & 0 & \dfrac{1}{\sqrt{2}} & -\dfrac{1}{\sqrt{2}} \\ 0 & 0 & -\dfrac{1}{\sqrt{2}} & \dfrac{1}{\sqrt{2}} \end{pmatrix}$$

25. 分别用雅可比迭代和高斯－赛德尔迭代法计算下列方程组，初值均取 $x^{(0)}=(1,1,1)^{\mathrm{T}}$，比较其计算结果，并分析其收敛性.

$$(1)\begin{cases} x_1 - 9x_2 - 10x_3 = 1 \\ -9x_1 + x_2 + 5x_3 = 0 \\ 8x_1 + 7x_2 + x_3 = 4 \end{cases} \qquad (2)\begin{cases} 5x_1 - x_2 - 3x_3 = -1 \\ -x_1 + 2x_2 + 4x_3 = 0 \\ -3x_1 + 4x_2 + 15x_3 = 4 \end{cases}$$

26. 求矩阵 $A = \begin{pmatrix} 2 & 1 & 1 \\ 1 & 2 & 1 \\ 1 & 1 & 2 \end{pmatrix}$ 的特征多项式、特征值、特征向量.

27. 求矩阵 $A = \begin{pmatrix} 3 & 0 \\ 1 & 9 \end{pmatrix}$ 的特征多项式、特征值、特征向量.

28. 请从中国国家统计局网站（https://www.stats.gov.cn/）下载我国第六次人口普查的数据. 若我国人口的出生率、死亡率等信息在第七次人口普查之前保持不变，试分析我国人口变化的趋势，并将分析的结果与第七次人口普查的数据进行对比分析.

29. 请选择一张彩色图片并回答以下问题：

(1) 该图片的长宽分别是多少像素点？若使用像素点阵的方式存储，需要多少字节？

(2) 若该图片是方形对称图像，如何对此图像进行压缩？

(3) 若该图片是非对称图像，试设计一种可以对此类图像进行压缩存储的方案.

(4) 试探讨（3）中的压缩存储方案的性能，包括实现压缩存储需要满足的条件.

第 **4** 章　　　　　微积分相关运算

4.1　求极限

4.1.1　理解极限的概念

数列 $\{x_n\}$ 收敛或有极限是指当 n 无限增大时，x_n 与某常数无限接近，就图形而言，也就是其点列以某一平行于 y 轴的直线为渐近线.

例 4-1　作图观察数列 $\left\{\dfrac{n+(-1)^{n-1}}{n}\right\}$ 当 $n\to\infty$ 时的变化趋势.

解　MATLAB 命令为：

```
n=1:100;
xn=(n+(-1).^(n-1))./n;
```

得到该数列的前 100 项，画出 x_n 的图形，MATLAB 命令为：

```
for i=1:100
    plot(n(i),xn(i),'m.')
    hold on
end
```

其中 for-end 语句是循环语句，循环体内的语句被执行 100 次，n(i) 表示 n 的第 i 个分量. 运行结果如图 4-1 所示.

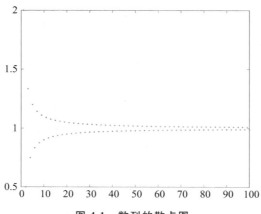

图 4-1　数列的散点图

由图 4-1 可以看出，随着 n 的增大，点列与直线 $y=1$ 无限接近，因此可得结论：

$$\lim_{n\to\infty}\frac{n+(-1)^{n-1}}{n}=1$$

对于函数的极限概念，我们也可用上述方法来理解.

例 4-2　作图观察函数 $f(x)=x\sin\dfrac{1}{x}$ 当 $x\to 0$ 时的变化趋势.

解　绘出函数 $f(x)$ 在 $[-3,3]$ 上的图形，MATLAB 命令为：

```
x=-3:0.01:3;
y=x.*sin(1./x);
plot(x,y)
```

运行结果如图 4-2 所示.

从图 4-2 可以看出，$f(x)=x\sin\dfrac{1}{x}$ 随着 $|x|$ 的减小，振幅越来越小，趋近于 0.

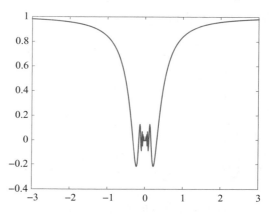

图 4-2　函数 $f(x)$ 在 $[-3,3]$ 上的图形

4.1.2　用 MATLAB 软件求函数极限

MATLAB 软件求函数极限的命令是 limit，使用该命令前要用 syms 命令做相关符号变量说明. 建立符号变量命令 sym 和 syms 调用格式如下：

- x=sym('x')　建立符号变量 x.
- syms x y z　建立多个符号变量 x、y、z，注意各符号变量之间必须用空格隔开.

limit 命令的具体使用格式如下：

- limit(f,x,a)　执行后返回函数 f 在符号变量 x 趋于 a 时的极限.
- limit(f,x,inf)　执行后返回函数 f 在符号变量 x 趋于无穷大时的极限.
- limit(f,x,a,'left')　执行后返回函数 f 在符号变量 x 趋于 a 时的左极限.
- limit(f,x,a,'right')　执行后返回函数 f 在符号变量 x 趋于 a 时的右极限.

例 4-3　求极限 $\lim\limits_{n\to\infty}\dfrac{4n^3+1}{9n^3-1}$.

解　MATLAB 命令为：

```
syms n
limit((4*n^3+1)/(9*n^3-1),n,inf)
```

运行结果为：

```
ans=
    4/9
```

例 4-4　求极限 $\lim\limits_{x\to 0}\dfrac{\sqrt{1+\tan x}-\sqrt{1+\sin x}}{x\sin^2 x}$.

解　MATLAB 命令为：

```
syms x
limit((sqrt(1+tan(x))-sqrt(1+sin(x)))/(x*sin(x)^2),x,0)
```

运行结果为：

```
ans=
    1/4
```

例 4-5 求极限 $\lim\limits_{x\to\infty}\left(1+\dfrac{1}{x}\right)^x$.

解 MATLAB 命令为：

```
syms x
limit((1+1/x)^x,x,inf)
```

运行结果为：

```
ans=
    exp(1)
```

即 $\lim\limits_{x\to\infty}\left(1+\dfrac{1}{x}\right)^x=\mathrm{e}$.

例 4-6 求单侧极限 $\lim\limits_{x\to1^+}\dfrac{1}{1-\mathrm{e}^{\frac{x}{1-x}}}$ 和 $\lim\limits_{x\to1^-}\dfrac{1}{1-\mathrm{e}^{\frac{x}{1-x}}}$.

解 求右极限的 MATLAB 命令为：

```
clear
syms x
limit(1/(1-exp(x/(1-x))),x,1,'right')
```

运行结果为：

```
ans=
    1
```

求左极限的 MATLAB 命令为：

```
limit(1/(1-exp(x/(1-x))),x,1,'left')
```

运行结果为：

```
ans=
    0
```

即 $\lim\limits_{x\to1^+}\dfrac{1}{1-\mathrm{e}^{\frac{x}{1-x}}}=1$，$\lim\limits_{x\to1^-}\dfrac{1}{1-\mathrm{e}^{\frac{x}{1-x}}}=0$.

例 4-7 求极限 $\lim\limits_{x\to0}\dfrac{1}{x}\sin\dfrac{1}{x}$.

解 先画图观察极限情况，编写程序如下：

```
rx=0.01:-0.0002:0.0001;
ry=1./rx.*sin(1./rx);
lx=-0.01:0.0002:-0.0001;
ly=1./lx.*sin(1./lx);
plot(rx,ry,lx,ly)
```

运行结果如图 4-3 所示.

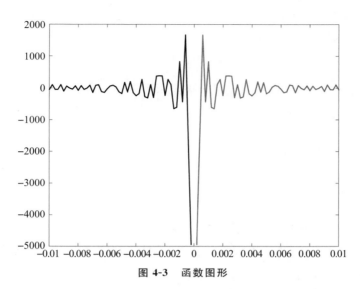

图 4-3　函数图形

从图 4-3 可以看出，在 x 逐渐趋于 0 的过程中，$\dfrac{1}{x}\sin\dfrac{1}{x}$ 趋向无穷，极限不存在.

MATLAB 命令为：

```
syms x
limit(1/x*sin(1/x),x,0)
```

运行结果为：

```
ans=
    NaN
```

例 4-8　求极限 $\lim\limits_{x\to 0} x\sin\left(\dfrac{1}{x}\right)$.

解　MATLAB 命令为：

```
syms x
limit(x*sin(1/x),x,0)
```

运行结果为：

```
ans=
    0
```

4.2　求导数

4.2.1　导数的概念

设函数 $y=f(x)$ 在 x_0 附近有定义，对应于自变量的任一改变量 Δx，函数的改变量为 $\Delta y=f(x_0+\Delta x)-f(x_0)$. 此时，如果极限

$$\lim_{\Delta x\to 0}\frac{\Delta y}{\Delta x}=\lim_{\Delta x\to 0}\frac{f(x_0+\Delta x)-f(x_0)}{\Delta x}$$

存在，则此极限值就称为函数 $f(x)$ 在点 x_0 的导数，记作 $f'(x_0)$（或 y'，或 $\dfrac{\mathrm{d}y}{\mathrm{d}x}$，或 $\dfrac{\mathrm{d}f}{\mathrm{d}x}$），这

时我们就称 $f(x)$ 在点 x_0 的导数存在，或者说，$f(x)$ 在点 x_0 可导.

1. 函数在某点的导数是一个极限值

例 4-9   设 $f(x)=\sin x - x^3$，用导数的定义计算 $f'(0)$.

分析 $f(x)$ 在某一点 x_0 的导数定义为极限 $\lim\limits_{\Delta x \to 0} \dfrac{f(x_0+\Delta x)-f(x_0)}{\Delta x}$.

解   记 $h=\Delta x$，MATLAB 命令为：

```
syms h
limit((sin(0+h)-(0+h)^3-sin(0)+0^3)/h,h,0)
```

运行结果为：

```
ans=
    1
```

2. 导数的几何意义是曲线的切线斜率

例 4-10   画出 $f(x)=x^2$ 在 $x=1$ 的切线及若干条割线，观察割线的变化趋势.

分析   记点 $P(1,1)$，在曲线 $y=x^2$ 上另取一点 $N(a,a^2)$，则 PN 的方程是 $\dfrac{y-1}{x-1}=\dfrac{a^2-1}{a-1}$，即 $y=(a+1)x-a$.

解   取 $a=4,3,2,1.5,1.1$，分别画出几条割线. MATLAB 命令为：

```
a=[4,3,2,1.5,1.1];
s=(a.^2-1)./(a-1);
x=0:0.1:5;
plot(x,x.^2,'r',x,2*x-1)    %画出 y=x^2 和 y=x^2 在 x=1 的切线 y=2*x-1
hold on
for i=1:5
        plot(a(i),a(i)^2,'r.')
        plot(x,s(i)*(x-1)+1)
end
```

运行结果如图 4-4 所示.

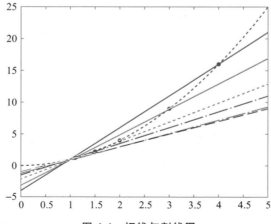

图 4-4   切线与割线图

4.2.2 用 MATLAB 软件求函数导数

MATLAB 软件求函数导数的命令是 diff，其调用格式如下：

- diff(f(x)) 求函数 $f(x)$ 的一阶导数 $f'(x)$.
- diff(f(x),n) 求函数 $f(x)$ 的 n 阶导数 $f^{(n)}(x)$（n 是具体整数）.
- diff(f(x,y),x) 求函数 $f(x,y)$ 对变量 x 的偏导数 $\dfrac{\partial f}{\partial x}$.
- diff(f(x,y),x,n) 求函数 $f(x,y)$ 对变量 x 的 n 阶偏导数 $\dfrac{\partial^n f}{\partial x^n}$.
- jacobian([f(x,y,z),g(x,y,z),h(x,y,z)],[x,y,z]) 求雅可比矩阵，此命令给出矩阵：

$$\begin{pmatrix} \dfrac{\partial f}{\partial x} & \dfrac{\partial f}{\partial y} & \dfrac{\partial f}{\partial z} \\ \dfrac{\partial g}{\partial x} & \dfrac{\partial g}{\partial y} & \dfrac{\partial g}{\partial z} \\ \dfrac{\partial h}{\partial x} & \dfrac{\partial h}{\partial y} & \dfrac{\partial h}{\partial z} \end{pmatrix}$$

例 4-11 求函数 $y=\dfrac{x^2}{\sqrt[3]{x^2-a^2}}$ 的导数.

解 MATLAB 命令为：

```
syms x a
f=x^2/(x^2-a^2)^(1/3);
diff(f,x)
```

运行结果为：

```
ans=
    (2*x)/(x^2-a^2)^(1/3)-(2*x^3)/(3*(x^2-a^2)^(4/3))
```

1. 参数方程所确定的函数的导数

设参数方程 $\begin{cases} x=\varphi(t) \\ y=\psi(t) \end{cases}$，确定变量 x 与 y 之间的函数关系，当 $\varphi'(t)\neq 0$ 时，y 关于 x 的导数 $\dfrac{\mathrm{d}y}{\mathrm{d}t}=\dfrac{\psi'(t)}{\varphi'(t)}$.

例 4-12 设 $\begin{cases} x=2\mathrm{e}^t+1 \\ y=\mathrm{e}^{-t}-1 \end{cases}$，求 $\dfrac{\mathrm{d}y}{\mathrm{d}x}$.

解 MATLAB 命令如下：

```
t=sym('t')
dx_dt=diff(2*exp(t)+1);
dy_dt=diff(exp(-t)-1);
pretty(dy_dt/dx_dt)
```

运行结果如下：

```
t=
t
```

```
   exp(-2 t)
 - ---------
       2
```

即 $\dfrac{\mathrm{d}y}{\mathrm{d}x}=-\dfrac{\mathrm{e}^{-t}}{2\mathrm{e}^{t}}$

2. 求多元函数的偏导数

例 4-13　$z=(1+xy)^{y}$，求 $\dfrac{\partial z}{\partial x}$ 和 $\dfrac{\partial z}{\partial y}$.

解　MATLAB 命令如下：

```
syms x y
z=(1+x*y)^y;
diff(z,x)
diff(z,y)
```

运行结果如下：

```
ans=
y^2*(x*y+1)^(y-1)
ans=
log(x*y+1)*(x*y+1)^y+x*y*(x*y+1)^(y-1)
```

例 4-14　设 $f(x,y,z)=x^{2}+2y^{2}+3z^{2}+xy+3x-2y-6z$，求 $f(x,y,z)$ 在点 $(0,0,0)$ 的梯度.

分析　梯度 $\mathrm{grad}f(x,y,z)=f_{x}\vec{i}+f_{y}\vec{j}+f_{z}\vec{k}$.

解　先求函数 $f(x,y,z)$ 分别关于变量 x,y,z 的偏导数，MATLAB 命令为：

```
syms x y z
f=x^2+2*y^2+3*z^2+x*y+3*x-2*y-6*z;
p=jacobian(f,[x,y,z])
```

运行结果为：

```
p=
[2*x+y+3,x+4*y-2,6*z-6]
```

易知，$f_{x}=2x+y+3$，$f_{y}=4y+x-2$，$f_{z}=6z-6$. 再求 $f(x,y,z)$ 在点 $(0,0,0)$ 的梯度 $\mathrm{grad}f(0,0,0)$：

```
syms x y z i j k
x=0;y=0;z=0;
f_x=2*x+y+3;
f_y=4*y+x-2;
f_z=6*z-6;
grad1=f_x*i+f_y*j+f_z*k
```

运行结果为：

```
grad1=
3*i-2*j-6*k
```

所以，$f(x,y,z)$ 在点 $(0,0,0)$ 的梯度 $\mathrm{grad}f(0,0,0)=3\vec{i}-2\vec{j}-6\vec{k}$.

3. 求高阶导数或高阶偏导数

例 4-15　已知 $y=\mathrm{e}^{5x}\cos(1-x^{2})$，求 y' 和 $y^{(4)}$.

解　MATLAB 命令为：

```
x=sym('x')
f=exp(5*x)*cos(1-x^2);
diff(f,x)
diff(f,x,4)
```

运行结果为：

```
x=
   x
ans=
   5*exp(5*x)*cos(x^2-1)-2*x*exp(5*x)*sin(x^2-1)
ans=
613*exp(5*x)*cos(x^2-1)-300*exp(5*x)*sin(x^2-1)-600*x^2*exp(5*x)*cos(x^2-1)+16*x^4*exp(5*x)*
cos(x^2-1)+48*x^2*exp(5*x)*sin(x^2-1)+160*x^3*exp(5*x)*sin(x^2-1)-240*x*exp(5*x)*cos(x^2-1)-
1000*x*exp(5*x)*sin(x^2-1)
```

例 4-16　设 $f(x)=x^5\cos x$，求 $f^{(50)}(x)$.

解　MATLAB 命令为：

```
x=sym('x')
diff(x^5*cos(x),50)
```

运行结果如下：

```
x=
x
ans=
24500*x^3*cos(x)-254251200*sin(x)-x^5*cos(x)+1176000*x^2*sin(x)-250*x^4*sin(x)-27636000*x*cos(x)
```

例 4-17　设 $z=x^9+7y^4-x^5y^3$，求 $\dfrac{\partial^2 z}{\partial x^2}$，$\dfrac{\partial^2 z}{\partial y^2}$，$\dfrac{\partial^2 z}{\partial x\partial y}$.

解　MATLAB 命令为：

```
syms x y
z=x^9+7*y^4-x^5*y^3;
diff(z,x,2)
diff(z,y,2)
diff(diff(z,x),y)
```

运行结果如下：

```
ans=
72*x^7-20*x^3*y^3
ans=
84*y^2-6*x^5*y
ans=
-15*x^4*y^2
```

计算 $\dfrac{\partial^2 z}{\partial y\partial x}$，比较它们的结果. MATLAB 命令为：

```
diff(diff(z,y),x)
```

运行结果如下：

```
ans=
-15*x^4*y^2
```

所以，$\dfrac{\partial^2 z}{\partial x \partial y} = \dfrac{\partial^2 z}{\partial y \partial x}$.

例 4-18 已知 $z = \ln(x^3 + y^3)\sin\left(\dfrac{xy}{x-y}\right)$，求 $\dfrac{\partial z}{\partial y}$，$\dfrac{\partial^2 z}{\partial x^2}$，$\dfrac{\partial^2 z}{\partial y \partial x}$.

解 MATLAB 命令为：

```
syms x y
z=log(x^3+y^3)*sin((x*y)/(x-y));
diff(z,y)
diff(z,x,2)
diff(diff(z,y),x)
```

运行结果为：

```
ans=
log(x^3+y^3)*cos((x*y)/(x-y))*(x/(x-y)+(x*y)/(x-y)^2)+(3*y^2*sin((x*y)/(x-y)))/(x^3+y^3)
ans=
(6*x*sin((x*y)/(x-y)))/(x^3+y^3)-log(x^3+y^3)*cos((x*y)/(x-y))*((2*y)/(x-y)^2-(2*x*y)/(x-y)^3)-
(9*x^4*sin((x*y)/(x-y)))/(x^3+y^3)^2-log(x^3+y^3)*sin((x*y)/(x-y))*(y/(x-y)-(x*y)/(x-y)^2)^2+
(6*x^2*cos((x*y)/(x-y))*(y/(x-y)-(x*y)/(x-y)^2))/(x^3+y^3)
ans=
log(x^3+y^3)*cos((x*y)/(x-y))*(1/(x-y)-x/(x-y)^2+y/(x-y)^2-(2*x*y)/(x-y)^3)+(3*x^2*cos((x*y)/
(x-y))*(x/(x-y)+(x*y)/(x-y)^2))/(x^3+y^3)+(3*y^2*cos((x*y)/(x-y))*(y/(x-y)-(x*y)/(x-y)^2))/
(x^3+y^3)-(9*x^2*y^2*sin((x*y)/(x-y)))/(x^3+y^3)^2-log(x^3+y^3)*sin((x*y)/(x-y))*(x/(x-y)+(x*y)/
(x-y)^2)*(y/(x-y)-(x*y)/(x-y)^2)
```

4. 求隐函数所确定函数的导数

设函数 $F(x, y)$ 在点 $P(x_0, y_0)$ 的某一邻域内具有连续偏导数，且 $F(x_0, y_0) = 0$，$F_y(x_0, y_0) \neq 0$，则方程 $F(x, y) = 0$ 在点 (x_0, y_0) 的某一邻域内恒能唯一确定一个连续且具有连续导数的函数 $y = f(x)$，它满足条件 $y_0 = f(x_0)$，并有 $\dfrac{dy}{dx} = -\dfrac{F_x}{F_y}$.

例 4-19 设 $\sin y + e^x - xy^2 = 0$，求 $\dfrac{dy}{dx}$.

解 MATLAB 命令如下：

```
syms x y
F=sin(y)+exp(x)-x*y^2;
dF_dx=diff(F,x);
dF_dy=diff(F,y);
pretty(-dF_dx/dF_dy)
```

运行结果如下：

```
               2
      -y+exp(x)
    ─────────────
      cos(y)-2 x y
```

即 $\dfrac{dy}{dx} = \dfrac{-e^x + y^2}{\cos y - 2xy}$.

4.3　求积分

MATLAB 软件求函数符号积分的命令是 int，具体调用格式如下：

- int(f)　求函数 f 关于 syms 定义的符号变量的不定积分.
- int(f,v)　求函数 f 关于变量 v 的不定积分.
- int(f,a,b)　求函数 f 关于 syms 定义的符号变量从 a 到 b 的定积分.
- int(f,v,a,b)　求函数 f 关于变量 v 从 a 到 b 的定积分.

例 4-20　求下列不定积分:

(1) $\displaystyle\int \frac{\ln x}{(1-x)^2}\mathrm{d}x$

(2) $\displaystyle\int \frac{1+\sin x}{1+\cos x}e^x\,\mathrm{d}x$

(3) $\displaystyle\int \frac{\mathrm{d}x}{\sin^4 x \cos^2 x}$

(4) $\displaystyle\int \frac{x^2}{(x^2+2x+2)^2}\mathrm{d}x$

解　(1) MATLAB 命令为:

```
clear all
syms x
f=log(x)/(1-x)^2;
int(f,x)
```

运行结果为:

```
ans=
-log(x/(x-1))-log(x)/(x-1)
```

即 $\displaystyle\int \frac{\ln x}{(1-x)^2}\mathrm{d}x = \ln(x-1) - \frac{x\ln x}{x-1} + C$,其中 C 是任意常数.

注　用 MATLAB 软件求不定积分时,不会自动添加积分常数 C.

(2) MATLAB 命令为:

```
clear all
syms x
f=(1+sin(x))*exp(x)/(1+cos(x));
int(f,x)
```

运行结果为:

```
ans=
tan(x/2)*exp(x)
```

(3) MATLAB 命令为:

```
clear all
syms x
f=1/sin(x)^4*cos(x)^2;
int(f,x)
```

运行结果为:

```
ans=
-cot(x)^3/3
```

(4) MATLAB 命令为:

```
clear all
syms x
f=x^2/(x^2+2*x+2)^2;
int(f,x)
```

运行结果为:

```
ans=
atan(x+1)+1/(x^2+2*x+2)
```

例 4-21 计算定积分 $\int_{\frac{1}{2}}^{2}\left(1+x-\dfrac{1}{x}\right)e^{x+\frac{1}{x}}dx$.

解 MATLAB 命令为：

```
clear all
syms x
int((1+x-1/x)*exp(x+1/x),1/2,2)
```

运行结果为：

```
ans=
(3*exp(5/2))/2
```

即 $\int_{\frac{1}{2}}^{2}\left(1+x-\dfrac{1}{x}\right)e^{x+\frac{1}{x}}dx=\dfrac{3}{2}e^{5/2}$.

例 4-22 计算反常积分 $\int_{2}^{4}\dfrac{x\,dx}{\sqrt{|x^{2}-9|}}$.

解 MATLAB 命令为：

```
clear all
syms x
int(x/sqrt(abs(x^2-9)),2,4)
```

运行结果为：

```
ans=
5^(1/2)+7^(1/2)
```

即 $\int_{2}^{4}\dfrac{x\,dx}{\sqrt{|x^{2}-9|}}=\sqrt{5}+\sqrt{7}$.

例 4-23 讨论反常积分 $\int_{2}^{4}\dfrac{dx}{(x-2)^{3}}$ 的敛散性.

解 MATLAB 命令为：

```
clear all
syms x
int(1/(x-2)^3,2,4)
```

运行结果为：

```
ans=
Inf
```

即反常积分 $\int_{2}^{4}\dfrac{dx}{(x-2)^{3}}$ 发散.

4.4 数值积分

在许多实际问题中，常常需要计算定积分 $I=\int_{a}^{b}f(x)\,dx$ 的值. 根据微积分基本定理，若被积函数 $f(x)$ 在区间 $[a,b]$ 上连续，只需要找到被积函数的一个原函数 $F(x)$，就可以用牛顿—莱布尼兹公式求出积分值. 但在工程技术与科学实验中，有些定积分被积函数的原函数可能求不出来，如定积分 $\int_0^1 e^{-x^2}\,dx$ 和 $\int_0^1 \dfrac{\sin x}{x}\,dx$，因为它们的原函数无法由基本初等函数经过有限次四则及复合运算构成，计算这种类型的定积分只能用数值方法求出近似结果.

数值积分原则上可以用于计算各种被积函数的定积分，无论被积函数是解析形式还是数表形式，其基本原理都是用多项式函数近似代替被积函数，用对多项式的积分结果近似代替对被积函数的积分. 由于所选多项式形式的不同，数值积分方法也有多种，下面介绍最常用的几种数值积分方法.

4.4.1 公式的导出

建立数值积分公式的途径比较多，其中最常用的有两种：

1）对于连续函数，有积分中值定理

$$\int_a^b f(x)\,dx = (b-a)f(\xi) \quad \xi \in [a,b]$$

其中 $f(\xi)$ 是被积函数 $f(x)$ 在积分区间上的平均值. 因此，如果我们能给出求平均值 $f(\xi)$ 的一种近似方法，相应地就可以得到一种计算定积分的数值方法. 例如，取 $f(\xi) \approx f\left(\dfrac{b+a}{2}\right)$，则可以得到计算定积分的中矩形公式：

$$\int_a^b f(x)\,dx = (b-a)f\left(\dfrac{b+a}{2}\right)$$

即在图 4-5 中，用虚线围成的矩形面积近似曲线围成的图形面积.

如果我们取 $f(\xi) \approx f(a)$，则可以得到计算定积分的左矩形公式：

$$\int_a^b f(x)\,dx = (b-a)f(a) \tag{4-1}$$

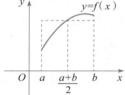

图 4-5 中矩形求积公式

如果我们取 $f(\xi) \approx f(b)$，则可以得到计算定积分的右矩形公式：

$$\int_a^b f(x)\,dx = (b-a)f(b) \tag{4-2}$$

2）用某个简单函数 $\varphi(x)$ 近似逼近 $f(x)$，然后用 $\varphi(x)$ 在 $[a,b]$ 区间的积分值近似表示 $f(x)$ 在 $[a,b]$ 区间上的定积分，即取 $\int_a^b f(x)\,dx = \int_a^b \varphi(x)\,dx$. 若取 $\varphi(x)$ 为插值多项式 $P_n(x)$，则相应得到的数值积分公式就称为插值型求积公式. 插值型求积公式需要构造插值多项式 $P_n(x)$，下面讨论 $n=1,2$ 时的情况.

当 $n=1$ 时，过 a,b 两点，作直线

$$P_1(x) = \frac{x-a}{b-a}f(b) + \frac{x-b}{a-b}f(a)$$

用 $P_1(x)$ 代替 $f(x)$，得

$$
\begin{aligned}
\int_a^b f(x)\,dx &\approx \int_a^b P_1(x)\,dx = \int_a^b \left[\frac{x-a}{b-a}f(b) + \frac{x-b}{a-b}f(a)\right]dx \\
&= \frac{b-a}{2}[f(a)+f(b)]
\end{aligned}
\tag{4-3}
$$

由图 4-6 看到，就是用梯形面积近似替代曲边梯形的面积，所以式（4-3）叫作梯形求积公式.

当 $n=2$ 时，把 $[a,b]$ 区间二等分，过 a,b 和 $\dfrac{a+b}{2}$ 三点作抛物线：

$$P_2(x) = \frac{\left(x - \dfrac{a+b}{2}\right)(x-b)}{\left(a - \dfrac{a+b}{2}\right)(a-b)} f(a) + \frac{(x-a)(x-b)}{\left(\dfrac{a+b}{2}-a\right)\left(\dfrac{a+b}{2}-b\right)} f\left(\frac{a+b}{2}\right) +$$

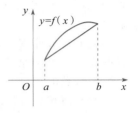

图 4-6　梯形求积公式

$$\frac{\left(x - \dfrac{a+b}{2}\right)(x-a)}{\left(b - \dfrac{a+b}{2}\right)(b-a)} f(b)$$

用 $P_2(x)$ 代替 $f(x)$，得

$$\int_a^b f(x)\,\mathrm{d}x \approx \int_a^b P_2(x)\,\mathrm{d}x = \frac{b-a}{6}\left[f(a) + 4f\left(\frac{a+b}{2}\right) + f(b)\right] \tag{4-4}$$

式（4-4）叫作辛普森公式，因为辛普森公式是用抛物线围成的曲边梯形面积近似代替 $f(x)$ 所围成的曲边梯形面积（如图 4-7 所示），所以辛普森公式也叫作抛物线求积公式.

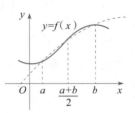

图 4-7　辛普森求积公式

在实际应用中，通常将积分区间分成若干个小区间，在每个小区间上采用低阶求积公式，然后把所有小区间上的计算结果加起来得到整个区间上的求积公式，这就是复合求积公式的基本思想. 下面讨论复合梯形公式和复合辛普森公式的构造.

（1）复合梯形公式

将区间 $[a,b]$ n 等分，节点 $x_k = a + kh$（其中 $k=0,1,\cdots,n$，$h=\dfrac{b-a}{n}$），对每个小区间 $[x_k, x_{k+1}]$ 用梯形求积公式，则得

$$\int_a^b f(x)\,\mathrm{d}x = \sum_{k=0}^{n-1} \int_{x_k}^{x_{k+1}} f(x)\,\mathrm{d}x \approx \sum_{k=0}^{n-1} \frac{x_{k+1}-x_k}{2}\left[f(x_k) + f(x_{k+1})\right]$$

$$= \frac{h}{2}\left[f(a) + f(b) + 2\sum_{k=0}^{n-1} f(a+kh)\right]$$

记

$$T_n = \frac{h}{2}\left[f(a) + f(b) + 2\sum_{k=0}^{n-1} f(a+kh)\right] \tag{4-5}$$

称之为复合梯形公式.

（2）复合辛普森公式

将区间 $[a,b]n$ 等分，节点 $x_k = a + kh$（$k=0,1,\cdots,n$），对每个小区间 $[x_k, x_{k+1}]$ 用辛普森求积公式，则得

$$\int_{x_k}^{x_{k+1}} f(x)\,\mathrm{d}x \approx \frac{x_{k+1}-x_k}{6}\left[f(x_{k+1}) + 4f\left(\frac{x_k + x_{k+1}}{2}\right) + f(x_k)\right]$$

其中 $h = \dfrac{b-a}{n}$，因此，

$$\int_a^b f(x)\mathrm{d}x = \sum_{k=0}^{n-1}\int_{x_k}^{x_{k+1}} f(x)\mathrm{d}x \approx \sum_{k=0}^{n-1}\frac{h}{6}\left[f(x_{k+1})+4f\left(\frac{x_k+x_{k+1}}{2}\right)+f(x_k)\right]$$

此为复合辛普森求积公式的计算方法.

4.4.2　用 MATLAB 求数值积分

数值积分可用下面几种命令实现：

1）sum(x)　输入数组 x，输出为 x 的各个元素的累加和，如果 x 是矩阵，则 sum(x) 是一个元素为 x 的每列和的行向量，此命令可用于按矩形公式（4-1）、（4-2）计算积分.

例 4-24　求从 1 到 10 这十个自然数的和.

解　MATLAB 命令如下：

```
x=[1,2,3,4,5,6,7,8,9,10];
sum(x)
```

运行结果如下：

```
ans=
    55
```

求矩阵 $x=\begin{bmatrix}1 & 2 & 3 & 4\\5 & 6 & 7 & 8\\9 & 10 & 11 & 12\end{bmatrix}$ 各列元素的和，MATLAB 命令如下：

```
x=[1,2,3,4;5,6,7,8;9,10,11,12]
x=
    1    2    3    4
    5    6    7    8
    9   10   11   12
sum(x)
```

运行结果如下：

```
ans =
    15   18   21   24
```

定积分是一个和的极限，即 $\int_a^b f(x)\mathrm{d}x = \lim_{\lambda\to 0}f(\xi_i)\Delta x_i$. 取 $f(x)=x^2$，积分区间为 $[0,1]$，等距划分为 20 个子区间，命令如下：

```
x=linspace(0,1,21);
```

选取每个子区间的端点，并计算端点处的函数值，命令如下：

```
y=x.^2;
```

取区间的左端点乘以区间长度，全部加起来，命令如下：

```
y1=y(1:20);s1=sum(y1)/20
```

运行结果为：

```
s1=
    0.3087
```

s1 可作为定积分 $\int_0^1 x^2\mathrm{d}x$ 的近似值.

若选取右端点，命令如下：

```
y2=y(2:21);s2=sum(y2)/20
```

运行结果为：

```
s2=
   0.3587
```

s2 也可作为 $\int_0^1 x^2 \mathrm{d}x$ 的近似值. 下面绘出图像，MATLAB 命令为：

```
plot(x,y);hold on
for i=1:20
        fill([x(i),x(i+1),x(i+1),x(i),x(i)],[0,0,y(i),y(i),0],'b')
end
```

运行结果如图 4-8 所示.

如果选取右端点绘制图像，MATLAB 命令为：

```
for i=1:20
        fill([x(i),x(i+1),x(i+1),x(i),x(i)],[0,0,y(i+1),y(i+1),0],'b')
        hold on
end
plot(x,y,'r')
```

运行结果如图 4-9 所示.

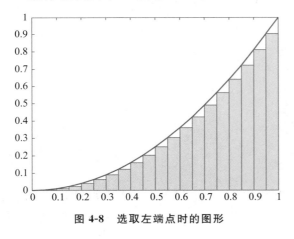

图 4-8   选取左端点时的图形

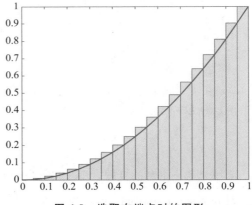

图 4-9   选取右端点时的图形

计算定积分 $\int_0^1 x^2 \mathrm{d}x$ 的精确值，MATLAB 命令为：

```
clear all
syms x
int('x^2',0,1)
```

运行结果为：

```
ans=
   1/3
```

由此可见，矩形法有误差，随着插入分点个数 n 的增多，误差应越来越小.

2) trapz(x,y)   梯形法命令，输入 x,y 为同长度的数组，输出 y 对 x 的积分. 对由离散数值形式给出的 x,y 作积分，用此命令.

例 4-25　用矩形法、复合梯形法和复合辛普森法计算定积分 $\int_0^1 \dfrac{4}{1+x^2}\mathrm{d}x$，并与精确值 π 比较.

解　MATLAB 命令为：

```
h=0.01;x=0:h:1;
y=4./(1+x.^2);
format long
z1=sum(y(1:length(x)-1))*h              %矩形公式(4-1)
z2=sum(y(2:length(x)))*h                %矩形公式(4-2)
z3=trapz(x,y)                           %梯形公式(4-3)
%以下是复合辛普森公式
fun=@ (x)4./(1+x.^2);
format long
n=length(x);
z4=0;
for i=1:n-1
    z4=z4+h/6*(fun(x(i))+4*fun((x(i)+x(i+1))/2)+fun(x(i+1)));
end
z4                                      %复合辛普森公式计算结果
format short
u1=z1-pi,u2=z2-pi,u3=z3-pi,u4=z4-pi     %与精确值 pi 的误差
```

运行结果为：

```
z1=
   3.151575986923129
z2=
   3.131575986923129
z3=
   3.141575986923129
z4=
   3.141592653589792
u1=
   0.0100
u2=
  -0.0100
u3=
  -1.6667e-05
u4=
  -8.8818e-16
```

由结果可知，矩形公式和梯形公式的计算误差将随着步长的减小而减小，辛普森公式的计算误差已自动满足 10^{-6} 的要求.

例 4-26　用矩形和梯形公式计算由表 4-1 中的数据给出的积分 $\int_{0.3}^{1.5} y(x)\mathrm{d}x$. 已知该表数据为函数 $y=x+\sin\dfrac{x}{3}$ 所产生，将计算值与精确值进行比较.

表 4-1　函数 $y=x+\sin\dfrac{x}{3}$ 产生的数据

k	1	2	3	4	5	6	7
x_k	0.3	0.5	0.7	0.9	1.1	1.3	1.5
y_k	0.3895	0.6598	0.9147	1.1611	1.3971	1.6212	1.8325

解　MATLAB 命令为：

```
syms t
x=0.3:0.2:1.5;
y=[0.3895 0.6598 0.9147 1.1611 1.3971 1.6212 1.8325];
s1=sum(y)*0.2
s2=trapz(x,y)
f=t+sin(t/3);
vpa(int(f,0.3,1.5))
```

运行结果为：

```
s1=
    1.5952
s2=
    1.3730
ans=
    1.4322648101629591499378412156001
```

矩形公式的计算结果是 1.5952，梯形公式的计算结果是 1.3730，精确值约是 1.4322，因此梯形公式的计算误差更小.

有时被积函数在整个区间上变化不均匀，在有的区间变化剧烈，有的区间变化比较平缓，这种情形下，如果使用复合求积公式计算，欲达到较高的精度就需要很小的步长，这将导致计算量大大增加. 为了减少计算量，我们采取在被积函数变化平缓部分取较大的步长，而在函数变化剧烈的部分取较小的步长，从而使得在满足计算精度的前提下工作量尽可能小. 这种方法称为自适应方法.

MATLAB 还提供了全局自适应方法 integral 来计算定积分，命令格式如下：

```
q=integral(fun,a,b)
```

其中，fun 是函数表达式，用匿名函数的形式来表示，a,b 分别为积分上、下限，q 为数值积分值.

例 4-27　用 integral 函数计算定积分 $\int_{0}^{10} e^{-x^2} \ln^2 x \, dx$

解　MATLAB 命令为：

```
fun=@(x)exp(-x.^2).*log(x).^2;
a=0;b=10;
q=integral(fun,a,b)
```

运行结果为：

```
q=
    1.947522199697675
```

例 4-28　已知 $f(x)=[\sin x, \sin 2x, \sin 3x, \sin 4x, \sin 5x]$，计算函数 $f(x)$ 从 $x=0$ 到 $x=1$ 的积分.

解　MATLAB 命令为：

```
fun=@(x) sin((1:5)*x);
format short
q=integral(fun, 0, 1, 'ArrayValued', true)   %true表示被积函数是向量值函数
```

运行结果为：

```
q =
    0.4597    0.7081    0.6633    0.4134    0.1433
```

例 4-29　已知 $f(x) = \dfrac{1}{x^3 - 2x - c}$，当 $c = 5$ 时，计算 $f(x)$ 从 $x = 0$ 到 $x = 2$ 的积分.

解　MATLAB 命令为：

```
fun=@(x,c) 1./(x.^3-2*x-c);
q=integral(@(x) fun(x,5), 0, 2)
```

或写成：

```
fun=@(x,c) 1./(x.^3-2*x-c);
cfun=@(x) fun(x,5);
q=integral(cfun,0,2)
```

运行结果为：

```
q =
   -0.4605
```

计算多重积分的命令如下：

```
q=integral2(fun,xmin,xmax,ymin,ymax)
q=integral3(fun,xmin,xmax,ymin,ymax,zmin,zmax)
```

其中，fun 是函数表达式，用匿名函数的形式来表示；xmin、xmax、ymin、ymax、zmin、zmax 分别是 x、y 和 z 在积分区间的下限与上限；返回值 q 是被积函数的数值积分值.

例 4-30　计算二重积分 $\displaystyle\int_0^1 \int_0^{1-x} \dfrac{1}{\sqrt{x+y}\,(1+x+y)^2} \mathrm{d}y\mathrm{d}x$.

解　MATLAB 命令为：

```
fun=@(x,y)1./(sqrt(x+y).*(1+x+y).^2);
ymax=@(x)1-x;
q=integral2(fun,0,1,0,ymax)
```

运行结果为：

```
q =
    0.2854
```

例 4-31　把例 4-30 中的二重积分转换成极坐标形式，并计算.

解　把直角坐标形式的二重积分转化为极坐标形式，公式为：

$$\iint\limits_D f(x,y)\mathrm{d}x\mathrm{d}y = \iint\limits_{D'} f(r\cos\theta, r\sin\theta)*r\mathrm{d}r\mathrm{d}\theta$$

MATLAB 命令为：

```
fun=@(x,y) 1./( sqrt(x+y) .* (1+x+y).^2 );              %x,y 分别表示 rcosθ,rsinθ
polarfun=@(theta,r) fun(r.*cos(theta),r.*sin(theta)).*r; %转化为极坐标函数
rmax=@(theta) 1./(sin(theta)+cos(theta));
%对 0≤θ≤π/2 和 0≤r≤rmax 限定的区域计算积分
q=integral2(polarfun,0,pi/2,0,rmax)
```

运行结果为：

```
q =
    0.2854
```

例 4-32 计算三重积分 $\int_{-1}^{1}\int_{0}^{1}\int_{0}^{\pi} y\sin x + z\cos x\,\mathrm{d}x\,\mathrm{d}y\,\mathrm{d}z$.

解 MATLAB 命令为：

```
fun=@(x,y,z)y.*sin(x)+z.*cos(x);
q=integral3(fun,0,pi,0,1,-1,1)
```

运行结果为：

```
q=
   2.0000
```

例 4-33 计算单位球面上的积分 $\int_{\Sigma} x\cos y + x^2\cos z\,\mathrm{d}\Sigma$

解 MATLAB 命令为：

```
fun=@(x,y,z) x.*cos(y)+x.^2.*cos(z);
xmin=-1;
xmax=1;
ymin=@(x)-sqrt(1-x.^2);
ymax=@(x) sqrt(1-x.^2);
zmin=@(x,y)-sqrt(1-x.^2-y.^2);
zmax=@(x,y) sqrt(1-x.^2-y.^2);
q=integral3(fun,xmin,xmax,ymin,ymax,zmin,zmax)
```

运行结果为：

```
q=
   0.7796
```

例 4-34 汽车里程表的工作原理. 假设市内某辆轿车在 2.5h 内行驶的速度函数为：

$$v(t)=28\left(2\sin^2(2t)+\frac{5}{2}x\cos^2\left(\frac{t}{2}\right)\right),\quad 0\leqslant t\leqslant 2.5$$

求该时间段内汽车行驶的路程.

解 首选画出速度曲线的图像，MATLAB 命令为：

```
t=0:0.01:2.5;
y=28*(2*(sin(2*t)).^2+5/2*t.*(cos(t/2)).^2);
plot(t,y)
title('速度曲线')
```

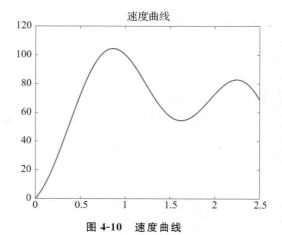

图 4-10 速度曲线

运行结果如图 4-10 所示.

然后求汽车行驶的路程. 汽车在 $0\leqslant t\leqslant 2.5$ 内行驶的路程为：

$$\int_{0}^{2.5} v(t)\mathrm{d}t=\int_{0}^{2.5} 28\left(2\sin^2(2t)+\frac{5}{2}x\cos^2\left(\frac{t}{2}\right)\right)\mathrm{d}t$$

MATLAB 命令为：

```
n=length(t);
s1=sum(y(1:(n-1)))*0.01          %左矩形公式
s2=sum(y(2:n))*0.01              %右矩形公式
s3=trapz(t,y)                    %复合梯形公式
fun=@(t) 28*(2*(sin(2*t)).^2+5/2*t.*(cos(t/2)).^2);
```

```
s4 = integral(fun,0,2.5)              %自适应方法
```
运行结果为：
```
s1 =
    172.1635
s2 =
    172.8524
s3 =
    172.5080
s4 =
    172.5094
```

例 4-35　　卫星轨道长度. 人造地球卫星轨道可视为平面上的椭圆，近地点距离地球表面 439km，远地点距离地球表面 2384km，地球半径为 6371km. 求该卫星的轨道长度.

解　卫星轨道为椭圆轨道，参数方程为：

$$\begin{cases} x = a\cos t \\ y = b\sin t \end{cases}, \quad 0 \leqslant t \leqslant 2\pi$$

根据已知可得，$a = 6371 + 2384 = 8755$，$b = 6371 + 439 = 6810$，由于卫星轨道的长度为椭圆的周长，因此有：

$$L = \oint \mathrm{d}l = \int_0^{2\pi} \sqrt{\mathrm{d}x^2 + \mathrm{d}y^2}\,\mathrm{d}t = \int_0^{2\pi} \sqrt{a^2\sin^2 t + b^2\cos^2 t}\,\mathrm{d}t = 4\int_0^{\frac{\pi}{2}} \sqrt{a^2\sin^2 t + b^2\cos^2 t}\,\mathrm{d}t$$

用数值方法计算上述定积分，MATLAB 命令为：
```
h=0.01;t=0:h:pi/2;
a=8755;b=6810;
y=sqrt(a^2*sin(t).^2+b^2*cos(t).^2);
format long
z1=sum(y(1:length(t)-1))*h         %左矩形公式
z2=sum(y(2:length(t)))*h           %右矩形公式
z3=trapz(t,y)                      %复合梯形公式
fun=@(t) sqrt(a^2*sin(t).^2+b^2*cos(t).^2);
z4=integral(fun,0,pi/2)            %全局自适应方法
```
运行结果为：
```
z1 =
    1.225579450480283e+04
z2 =
    1.227524449383893e+04
z3 =
    1.226551949932089e+04
z4 =
    1.227249131717225e+04
```

4.5　无穷级数

4.5.1　级数的符号求和

求无穷级数的和需要用符号表达式 symsum 命令，其调用格式为
```
symsum(f,n,n1,n2)
```

其中，f 是符号表达式，表示一个级数的通项；n 是级数自变量，如果给出的级数中只含有一个变量，则在函数调用时可以省略 n；n1 和 n2 分别是求和的开始项和末项.

例 4-36 求级数 $1+\dfrac{1}{3}+\dfrac{1}{5}+\cdots+\dfrac{1}{101}$ 的部分和.

    解 先用数值计算方法求值. MATLAB 命令为：

```
n=1:2:101;
format long;
s1=sum(1./n)
```

运行结果为：

```
s1=
    2.947675838573918
```

由于数值计算中使用了 double 数据类型，至多只能保留 16 位有效数字，因此结果并不很精确. 若利用符号求和指令，则可以求出精确的结果. MATLAB 命令为：

```
syms n;
s2=symsum(1/(2*n+1),0,50)
```

运行结果为：

```
s2=
    3243253065252191102551151577321446033044439/1100274671593900030252799172260397729050575
```

例 4-37 验证下列各式：

1) $\displaystyle\sum_{n=1}^{\infty}\dfrac{1}{n^2}=\dfrac{\pi^2}{6}$ 2) $\displaystyle\sum_{n=1}^{\infty}\dfrac{1}{n^4}=\dfrac{\pi^4}{90}$

3) $\displaystyle\sum_{n=1}^{\infty}\dfrac{1}{n^6}=\dfrac{\pi^6}{945}$ 4) $\displaystyle\sum_{n=1}^{\infty}\dfrac{1}{n^8}=\dfrac{\pi^8}{9450}$

    解   1) MATLAB 命令为：

```
syms n
s=symsum(1/n^2,1,inf)
```

运行结果为：

```
s=
  pi^2/6
```

2) MATLAB 命令为：

```
syms n
s=symsum(1/n^4,1,inf)
```

运行结果为：

```
s=
  pi^4/90
```

3) MATLAB 命令为：

```
syms n
s=symsum(1/n^6,1,inf)
```

运行结果为：

```
s=
  pi^6/945
```

4) MATLAB 命令为：

```
syms n
s=symsum(1/n^8,1,inf)
```

运行结果为：

```
s=
  pi^8/9450
```

4.5.2 级数敛散性的判定

例 4-38 利用无穷级数收敛的必要条件，判断级数 $\frac{1}{3}+\frac{1}{\sqrt{3}}+\frac{1}{\sqrt[3]{3}}+\cdots+\frac{1}{\sqrt[n]{3}}+\cdots$ 的敛散性.

分析 对于级数 $\sum\limits_{n=1}^{\infty} u_n$，当 n 无限增大时，它的一般项 u_n 不趋于零，即 $\lim\limits_{n\to\infty} u_n \neq 0$，则级数发散.

解 MATLAB 命令为：

```
syms n;
u=3^(-1/n);
limit(u,n,inf)
```

运行结果为：

```
ans=
    1
```

即 $\lim\limits_{n\to\infty} u_n \neq 0$，由级数收敛的必要条件知，该级数发散.

例 4-39 用比较审敛法判定下列级数的收敛性：

1) $1+\frac{1}{3}+\frac{1}{5}+\cdots+\frac{1}{(2n-1)}+\cdots$ 　　2) $\frac{1}{2\times5}+\frac{1}{3\times6}+\cdots+\frac{1}{(n+1)\times(n+4)}+\cdots$

注 设 $\sum\limits_{n=1}^{\infty} u_n$ 和 $\sum\limits_{n=1}^{\infty} v_n$ 都是正项级数.

(a) 如果 $\lim\limits_{n\to\infty} \frac{u_n}{v_n}=l$ $(0\leqslant l<+\infty)$，且级数 $\sum\limits_{n=1}^{\infty} v_n$ 收敛，则级数 $\sum\limits_{n=1}^{\infty} u_n$ 收敛.

(b) 如果 $\lim\limits_{n\to\infty} \frac{u_n}{v_n}=l>0$ 或 $\lim\limits_{n\to\infty} \frac{u_n}{v_n}=+\infty$，且级数 $\sum\limits_{n=1}^{\infty} v_n$ 发散，则级数 $\sum\limits_{n=1}^{\infty} u_n$ 发散.

解 1) MATLAB 命令为：

```
syms n
f=1/(2*n-1)/(1/n);
limit(f,n,inf)
```

运行结果为：

```
ans=
   1/2
```

由于 $\lim\limits_{n\to\infty} \dfrac{\frac{1}{2n-1}}{\frac{1}{n}}=\frac{1}{2}$，已知级数 $\sum\limits_{n=1}^{\infty}\frac{1}{n}$ 发散，则级数 $\sum\limits_{n=1}^{\infty}\frac{1}{2n-1}$ 发散.

2）MATLAB 命令为：

```
syms n
f=1/((n+1)*(n+4))/(1/n^2);
limit(f,n,inf)
```

运行结果为：

```
ans=
    1
```

由于 $\lim\limits_{n\to\infty}\dfrac{\dfrac{1}{(n+1)(n+4)}}{\dfrac{1}{n^2}}=1$，已知级数 $\sum\limits_{n=1}^{\infty}\dfrac{1}{n^2}$ 收敛，则级数 $\sum\limits_{n=1}^{\infty}\dfrac{1}{(n+1)(n+4)}$ 收敛.

例 4-40 用比值或根值审敛法判定下列级数的收敛性：

1) $\dfrac{3}{1\times 2}+\dfrac{3^2}{2\times 2^2}+\dfrac{3^3}{3\times 2^3}+\cdots+\dfrac{3^n}{n\times 2^n}+\cdots$ 2) $\sum\limits_{n=1}^{\infty}\dfrac{1}{[\ln(n+1)]^n}$

注 （a）（**比值审敛法**）设 $\sum\limits_{n=1}^{\infty}u_n$ 为正项级数，如果 $\sum\limits_{n=1}^{\infty}\dfrac{u_{n+1}}{u_n}=\rho$，则当 $\rho<1$ 时，级数收敛；当 $\rho>1$（或 $\sum\limits_{n=1}^{\infty}\dfrac{u_{n+1}}{u_n}=\infty$）时，级数发散；当 $\rho=1$ 时，级数可能收敛也可能发散.

（b）（**根值审敛法**）设 $\sum\limits_{n=1}^{\infty}u_n$ 为正项级数，如果 $\sum\limits_{n=1}^{\infty}\sqrt[n]{u_n}=\rho$，则当 $\rho<1$ 时，级数收敛；当 $\rho>1$（或 $\sum\limits_{n=1}^{\infty}\sqrt[n]{u_n}=+\infty$）时，级数发散；当 $\rho=1$ 时，级数可能收敛也可能发散.

解 1）用比值审敛法，MATLAB 命令为：

```
syms n
f=3^(n+1)/((n+1)*2^(n+1))/(3^n/(n*2^n));
limit(f,n,inf)
```

运行结果为：

```
ans =
    3/2
```

由于 $\sum\limits_{n=1}^{\infty}\dfrac{u_{n+1}}{u_n}=\dfrac{3}{2}>1$，因此级数发散.

2）用根值审敛法，MATLAB 命令为：

```
syms n
f=1/log(n+1);
limit(f,n,inf)
```

运行结果为：

```
ans =
    0
```

由于 $\sum\limits_{n=1}^{\infty}\sqrt[n]{u_n}=0<1$，因此级数收敛.

4.5.3 级数的泰勒展开

MATLAB 提供了 taylor 函数将函数展开为幂级数，其调用格式为

```
taylor(f,v,a,'order',n)
```

该函数将函数 f 按变量 v 展开为泰勒级数，展开到第 n 项（即变量 v 的（n－1）次幂）为止；n 的默认值为 6；v 默认时，表示对 syms 定义的符号变量进行泰勒展开；参数 a 指定将函数 f 在自变量 v=a 处展开，a 的默认值是 0.

例 4-41 求函数 $y=\sin x$ 在 $x=0$ 处前 10 项的泰勒级数展开式.

解 MATLAB 命令为：

```
syms x;
f=sin(x);
taylor(f,x,0,'order',10)
```

运行结果为：

```
ans =
x^9/362880 - x^7/5040 + x^5/120 - x^3/6 + x
```

为了能够直观地展示泰勒级数的效果，将 $\sin x$ 和泰勒多项式的效果图绘制出来，其 MATLAB 命令为：

```
x=-5:.1:5;
y=sin(x);
p=[1/362880 0 -1/5040 0 1/120 0 -1/6 0 1 0];
x1=-5:.01:5;
y1=polyval(p,x1);
plot(x,y,'r',x1,y1)
```

运行结果如图 4-11 所示.

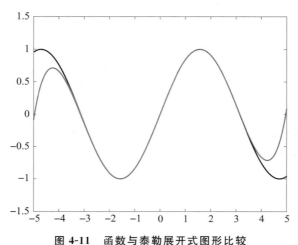

图 4-11 函数与泰勒展开式图形比较

例 4-42 求函数 $f(x)=\ln x$ 在 $x=2$ 处的 7 阶泰勒展开式.

解 MATLAB 命令为：

```
syms x;
  f=log(x);
```

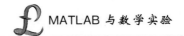

```
taylor(f,x,2,'order',7)
```

运行结果为：

```
  ans =
x/2+log(2) - (x - 2)^2/8+(x - 2)^3/24 - (x - 2)^4/64+(x - 2)^5/160 - (x - 2)^6/384 - 1
```

4.6 常微分方程

大多数科学实验和生产实践中的问题都可以通过引入适当的数学模型，将问题转化为某种微分方程，并尝试求解这些微分方程来解决实际问题．一般地，微分方程的解析解是不存在或者很难求得的，因此，对微分方程解的研究的一个重要手段就是采用数值方法求解微分方程．

MATLAB 提供了很多工具对微分方程进行求解．本节主要讲解常微分方程的求解方法．

4.6.1 常微分方程的符号解法

函数 dsolve 可用于符号求解常微分方程．其调用格式为：

1）y= dsolve(eqn) 求常微分方程 eqn 的解．

2）y= dsolve(eqn,cond) 求常微分方程 eqn 的满足初始条件 cond 的解．

3）y= dsolve(eqn1,eqn2,…,cond1,cond2,…,Name,Value) 求多个常微分方程 eqn1，eqn2…满足初始条件 cond1，cond2…的解，并以结构的形式输出结果．Name 和 Value 是一对或多对指定的其他选项参数键值．

说明 常微分方程 eqn 中，用符号 diff(y,x,n) 表示变量 y 对 x 进行微分运算，n 表示导数的阶数．

例 4-43 求 $\dfrac{\mathrm{d}y}{\mathrm{d}x}=y^2$ 的解．

解 MATLAB 命令为：

```
syms y(x)                    %使用 syms 声明变量
eqn=diff(y,x)==y^2;          %常微分方程,使用'=='指定方程
y=dsolve(eqn)
```

运行结果为：

```
y =
-1/(C1+x)
            0
```

例 4-44 求解两点边值问题：$xy''-3y'=x^2$，$y(1)=0$，$y(5)=0$．

解 MATLAB 命令为：

```
syms y(x)
eqn=x*diff(y,x,2)-3*diff(y,x)==x^2;
cond=[y(1)==0, y(5)==0];      %两个初始条件
y=dsolve(eqn,cond)
```

运行结果为：

```
y =
(31*x^4)/468 - x^3/3+125/468
```

例 4-45 求微分方程

$$\left(\frac{\mathrm{d}y}{\mathrm{d}t}\right)^2-y^2=1, \quad y(0)=0$$

解 MATLAB 命令为：

```
syms y(t)
eqn=diff(y,t)^2-y^2-1==0;
cond=y(0)==0;
y=dsolve(eqn,cond)
```

运行结果为：

```
y =
-sinh(t)
 sinh(t)
```

例 4-46 考虑常微分方程

$$\frac{\mathrm{d}x}{\mathrm{d}t} = -a \cdot x$$

其中 a 为常数.

解 MATLAB 命令为：

```
syms x(t) a
eqn=diff(x,t)==-a*x;
y=dsolve(eqn)
```

运行结果为：

```
y =
C1*exp(-a*t)
```

例 4-47 求解常微分方程组

$$\begin{cases} \dfrac{\mathrm{d}f}{\mathrm{d}t} = f+g \\ \dfrac{\mathrm{d}g}{\mathrm{d}t} = -f+g \\ f(0)=1 \\ g(0)=2 \end{cases}$$

解 MATLAB 命令为：

```
syms f(t) g(t)
eqns=[diff(f,t)==f+g, diff(g,t)==-f+g];
conds=[f(0)==1,g(0)==2];        %两个初始条件
y=dsolve(eqns,conds)
```

运行结果为：

```
y =   包含以下字段的 struct:
      g: 2*exp(t)*cos(t) - exp(t)*sin(t)
      f: exp(t)*cos(t)+2*exp(t)*sin(t)
```

4.6.2 常微分方程的数值解法

考虑常微分方程的初值问题：

$$y' = f(t,y), \quad t_0 \leqslant t \leqslant T$$
$$y(t_0) = t_0$$

所谓数值解法，就是求解 $y(t)$ 在给定节点 $t_0 < t_1 < \cdots < t_m$ 处的近似解 y_0，y_1，$\cdots$，y_m

的方法. 求得的 y_0，y_1，$\cdots$，y_m 称为常微分方程初值问题的数值解. 对常微分方程的边值问题有类似的方法，故本小节以常微分方程的初值问题为例，说明常微分数值解的基本求法.

MATLAB 提供了多个常微分方程数值解的函数，一般调用格式为：

```
[t,y]=solver(fname,tspan,y0[,options])
```

其中，t 和 y 分别给出了时间向量和相应的状态向量；solver 为求常微分方程数值解的函数，细节见表 4-2；fname 为微分方程函数名；tspan 为指定的积分区间；y0 用于指定初值；options 用于改变计算中积分的特性（本书中不再详述）.

表 4-2　求常微分方程数值解的相关函数

求解器（solver）	方法描述	使用场合
ode23	2～3 阶 Runge-Kutta 算法，低精度	非刚性
ode45	4～5 阶 Runge-Kutta 算法，中精度	非刚性
ode113	Adams 算法，精度可到 10^{-3} 至 10^{-6}	非刚性，计算时间比 ode45 短
ode23t	梯形算法	适度刚性
ode15s	Geer 反向数值微分算法，中精度	刚性
ode23s	2 阶 Rosebrock 算法，低精度	刚性，当精度较低时，计算时间比 ode15s 短
ode23tb	梯形算法，低精度	刚性，当精度较低时，计算时间比 ode15s 短
ode15i	可变秩求法	完全隐式微分方程

例 4-48　考虑初值问题：

$$y' = y\tan x + \sec x, \quad 0 \leqslant x \leqslant 1, \quad y|_{x=0} = \frac{\pi}{2}$$

试求其数值解，并与精确解相比较，精确解为 $y(x) = \dfrac{\left(x + \dfrac{\pi}{2}\right)}{\cos x}$.

解　首先建立函数文件 funst. m：

```
function yp=funst(x, y)
yp=sec(x)+y*tan(x);
```

然后求解微分方程，主程序如下：

```
x0=0;
xf=1;
y0=pi/2;
[x,y]=ode23('funst',[x0,xf], y0);     %求数值解
yy=(x+pi/2) ./ cos(x);                %求精确解
plot(x,y,'-', x,yy,'o')
[x, y, yy]
```

运行结果如下：

```
ans =

        0    1.5708    1.5708
   0.1000    1.6792    1.6792
   0.2000    1.8068    1.8068
```

0.3000	1.9583	1.9583
0.4000	2.1397	2.1397
0.5000	2.3596	2.3597
0.6000	2.6301	2.6302
0.7000	2.9689	2.9690
0.8000	3.4027	3.4029
0.9000	3.9745	3.9748
1.0000	4.7573	4.7581

数值解与精确解的比较如图 4-12 所示.

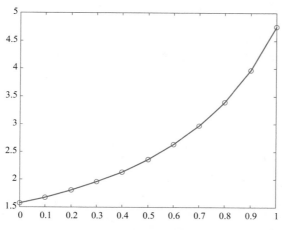

图 4-12　数值解与精确解的比较图

例 4-49　用数值积分的方法求解微分方程 $y''+y=1-\dfrac{t^2}{2\pi}$. 设初始时间 $t_0=0$，终止时间 $t_f=3\pi$，初始条件 $y\big|_{t=0}=0$，$y'\big|_{t=0}=0$，并与解析解进行比较.

解　先将高阶微分方程转化为一阶微分方程. 令 $x_1=y$，$x_2=y'=x_1'\Rightarrow y''=x_2'$，即原微分方程化为：

$$\begin{cases} x_1'=x_2 \\ x_2'=-x_1+1-\dfrac{t^2}{2\pi} \end{cases}$$

写成矩阵形式为：

$$x'=\begin{pmatrix} x_1' \\ x_2' \end{pmatrix}=\begin{pmatrix} 0 & 1 \\ -1 & 0 \end{pmatrix}\begin{pmatrix} x_1 & (y) \\ x_2 & (y') \end{pmatrix}+\begin{pmatrix} 0 \\ 1 \end{pmatrix}\left(1-\dfrac{t^2}{2\pi}\right)$$

$$=\begin{pmatrix} 0 & 1 \\ -1 & 0 \end{pmatrix}\boldsymbol{x}+\begin{pmatrix} 0 \\ 1 \end{pmatrix}\left(1-\dfrac{t^2}{2\pi}\right)$$

$u=\left(1-\dfrac{t^2}{2\pi}\right)$，$x'=\begin{pmatrix} 0 & 1 \\ -1 & 0 \end{pmatrix}\boldsymbol{x}+\begin{pmatrix} 0 \\ 1 \end{pmatrix}u$ 放入函数 exf. m 中，命令如下：

```
[t,x]=ode23('exf',[t0,tf],x0t)
```

其中 t0=0，tf=3π，x0t=$\begin{pmatrix} 0 \\ 0 \end{pmatrix}$，[t,x] 中求出的 x 是按列排列，故用 ode23 求出 x 后，第

一列为 y，第二列为 y'.

MATLAB 程序为：

1）求解析解

```
syms y(t)
eqn=diff(y,t,2)+y==1-t^2/(2*pi);
Dy=diff(y,t);
cond=[y(0)==0,Dy(0)==0];
dsolve(eqn,cond)
```

运行结果为：

```
ans=
1/pi-cos(t)*(1/pi+1)-t^2/(2*pi)+1
```

2）将导数表达式的右端写成 exf.m 函数文件：

```
function xdot=exf(t,x)
u=1-(t.^2)/(pi*2);
xdot=[0 1;-1 0]*x+[0 1]'*u;
```

3）主程序如下：

```
clf,
t0=0;tf=3*pi;x0t=[0;0];
[t,x]=ode23('exf',[t0,tf],x0t)
y=x(:,1),          %[t,x]中求出的x是按列排列,故用ode23求出x后,只要第一列即为y
dy=x(:,2);         %y'的数值解
y2=1/pi-cos(t)*(1/pi+1)-t^2/(2*pi)+1; 代入1)中求出的解析解
plot(t,y,'-',t,y2,'o',t,dy)
legend('数值积分解','解析解','dy')
```

运行结果如图 4-13 所示．

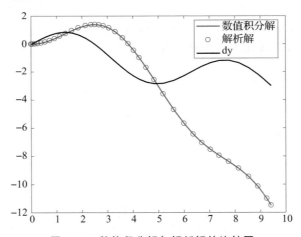

图 4-13　数值积分解与解析解的比较图

例 4-50　求描述振荡器的 Van der Pol 方程：

$$y''-\mu(1-y^2)y'+y=0$$
$$y(0)=1,\quad y'(0)=0,\quad \mu=2$$

解　函数 ode23 和 ode45 是对一阶常微分方程组设计的，因此，对高阶常微分方程，需先将它转化为一阶常微分方程组，即状态方程. 令 $x_1 = y$，$x_2 = y'$，则可写出 Van der Pol 方程的状态方程为：

$$x_1' = x_2$$
$$x_2' = \mu(1 - x_1^2)x_2 - x_1$$

基于以上状态方程，求解过程如下：

1）建立函数文件 verderpol.m：

```
function xprime = verderpol(t, x)
global mu;
xprime = [x(2); mu * (1 - x(1)^2) * x(2) - x(1)];
```

2）求解微分方程：

```
global mu;
mu = 4;
y0 = [1;0];
[t,x] = ode45('verderpol', [0,20], y0);
```

3）用图形显示出数值结果：

```
subplot(1,2,1); plot(t, x);              %系统时间响应曲线
subplot(1,2,2); plot(x(:,1), x(:,2));    %系统相平面曲线
```

运行结果如图 4-14 所示.

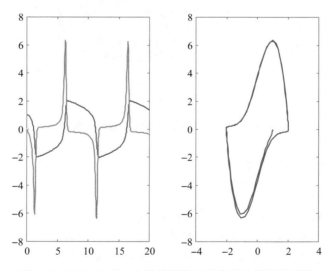

图 4-14　Van der Pol 方程的时间响应曲线及相平面曲线

例 4-51　某非刚性物体的运动方程为

$$\begin{cases} x' = -\beta x + yz \\ y' = -\sigma(y - z) \\ z' = -xy + \rho y - z \end{cases}$$

其初始条件为 $x(0)=0$，$y(0)=0$，$z(0)=\varepsilon$. 取 $\beta=8/3$，$\rho=28$，$\sigma=6$，试绘制系统相平面图.

解　将运动方程写为矩阵形式：

$$\begin{pmatrix} x' \\ y' \\ z' \end{pmatrix} = \begin{pmatrix} -8/3 & 0 & y \\ 0 & -6 & 6 \\ -y & 28 & -1 \end{pmatrix} \begin{pmatrix} x \\ y \\ z \end{pmatrix}$$

1）建立模型的函数文件 lorenz. m：

```
function xdot = lorenz(t,x)
xdot = [-8/3, 0, x(2); 0, -6, 6; -x(2), 28, -1] *x;
```

2）求解微分方程组：

```
[t,x] = ode23('lorenz', [0,80], [0;0;eps]);
```

3）绘制系统相平面图：

```
plot3(x(:,1),x(:,2),x(:,3));
axis([10,45,-15,20,-30,25]);
```

运行结果如图 4-15 所示.

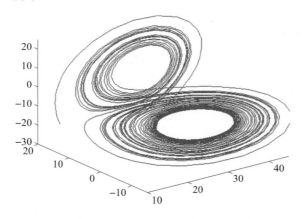

图 4-15　非刚性物体运动方程的相平面图

4.7　综合性实验：阻尼振动

知识点：微分方程.

实验目的：利用 MATLAB 为工具，探讨阻尼振动.

问题描述：考虑弹簧在阻力存在的情况下的阻尼振动问题是一个非常重要的问题，而且利用其原理的产品也在很多领域广泛使用. 例如，汽车制造业中广泛使用的弹簧悬架系统就是其中的一种（如图 4-16 所示）. 为了增强车辆的舒适性，汽车制造业中普遍使用了弹簧悬架系统来对抗地面的凹凸不平. 但是弹簧受到压缩后释放时不能马上稳定下来，它会持续一段时间的伸缩. 为了对抗这种伸缩，人们设计了避震器（如图 4-17 所示），为弹簧的振动提供额外的阻尼，从而减少弹簧的"弹跳". 假如你开过避震器坏掉的车，你就可以体会车子通过每一坑洞，起伏后余波荡漾的弹跳. 最理想的状况是利用避震器来把弹簧的弹跳限制在一次.

图 4-16　汽车的弹簧悬架系统

图 4-17　一种汽车弹簧悬架系统中使用的避震器

问题分析及模型建立：

本实验是对实际问题的一个简化，尽可能忽略了不必要的约束，从而使得我们有可能建立数学模型来探讨弹簧振动的问题．首先，设定实验环境如图 4-18 所示．

假设 O 为弹簧下悬挂的重物在重力与弹性力平衡情形下的中心，假设重物的质量为 m，重力加速度为 g，$x(t)$ 表示弹簧下重物中心 O' 距离其平衡位置 O 的位移．容易看到，在弹簧振动过程中，悬挂的物体会受到弹簧的弹性回复力、阻力等．因此，此处将针对一些简单情形对问题进行分析．

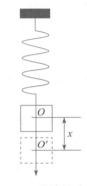

图 4-18　弹簧振动系统示意图

问题求解及结果分析：

情形 1　不计阻力情形下弹簧的自由振动方程

若记 $F(t)$ 为时刻 t 物体的受力总和（此时，仅有弹簧提供的弹性力），则根据牛顿运动定律有

$$F(t) = m\frac{\mathrm{d}^2 x}{\mathrm{d}t^2}$$

根据胡克定律，弹簧的弹性力大小与弹簧的伸长量成正比，但与位移的方向相反，故有

$$F(t) = -kx(t)$$

其中 $k > 0$ 为弹簧的弹性系数，一般是一个常数．综合上述两式，可以得到不计阻力情形下弹簧的位移所满足的微分方程

$$m\frac{\mathrm{d}^2 x}{\mathrm{d}t^2} = -kx$$

或

$$m\frac{\mathrm{d}^2 x}{\mathrm{d}t^2} + kx = 0 \tag{4-6}$$

此方程为二阶线性常系数微分方程．进一步假定该方程满足如下初始条件：

$$x(0) = x_0, \quad \frac{\mathrm{d}x}{\mathrm{d}t}(0) = v_0 \tag{4-7}$$

则该问题转化为一个微分方程的初值问题．对于该初值问题，可以使用下面的程序进行求解，其中，令 $m = 1$，$k = 1$，$x_0 = 1$，$v_0 = 1$：

```
u1=dsolve('D2x+x=0','x(0)=1','Dx(0)=0','t');
ezplot(u1,[0,30]);
xlabel('t');
ylabel('x(t)');
title('无阻力情形弹簧位移随时间的变化');
```

其运行结果如图 4-19 所示.

情形 2　阻力与弹簧的运动速度成正比

类似情形 1 的分析, 若此时进一步考虑存在一个与弹簧的运动速度成正比的阻力, 则式 (4-6) 可改写为

$$m \frac{\mathrm{d}^2 x}{\mathrm{d}t^2} + \rho \frac{\mathrm{d}x}{\mathrm{d}t} + kx = 0 \qquad (4\text{-}8)$$

其中 ρ 称为阻尼系数, 它与弹簧下悬挂的物体有关. 其对应的初始条件仍然为

$$x(0) = x_0, \qquad \frac{\mathrm{d}x}{\mathrm{d}t}(0) = v_0$$

类似情形 1, 仍然选取 $m=1$, $k=1$, $x_0=1$, $v_0=1$, 而 $\rho=0.2$, 则求解式 (4-8) 的 MATLAB 程序如下:

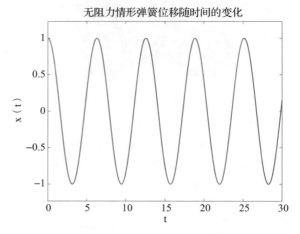

无阻力情形弹簧位移随时间的变化

图 4-19　无阻力情形下弹簧的振动

```
u2=dsolve('D2x+0.2*Dx+x=0','x(0)=1','Dx(0)=0','t');
ezplot(u2,[0,30]);
xlabel('t');
ylabel('x(t)');
title('阻力与运动速度成正比情形时位移随时间的变化');
```

其运行结果如图 4-20 所示.

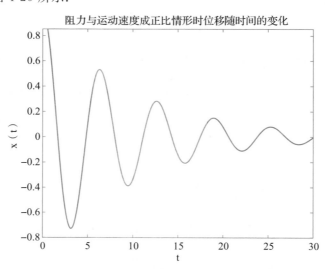

阻力与运动速度成正比情形时位移随时间的变化

图 4-20　阻力大小与弹簧运动速度成正比情形下弹簧的振动

容易看到，当有阻力时，弹簧振动的振幅将趋向于零，而没有阻力时，振动则不会停止. 汽车中的避震器就是基于这样的原理，为汽车的减震弹簧人为添加阻尼系统，以达到减震的效果.

思考：

1) 试给出情形 1 和情形 2 中这两个问题的解析解. 解析解是否与用 MATLAB 得到的解一致？

2) 实际情形中，弹簧受到的阻力往往不是一个常数，即 ρ 可能是一个函数，能否针对一些较为简单的函数，使用前述方法绘制解的图像？

3) 若有一个变化的力作用在重物处，则图 4-18 中的系统也称为受迫振动系统. 试在情形 2 的基础上，进一步考虑弹簧受迫振动的情形. 推导弹簧位移满足的微分方程，并使用前述 MATLAB 求解方法，探讨受迫振动时对应的解. 能否给出受迫振动问题的解析解？如果可以的话，那么 MATLAB 中得到的解是否与问题的解析解一致？

 习题

1. 用 MATLAB 软件求下列数列极限：

(1) $\lim\limits_{n\to\infty} \dfrac{(-2)^n + 3^n}{(-2)^{n+1} + 3^{n+1}}$

(2) $\lim\limits_{n\to\infty} \dfrac{1}{(\ln\ln n)^{\ln n}}$

(3) $\lim\limits_{n\to\infty} \left(1 + \dfrac{1}{n} + \dfrac{1}{n^2}\right)^n$

(4) $\lim\limits_{n\to\infty} \left(\sqrt{n+2} - 2\sqrt{n+1} + \sqrt{n}\right)$

2. 用 MATLAB 软件求下列函数极限：

(1) $\lim\limits_{x\to 0} \dfrac{\sqrt[3]{1+x}-1}{x}$

(2) $\lim\limits_{x\to -1} \dfrac{3^{x+1} - (x+1)^3}{x+1}$

(3) $\lim\limits_{x\to\frac{\pi}{2}} (\sin x)^{\tan x}$

(4) $\lim\limits_{x\to +\infty} \left[\left(x^3 - x^2 + \dfrac{x}{2}\right)e^{\frac{1}{x}} - \sqrt{x^6+1}\right]$

(5) $\lim\limits_{x\to\infty} \left(\dfrac{2x+3}{2x+1}\right)^{x+1}$

3. 求下列函数的导数：

(1) $y = \sqrt{x + \sqrt{x + \sqrt{x}}}$

(2) $y = \dfrac{\sqrt{x+2}\,(3-x)^4}{(x+1)^5}$

(3) $y = \dfrac{1 + \sin x}{1 + \cos x}$

(4) $y = x\cos 2x\cos 3x$

4. 求高阶导数.

(1) 已知 $y = x\sin bx$，求 $y^{(3)}$.

(2) 求 $y = x^4\cos 7x$ 的 40 阶导数.

(3) 已知 $y = \sqrt{x\sin\sqrt{3^{e^x - \ln x}}}$，求 y''.

5. 已知抛射体的运动轨迹的参数方程为

$$\begin{cases} x = v_1 t \\ y = v_2 t - \dfrac{1}{2}gt^2 \end{cases}$$

求抛射体在时刻 t 运动速度的大小和方向.

6. 求下列参数方程所确定的函数的导数 $\dfrac{\mathrm{d}y}{\mathrm{d}x}$：

(1) $\begin{cases} x=1-t^2 \\ y=t-t^3 \end{cases}$ 　　　　(2) $\begin{cases} x=\ln(1+t^2) \\ y=t-\arctan t \end{cases}$

7. 求由方程 $\mathrm{e}^y+xy-\mathrm{e}=0$ 所确定的隐函数的导数 $\dfrac{\mathrm{d}y}{\mathrm{d}x}$．

8. 求由方程 $y^5+2y-x-3x^7=0$ 所确定的隐函数在 $x=0$ 处的导数 $\dfrac{\mathrm{d}y}{\mathrm{d}x}\Big|_{x=0}$．

9. 求下列函数的 $\dfrac{\partial^2 z}{\partial x^2}$，$\dfrac{\partial^2 z}{\partial y^2}$ 和 $\dfrac{\partial^2 z}{\partial x\partial y}$．

(1) $z=\sin(xy)+\cos^2(xy)$ 　　　　(2) $z=\ln\tan\left(\dfrac{y}{x}\right)$

(3) $z=\arctan\dfrac{x}{y}$ 　　　　(4) $z=\mathrm{e}^{-\left(\frac{1}{x}+\frac{1}{y}\right)}$

10. 求 $\mathrm{grad}\dfrac{1}{x^2+y^2}$

11. 设 $f(x,y,z)=x^2+y^2+z^2$，求 $\mathrm{grad} f(1,-1,2)$．

12. 求下列不定积分：

(1) $\displaystyle\int \dfrac{\sin x\cos x}{1+\sin^4 x}\mathrm{d}x$ 　　　　(2) $\displaystyle\int \dfrac{x^2+7}{x^2-2x-3}\mathrm{d}x$

(3) $\displaystyle\int \dfrac{\arcsin x}{\sqrt{1-x}}\mathrm{d}x$ 　　　　(4) $\displaystyle\int x\,\mathrm{e}^x\sin x\,\mathrm{d}x$

(5) $\displaystyle\int \dfrac{x^6+x^4-4x^2-2}{x^3(x^2+1)^2}\mathrm{d}x$ 　　　　(6) $\displaystyle\int \dfrac{\mathrm{d}x}{\sqrt{x}\,(1+\sqrt[4]{x})^3}$

13. 求下列定积分：

(1) $\displaystyle\int_0^3 \dfrac{x\,\mathrm{d}x}{1+\sqrt{1+x}}$ 　　　　(2) $\displaystyle\int_0^1 x^2(2-3x^2)^2\,\mathrm{d}x$

(3) $\displaystyle\int_0^{\frac{\pi}{2}} \sin^7 x\,\mathrm{d}x$ 　　　　(4) $\displaystyle\int_0^{\frac{\pi}{2}} \sin(5x)\cos(4x)\,\mathrm{d}x$

(5) $\displaystyle\int_0^1 (1-x^2)^6\,\mathrm{d}x$ 　　　　(6) $\displaystyle\int_0^{2\pi} x\cos^2 x\,\mathrm{d}x$

14. 讨论下列积分的收敛性：

(1) $\displaystyle\int_0^1 \dfrac{\sin x}{x^{\frac{3}{2}}}\mathrm{d}x$ 　　　　(2) $\displaystyle\int_0^{\frac{\pi}{2}} \dfrac{\mathrm{d}x}{\sin^2 x\cos^2 x}$

15. 用四种方法求下列积分的数值解：

(1) $\displaystyle\int_0^3 \mathrm{e}^{-0.5x}\sin\left(x+\dfrac{\pi}{6}\right)\mathrm{d}x$ 　　　　(2) $\displaystyle\int_0^{\pi} \dfrac{x\sin x}{1+\cos^2 x}\mathrm{d}x$

(3) $\displaystyle\int_1^{2.5} \mathrm{e}^{-x}\,\mathrm{d}x$ 　　　　(4) $\displaystyle\int_{-2}^2 \dfrac{1}{\sqrt{2\pi}}\mathrm{e}^{-\frac{x^2}{2}}\mathrm{d}x$

(5) $\displaystyle\int_0^2 \mathrm{e}^{3x}\sin(2x)\,\mathrm{d}x$ 　　　　(6) $\displaystyle\int_0^1 \dfrac{\sin x}{x}\mathrm{d}x$

16. 用多种数值方法计算定积分 $\displaystyle\int_0^{\pi/4} \dfrac{1}{1-\sin x}\mathrm{d}x$，并与精确值 $\sqrt{2}$ 进行比较，观察不同方法相应的误差.

17. 分别求下列级数的前 15 项、前 40 项的部分和：

(1) $\displaystyle\sum_{n=1}^{\infty}\frac{1+n}{1+n^3}$　　　　　　　　(2) $\displaystyle\sum_{n=1}^{\infty}\frac{1\times3\times\cdots\times(2n-1)}{2\times4\times\cdots\times(2n)}$

(3) $\displaystyle\sum_{n=1}^{\infty}\frac{(-1)^{n-1}}{3^n}$　　　　　　　(4) $\displaystyle\sum_{n=1}^{\infty}\frac{n!}{n^n}$

(5) $\displaystyle\sum_{n=1}^{\infty}\frac{\ln n}{n^3}$　　　　　　　　(6) $\displaystyle\sum_{n=1}^{\infty}\cos\frac{1}{n}$

18. 判别下列级数的敛散性，如果收敛，求级数的和：

(1) $\displaystyle\sum_{n=1}^{\infty}\frac{1}{n^{\frac{3}{2}}}$　　　　　　　　(2) $\displaystyle\sum_{n=1}^{\infty}\sin\left(\frac{1}{n}\right)$

(3) $\displaystyle\sum_{n=1}^{\infty}\frac{1}{n^n}$　　　　　　　　(4) $\displaystyle\sum_{n=1}^{\infty}\sin\left(\frac{\pi}{2^n}\right)$

(5) $\displaystyle\sum_{n=1}^{\infty}\frac{2^n\times n!}{n^n}$　　　　　　　(6) $\displaystyle\sum_{n=1}^{\infty}\left(\frac{n}{3n-1}\right)^{2n-1}$

(7) $\displaystyle\sum_{n=1}^{\infty}\left(\frac{n}{2n+1}\right)^n$　　　　　　(8) $\displaystyle\sum_{n=1}^{\infty}\frac{n^2}{3^n}$

19. 求函数 $f(x)=x^2\mathrm{e}^{-x}$ 在 $x=0$ 处前 6 项的泰勒级数展开式.

20. 求函数 $f(x)=\sqrt[3]{x}$ 在 $x=27$ 处前 4 项的泰勒级数展开式.

21. 求函数 $f(x)=\ln\dfrac{1+x}{1-x}$ 在 $x=0$ 处前 7 项的泰勒级数展开式.

22. 求解微分方程 $y'=\dfrac{x\sin x}{\cos y}$.

23. 求解微分方程 $\dfrac{\mathrm{d}y}{\mathrm{d}x}=\dfrac{y}{x^2}$.

24. 用数值方法求解下列微分方程，用不同颜色和线形将 y,y' 画在同一个图形窗口里：
$$y''-y'+y=3\cos t$$
初始时间：$t_0=0$；终止时间：$t_f=2\pi$；初始条件：$y\big|_{t=0}=0$，$y'\big|_{t=0}=0$.

25. 用数值方法求解下列微分方程，用不同颜色和线型将 y,y' 画在同一个图形窗口里：
$$y''+ty'-y=1-2t$$
初始时间：$t_0=0$；终止时间：$t_f=\pi$；初始条件：$y\big|_{t=0}=0.1$，$y'\big|_{t=0}=0.2$.

26. 用数值方法求解下列微分方程，用不同颜色和线型将 y,y' 画在同一个图形窗口里：
$$y''-ty=\sin(2t)$$
初始时间：$t_0=0$；终止时间：$t_f=3$；初始条件：$y\big|_{t=0}=0$，$y'\big|_{t=0}=0$.

27. 一根长 l 的细线，一端固定，另一端悬挂一个质量为 m 的小球，在重力作用下处于竖直的平衡位置，让小球偏离平衡位置一个小的角度 θ，小球沿圆弧摆动．不计空气阻力，小球做周期一定的简谐振动．试用数值方法在 $\theta=10°$ 和 $\theta=30°$ 两种情况下求解（设 $l=25\mathrm{cm}$），并画出 $\theta(t)$ 的图形．（提示：$ml\theta''=-mg\sin\theta$.）

第5章 多项式及多项式拟合和插值

多项式是一种应用广泛的代数表达式. 一般地，n 次多项式可用 $p_n(x)$ 表示，即

$$p_n(x) = a_n x^n + a_{n-1} x^{n-1} + \cdots + a_1 x + a_0$$

其中 $a_i(i=0,1,\cdots,n)$ 为常数. 本章将介绍 MATLAB 中关于多项式的相关知识，包括多项式的定义、表示、常用运算及数据拟合和插值的基本方法.

5.1 多项式的构造

若 $f(x)$ 为 n 次多项式，则

$$f(x) = a_n x^n + a_{n-1} x^{n-1} + \cdots + a_1 x + a_0$$

在 MATLAB 中，使用行向量来表示多项式的系数，并按自变量 x 的幂次由高到低的顺序排列出其相应的系数. 例如，多项式 $f(x) = a_n x^n + a_{n-1} x^{n-1} + \cdots + a_1 x + a_0$ 的系数向量 $\boldsymbol{p}$ 为 $[a_n \quad a_{n-1} \cdots a_1 \quad a_0]$. 若缺项，则其对应项的系数用 0 补齐. 将多项式的行向量转化为相应的一般多项式的命令形式如下：

poly2str(p,'x')　　其中 p 表示多项式系数的行向量，x 表示多项式的变量.

例 5-1　输出多项式 $f(x) = x^4 + 5x^3 - 3x + 1$ 的一般表达式.

　　解　MATLAB 命令为：

```
>> p=[1 5 0 -3 1];
>> f=poly2str(p,'x')
f =
   x^4 + 5 x^3 - 3 x + 1
```

例 5-2　写出矩阵 $\boldsymbol{A} = \begin{pmatrix} 3 & 0 \\ -1 & 4 \end{pmatrix}$ 的特征多项式.

　　解　MATLAB 命令为：

```
>> A=[3,0;-1,4];
>> p=poly(A);
>> f=poly2str(p,'x')
f =
   x^2 - 7 x + 12
```

5.2 多项式的基本运算

多项式的相关运算见表 5-1.

表 5-1　多项式的相关运算

函数名称	功能简介
poly2str	求多项式的和与差
conv(p1,p2)	多项式 p1 与 p2 相乘
deconv(p1,p2)	多项式 p1 与 p2 相除
roots	求多项式的根
poly(A)	求方阵 A 的特征多项式或求 A 指定根对应的多项式
polyder(p)	对多项式 p 求导
polyder(p1,p2)	对多项式 p1 和 p2 的乘积进行求导
polyint	对多项式求积分
polyval(p,X)	按数组规则计算 x 处多项式的值
polyvalm(p,X)	按矩阵规则计算 x 处多项式的值
residue	部分分式展开（部分分式分解）

1. 求多项式的根

命令形式如下：

r=roots(p)　　求多项式 p（用系数行向量表示）的根.

例 5-3　求多项式 $f(x) = x^3 - 6x^2 - 72x - 27$ 的根.

解　MATLAB 命令为：

```
>> p=[1 -6 -72 -27];
>> r=roots(p)
r =
   12.1229
   -5.7345
   -0.3884
```

2. 求多项式在某处的值

命令形式如下：

y=polyval(p,x)　　计算多项式 p 在变量 x 处所对应的数值 y, x 可以是向量也可以是矩阵.

例 5-4　求多项式 $f(x) = 3x^2 + 2x + 1$ 在 $x = -1, 0, 1, 3$ 时的值.

解　MATLAB 命令为：

```
>> p=[3,2,1];x=[-1,0,1,3];
>> y=polyval(p,x)
y =
    2    1    6    34
```

例 5-5　随机产生一个 3 阶方阵，并求出多项式 $f(x) = 4x^2 - 3x + 1$ 在此方阵处的值.

解　MATLAB 命令为：

```
>> p=[4,-3,1];
>> X=rand(3)
X =
    0.9501    0.4860    0.4565
    0.2311    0.8913    0.0185
    0.6068    0.7621    0.8214
>> Y=polyval(p,X)
Y =
```

```
    1.7606     0.4868     0.4640
    0.5203     1.5038     0.9459
    0.6525     1.0369     1.2346
```

3. 多项式加减法

多项式的加减法是多项式系数行向量之间的运算（要满足矩阵加减法的运算法则），若两个行向量的阶数相同，则直接进行加减；若阶数不同，则需要首零填补，使之具有和高阶多项式一样的阶数，计算结果仍是表示多项式系数的行向量.

例 5-6　已知两个多项式 $f_1(x)=7x^2+3$ 和 $f_2(x)=-9x+1$，求其和与差.

　　解　MATLAB 命令为：

```
>> p1=[7 0 3];p2=[0 -9 1];
>> ph=p1+p2;
>> poly2str(ph,'x')
ans =
    7 x^2 - 9 x + 4

>> pc=p1-p2;
>> poly2str(pc,'x')
ans =
    7 x^2 + 9 x + 2
```

4. 多项式乘法

命令形式如下：

c=conv(u,v)　求多项式 u 与多项式 v 的乘积多项式，其系数放入行向量 c 中.

例 5-7　求多项式 $f_1(x)=2x^2+4x+3$ 与 $f_2(x)=x^2-2x+1$ 的积.

　　解　MATLAB 命令为：

```
>> p1=[2,4,3];p2=[1,-2,1];
>> pj=conv(p1,p2);
>> poly2str(pj,'x')
ans =
    2 x^4 - 3 x^2 - 2 x + 3
```

5. 多项式除法

命令形式如下：

[q,r]=deconv(v,u)　将多项式 v 除以 u，计算结果为 q，余子式为 r.

例 5-8　求多项式 $f_1(x)=2x^4-3x^2-2x+3$ 与 $f_2(x)=x^2+2x+1$ 的商及余子式.

　　解　MATLAB 命令为：

```
>> p1=[2 0 -3 -2 3];p2=[1 2 1];
>> [ps,pr]=deconv(p1,p2)
ps =
    2    -4     3
pr =
    0     0     0    -4     0

>> ps=poly2str(ps,'x')
ps =
    2 x^2 - 4 x + 3
```

```
>> pr=poly2str(pr,'x')
pr =
    -4 x
```

分析　由运行结果可以看出以上两个多项式的商为 $ps=2x^2-4x+3$，余子式为 $pr=-4x$.
可以用本例验证乘法命令 $conv(u,v)$ 与除法命令 $deconv(v,u)$ 是互逆的，代码如下：

```
conv(p2,ps)+pr

ans =

    2        0        -3        -2        3
```

6. 对多项式求导

命令形式如下：

p=polyder(u)　对多项式 u 求导，其中 u 为要求导的多项式的系数向量.

例 5-9　求多项式 $f(x)=x^4+3x^2+2x+5$ 的导数.

解　MATLAB 命令为：

```
>> a=[1  0  3  2  5];
>> p=polyder(a);
>> fd=poly2str(p,'x')
fd =
    4 x^3 + 6 x + 2
```

7. 对多项式的乘积进行求导

命令形式如下：

p=polyder(p1,p2)　对多项式 p1 与 p2 的乘积进行求导，其中 p1 与 p2 分别为两个多项式的系数向量.

例 5-10　求多项式 $2x^3+3x^2+1$ 与多项式 x^2-x+2 的乘积的导数.

解　MATLAB 命令为：

```
>> p1=[2  3  0  1];
>> p2=[1  -1  2];
>> p=polyder(p1,p2) ;
>> pd=poly2str(p,'x')
pd =
    10 x^4 + 4 x^3 + 3 x^2 + 14 x - 1
```

8. 对多项式求积分

命令形式如下：

q=polyint(p,k)　使用积分常量 k 返回 p 中系数所表示的多项式积分.

q=polyint(p)　假定积分常量 k=0.

例 5-11　计算定积分

$$I=\int_{-1}^{3}(3x^4-4x^2+10x-25)\mathrm{d}x$$

解　MATLAB 命令为：

```
>> p=[3 0 -4 10 -25];
>> q=polyint(p)          %使用 polyint 和等于 0 的积分常量来对多项式求积分
```

```
q =
    0.6000         0   -1.3333    5.0000   -25.0000         0
>> a = -1;
>> b = 3;
>> I = diff(polyval(q,[a b]))        %通过在积分范围上计算 q,求解积分的值
I =
    49.0667
```

5.3 有理多项式的运算

两个多项式相除构成有理函数,它的一般形式为:

$$\frac{P(x)}{Q(x)} = \frac{a_0 x^n + a_1 x^{n-1} + \cdots + a_{n-1} x + a_n}{b_0 x^m + b_1 x^{m-1} + \cdots + b_{m-1} x + b_m}$$

1. 对有理分式 (p1/p2) 求导数

命令形式如下:

[Num,Den]=polyder(p1,p2)   p1 是有理分式的分子,p2 是有理分式的分母,Num 是导数的分子,Den 是导数的分母.

例 5-12   求多项式 $x^5 + 2x^4 - x^3 + 3x^2 + 4$ 除以多项式 $x^3 + 2x^2 + x - 2$ 的导数.

解   MATLAB 命令为:

```
>> p1=[1  2  -1  3  0  4];
>> p2=[1  2  1  -2];
>> [num den]=polyder(p1,p2);
>> f1=poly2str(num,'x')
f1 =
    2 x^7 + 8 x^6 + 12 x^5 - 9 x^4 - 18 x^3 - 3 x^2 - 28 x - 4
>> f2=poly2str(den,'x')
f2 =
    x^6 + 4 x^5 + 6 x^4 - 7 x^2 - 4 x + 4
```

2. 部分分式展开式

命令形式如下:

[r,p,k]= residue(a,b)   其中,a、b 分别是分子、分母多项式的系数向量,r、p、k 分别是留数、极点和直项.

例 5-13   对有理多项式 $\dfrac{3x^4 + 2x^3 + 5x^2 + 4x + 6}{x^5 + 3x^4 + 4x^3 + 2x^2 + 7x + 2}$ 进行部分分式展开.

解   MATLAB 命令为:

```
>> a=[3  2  5  4  6];
>> b=[1  3  4  2  7  2];
>> [r,s,k]=residue(a,b)
r =
    1.1274 + 1.1513i
    1.1274 - 1.1513i
   -0.0232 - 0.0722i
   -0.0232 + 0.0722i
    0.7916
s =
```

```
    -1.7680 + 1.2673i
    -1.7680 - 1.2673i
     0.4176 + 1.1130i
     0.4176 - 1.1130i
    -0.2991
  k =
     []
```

3. 部分分式组合

函数 $[a,b]= \mathtt{residue(r,p,k)}$ 为部分分式展开的逆运算，调用该函数即可实现部分分式组合.

5.4　代数式的符号运算

在多项式和有理分式的计算过程中使用符号运算比较简便，常用的运算命令见表 5-2.

表 5-2　符号运算的常用命令

命令	功能
p=factor(s)	p 是对 s 定义的多项式进行因式分解的结果
p=expand(s)	p 是对 s 定义的多项式进行展开的结果
p=collect(s)	把 s 中 x 的同幂项系数进行合并
p=collect(s,v)	把 s 中 v 的同幂项系数进行合并
p=simple(s)	对 s 进行化简
sn=subs(s,'old','new'); r=vpa(sn);	这两条命令实现代数式的求值. 其中，sn 是变量替换后的符号表达式的变量名，s 为替换前符号表达式的变量名，old 为被替换变量，new 为替换变量，r 为最终求得的结果

例 5-14　对多项式 $f(x)=2x^4-5x^3-20x^2+20x+48$ 进行因式分解.

解　MATLAB 命令为：

```
>> s=sym(['2*x^4-5*x^3-20*x^2+20*x +48']);
>> p=factor(s)
p =
   (2*x+3)*(x-2)*(x+2)*(x-4)
```

例 5-15　设多项式 $p=(1+2x-y)^2$，求 p 的展开多项式，并按 y 的同次幂合并形式展开多项式 p.

解　MATLAB 命令为：

```
>> s=str2sym(['(1+2*x-y)^2']);
>> p=expand(s)
p =
   4*x^2 - 4*x*y + 4*x + y^2 - 2*y + 1
>> p1=collect(p,'y')
p1 =
   y^2 + (- 4*x - 2)*y + 4*x^2 + 4*x + 1
```

例 5-16　化简分式 $(4x^3+12x^2+5x-6)/(2x-1)$，并求出其在 $x=2$ 处的值.

解　MATLAB 命令为：

```
>> s=sym(['(4*x^3+12*x^2+5*x-6)/(2*x-1)']);
>> p=simple(s)
p =
    2*x^2+7*x+6
>> r=subs(s,'x','2');
>> vpa(r)
ans =
    28.
```

例 5-17   设多项式 $p=(2+3x-xy)^2$，按 x 的同次幂合并形式展开多项式 p.

解   MATLAB 命令为：

```
>> s=str2sym(['(2+3*x-x*y)^2']);
>> p=expand(s);
>> p1=collect(p)
p1 =
    (y^2 - 6*y + 9)*x^2 + (12 - 4*y)*x + 4
```

5.5 多项式拟合

在许多实验中，我们都经常要对一些实验数据（离散的点）进行多项式拟合，其目的是用一个较简单的函数去逼近一个较复杂的或未知的函数，即用一条曲线（多项式）尽可能地靠近离散的点，使其在某种意义下达到最优. 而 MATLAB 曲线拟合的一般方法为最小二乘法，以保证误差最小. 在采用最小二乘法求拟合曲线时，实际上是求一个多项式的系数向量.

1. 用直线进行拟合

假设已知数据点 (x_i, y_i)，$i=1,2,\cdots,n$，其分布大致为一条直线，作拟合直线 $y(x)=a_0+a_1 x$，该直线未通过所有的数据点，而是使误差平方和最小. 若每组数据与拟合曲线的误差为 $y(x_i)-y_i=a_0+a_1 x_i-y_i$，$i=1,2,\cdots,n$，则误差平方和为 $F(a_0,a_1)=\sum\limits_{i=1}^{n}(a_0+a_1 x_i-y_i)^2$，根据最小二乘原理，应求 a_0 和 a_1，使得 $F(a_0,a_1)$ 取最小值，令

$$
\begin{cases}
\dfrac{\partial F(a_0,a_1)}{\partial a_0}=2\sum\limits_{i=1}^{n}(a_0+a_1 x_i-y_i)=0 \\[2mm]
\dfrac{\partial F(a_0,a_1)}{\partial a_1}=2\sum\limits_{i=1}^{n}(a_0+a_1 x_i-y_i)x_i=0
\end{cases}
$$

$$
\begin{cases}
a_0 n+a_1\sum\limits_{i=1}^{n}x_i=\sum\limits_{i=1}^{n}y_i \\[2mm]
a_0\sum\limits_{i=1}^{n}x_i+a_1\sum\limits_{i=1}^{n}x_i^2=\sum\limits_{i=1}^{n}x_i y_i
\end{cases}
\Rightarrow
\begin{pmatrix}
n & \sum\limits_{i=1}^{n}x_i \\[2mm]
\sum\limits_{i=1}^{n}x_i & \sum\limits_{i=1}^{n}x_i^2
\end{pmatrix}
\begin{pmatrix}
a_0 \\ a_1
\end{pmatrix}
=
\begin{pmatrix}
\sum\limits_{i=1}^{n}y_i \\[2mm]
\sum\limits_{i=1}^{n}x_i y_i
\end{pmatrix}
$$

求出 a_0 和 a_1，即得到拟合曲线 $y(x)=a_0+a_1 x$.

2. 用多项式进行拟合

有时所给数据点的分布并不一定近似地呈一条直线，这时可以用多项式进行拟合. 给定数据点 (x_i, y_i)，$i=1,2,\cdots,n$，假设拟合函数的多项式为：

$$y = a_0 + a_1 x + a_2 x^2 + \cdots + a_m x^m = \sum_{j=0}^{m} a_j x^j, \quad m \ll n$$

则拟合多项式与数据点之间的误差平方和为：

$$Q(a_0, a_1, \cdots, a_m) = \sum_{i=1}^{n} \left(\sum_{j=0}^{m} a_j x_i^j - y_i \right)^2$$

根据最小二乘原理，应求 $a_0, a_1, \cdots, a_m$，使得 $Q(a_0, a_1, \cdots, a_m)$ 取极小值，令

$$\frac{\partial Q}{\partial a_k} = 0, \quad k = 0, 1, \cdots, m$$

$$\begin{cases} 2 \sum_{i=1}^{n} \left(\sum_{j=0}^{m} a_j x_i^j - y_i \right) = 0 \\ 2 \sum_{i=1}^{n} \left[\left(\sum_{j=0}^{m} a_j x_i^j - y_i \right) x_i \right] = 0 \\ \vdots \\ 2 \sum_{i=1}^{n} \left[\left(\sum_{j=0}^{m} a_j x_i^j - y_i \right) x_i^m \right] = 0 \end{cases} \Rightarrow \begin{cases} a_0 n + a_1 \sum x_i + \cdots + a_m \sum x_i^m = \sum y_i \\ a_0 \sum x_i + a_1 \sum x_i^2 + \cdots + a_m \sum x_i^{m+1} = \sum x_i y_i \\ \vdots \\ a_0 \sum x_i^m + a_1 \sum x_i^{m+1} + \cdots + a_m \sum x_i^{2m} = \sum x_i^m y_i \end{cases}$$

$$\Rightarrow \begin{bmatrix} n & \sum x_i & \cdots & \sum x_i^m \\ \sum x_i & \sum x_i^2 & \cdots & \sum x_i^{m+1} \\ \vdots & \vdots & \ddots & \vdots \\ \sum x_i^m & \sum x_i^{m+1} & \cdots & \sum x_i^{2m} \end{bmatrix} \begin{bmatrix} a_0 \\ a_1 \\ \vdots \\ a_m \end{bmatrix} = \begin{bmatrix} \sum y_i \\ \sum x_i y_i \\ \vdots \\ \sum x_i^m y_i \end{bmatrix}$$

求出系数 $a_0, a_1, \cdots, a_m$，即得到拟合曲线 $y = a_0 + a_1 x + a_2 x^2 + \cdots + a_m x^m$.

3. MATLAB 多项式拟合的命令

```
P=polyfit(x,y,n)
```

功能：运用最小二乘法求由给定向量 x 和 y 对应的数据点的 n 次拟合多项式，向量 x 和 y 具有相同的维数，P 为所求拟合多项式的系数向量.

例 5-18　现有一组实验数据：x 的取值是 $1 \sim 2$ 之间的数，间隔为 0.1，y 的取值为 2.1，3.2，2.1，2.5，3.2，3.5，3.4，4.1，4.7，5.0，4.8. 要求分别用二次、三次和七次拟合曲线来拟合这组数据，观察这三组拟合曲线哪个效果最好。

解　建立如下 M 文件：

```
clf;
x=1:.1:2;
y=[2.1,3.2,2.1,2.5,3.2,3.5,3.4,4.1,4.7,5.0,4.8];
p2=polyfit(x,y,2),          %多项式拟合,阶数是 2,p2 为拟合多项式的系数
p3=polyfit(x,y,3);
p7=polyfit(x,y,7);

disp('二阶拟合函数'),f2=poly2str(p2,'x')
disp('三阶拟合函数'),f3=poly2str(p3,'x')
disp('七阶拟合函数'),f7=poly2str(p7,'x')

x1=1:.01:2;
```

```
y2=polyval(p2,x1);        %多项式 p2 在 x1 处的值
y3=polyval(p3,x1);
y7=polyval(p7,x1);
plot(x,y,'rp',x1,y2,'--',x1,y3,'k-.',x1,y7);
legend('拟合点','二次拟合','三次拟合','七次拟合')
```

运行该文件得到的结果如下：

```
二阶拟合函数
f2 =
    1.3869 x^2 - 1.2608 x + 2.141
三阶拟合函数
f3 =
    -5.1671 x^3 + 24.6387 x^2 - 35.2187 x + 18.2002
七阶拟合函数
f7=2865.3128 x^7 - 30694.4444 x^6 + 139660.1307 x^5 - 349771.6503 x^4
    + 520586.1271 x^3 - 460331.9371 x^2 + 223861.6017 x - 46173.0375
```

各次拟合曲线比较如图 5-1 所示.

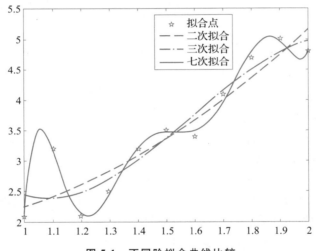

图 5-1   不同阶拟合曲线比较

    分析 从图 5-1 可以看到，对于此题，阶数越高，拟合程度越好.

例 5-19   汽车司机在行驶过程中发现前方出现突发事件时会紧急刹车，人们把从司机决定刹车到车完全停止这段时间内汽车行驶的距离称为刹车距离. 为了测定刹车距离与车速之间的关系，用同一汽车同一司机在不变的道路和气候下测得表 5-3 中的数据. 试由此求刹车距离与车速之间的函数关系并画出曲线，估计其误差.

表 5-3   车速与刹车距离

车速/(km/h)	20	40	60	80	100	120	140
刹车距离/m	6.5	17.8	33.6	57.1	83.4	118	153.5

    解 建立如下 M 文件：

```
v=[20:20:140]/3.6;        %将车速单位转化成 m/s,与刹车距离统一单位
```

```
y=[6.5 17.8 33.6 57.1 83.4 118 153.5];
p2=polyfit(v,y,2);                          %用阶数为 2 的多项式拟合
disp('二阶拟合'),f2=poly2str(p2,'v')

v1=[20:1:140]/3.6;
y1=polyval(p2,v1);

wch=abs(y-polyval(p2,v))./y                 %在拟合点每一点的误差
pjwch=mean(wch)                             %求平均误差(此处求的是算术平均值)
minwch=min(wch)                             %最小误差
maxwch=max(wch)                             %最大误差
plot(v,y,'rp',v1,y1)
legend('拟合点','二次拟合')
```

运行该文件得到的结果如下：

```
二阶拟合函数
f2 =
     0.085089 v^2 + 0.66171 v - 0.1
wch =
     0.0458    0.0024    0.0287    0.0083    0.0064    0.0127    0.0053
pjwch =
     0.0157
minwch =
     0.0024
maxwch =
     0.0458
```

刹车距离与车速的拟合曲线如图 5-2 所示.

分析　从平均误差，最大误差、最小误差及图形可以看出，拟合效果较好，拟合结果 f2= 0.085089 v^2+0.66171v-0.1 可以作为估测刹车距离与车速之间的一个函数关系.

例 5-20　表 5-4 是 1971 年到 1990 年我国总人口的统计数字，试根据 1971 年到 1985 年这 15 年人口的统计数字用多种方法预测未来 20 年的人口数字，并比较 1986 年到 1990 年间预测人口数字与实际统计数字的差异，在你所使用的几种预测方法中找出一种较为合理的预测方法.

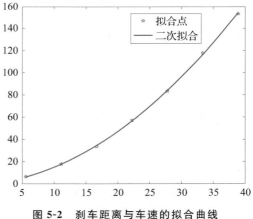

图 5-2　刹车距离与车速的拟合曲线

表 5-4　年份与人口统计数字

年份	1971	1972	1973	1974	1975	1976	1977	1978	1979	1980
人口统计数字/亿	8.5229	8.7177	8.9211	9.0859	9.2420	9.3717	9.4974	9.6259	9.7542	9.8705
年份	1981	1982	1983	1984	1985	1986	1987	1988	1989	1990
人口统计数字/亿	10.0072	10.1654	10.3008	10.4357	10.5851	10.7507	10.9300	11.1026	11.2704	11.4333

方法一：多项式拟合

解　建立如下 M 文件：

```
t=1971:1985;
y=[8.5229,8.7177,8.9211,9.0859,9.2420,9.3717,9.4974,9.6259,9.7542,9.8705,10.0072,10.1654,
   10.3008,10.4357,10.5851]
p1=polyfit(t,y,3);
p2=polyfit(t,y,4);
tt=1971:2005;
f1=polyval(p1,tt);
f2=polyval(p2,tt);
ts=1971:1990;
ys=[8.5229,8.7177,8.9211,9.0859,9.2420,9.3717,9.4974,9.6259,9.7542,9.8705,10.0072,10.1654,
    10.3008,10.4357,10.5851,10.7507,10.9300,11.1026,11.2704,11.4333];
subplot(121),plot(ts,ys,'rp',tt,f1,'bp')
legend('统计数字','三次拟合')
subplot(122),plot(ts,ys,'rp',tt,f2,'bp')
legend('统计数字','四次拟合')
```

运行该文件得到的拟合曲线如图 5-3 所示.

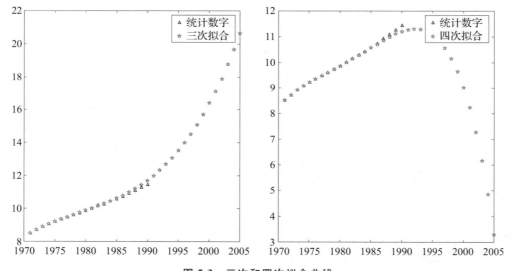

图 5-3   三次和四次拟合曲线

分析   人口模型为非线性模型,因此用多项式拟合进行人口预测的误差较大.

方法二: 可转化为线性拟合的非线性拟合

当拟合函数是非线性函数时,称为非线性拟合. 对于非线性拟合,常用的方法是采取数据线性化技术来拟合各种曲线,按线性拟合解出后再还原为原变量所表示的曲线拟合方程. 下面我们来看人口模型——Malthus 模型.

模型假设: 设 $p(t)$ 表示 t 时刻的人口数,且 $p(t)$ 连续可微;人口的增长率 r 是常数(增长率=出生率-死亡率);人口数量的变化是封闭的,即人口数量的增加与减少只取决于人口中个体的生育和死亡情况,且每一个体都具有同样的生育能力与死亡率.

由假设知, t 时刻到 $t+\Delta t$ 时刻人口的增量为:

$$p(t+\Delta t)-p(t)=rp(t)\Delta t$$

即 $\dfrac{\mathrm{d}p}{\mathrm{d}t}=rp$，$p(t_0)=p_0$，解得 $p(t)=p_0\mathrm{e}^{rt}$，从而 Malthus 模型为：

$$p(t)=p_0\mathrm{e}^{rt}$$

两边同取对数得：

$$\ln p_t=\ln p_0+rt \tag{5-1}$$

令 $a_0=\ln p_0$，$a_1=r$，$y=\ln p_t$，则式（5-1）变为：

$$y=a_0+a_1t$$

因此，人口 Malthus 模型可转化为用线性模型来预测.

解 建立如下 M 文件：

```
t=1971:1985;
pt=[8.5229,8.7177,8.9211,9.0859,9.2420,9.3717,9.4974,9.6259,9.7542,9.8705,10.0072,10.1654,
    10.3008,10.4357,10.5851]
y=log(pt);
p=polyfit(t,y,1);
tt=1970:2005;
f1=polyval(p,tt);
y1=exp(f1);
ts=1971:1990;
ys=[8.5229,8.7177,8.9211,9.0859,9.2420,9.3717,9.4974,9.6259,9.7542,9.8705,10.0072,10.1654,
    10.3008,10.4357,10.5851,10.7507,10.9300,11.1026,11.2704,11.4333];
plot(ts,ys,'rp',tt,y1,'b-')
legend('统计数字','指数预测曲线')
```

运行该文件得到的预测曲线如图 5-4 所示.

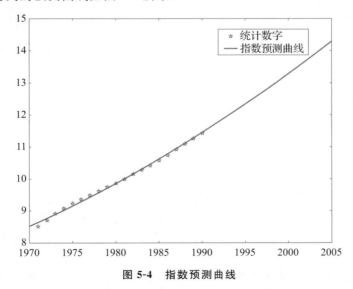

图 5-4 指数预测曲线

分析 Malthus 模型的结果说明，人口将以指数规律无限增长. 事实上，任何地区的人口都不可能无限增长，指数模型不能描述和预测较长时期的人口演变过程. 这是因为，随着人口的增长，自然资源和环境条件等因素对人口增长的限制作用越来越显著. 如果人口较少，人口增长较快，人口的自然增长率可以看作常数，当人口达到一定数量时，这个增长率就要随着人口的增长而下降，于是应该对指数增长模型关于人口增长率的假设进行修改.

下面给出常见函数的线性化方法：

- 幂函数：$y=ax^b$，令 $Y=\lg y$，$X=\lg x$，则 $Y=\lg a+bX$.
- 指数函数：$y=a\,e^{bx}$，令 $Y=\ln y$，$X=x$，则 $Y=\ln a+bX$.
- 对数函数：$y=a+b\lg x$，令 $Y=y$，$X=\lg x$，则 $Y=a+bX$.
- 负指数函数：$y=a\,e^{\frac{b}{x}}$，令 $Y=\ln y$，$X=\dfrac{1}{x}$，则 $Y=\ln a+bX$.

例 5-21　给定如下数据：

$x=[1.00\ 1.50\ 2.00\ 2.50\ 3.00\ 3.50\ 4.00\ 4.50\ 5.00\ 5.50\ 6.00\ 6.50\ 7.00\ 7.50\ 8.00\ 8.50\ 9.00\ 9.50\ 10.00]$

$y=[3.02\ 4.22\ 6.09\ 6.98\ 7.62\ 7.66\ 8.70\ 9.03\ 9.91\ 9.97\ 10.47\ 10.44\ 10.72\ 11.38\ 10.90\ 11.19\ 11.46\ 11.90\ 12.54]$

已知模型为 $y=a+b\ln(x)$，要求根据数据求拟合函数，画出数据点与拟合函数的图像.

分析　令 $X=\ln(x)$，则 $y=a+b\ln(x)$ 可转化为线性模型 $y=a+bX$.

解　建立如下 M 文件：

```
x=[1.00 1.50 2.00 2.50 3.00 3.50 4.00 4.50 5.00 5.50 6.00 6.50 7.00 7.50 8.00 8.50 9.00 9.50 10.00];
y=[3.02 4.22 6.09 6.98 7.62 7.66 8.70 9.03 9.91 9.97 10.47 10.44 10.72 11.38 10.90 11.19 11.46 11.90 12.54];
X=log(x);
p=polyfit(X,y,1)
```

运行该文件得到的结果如下：

```
p =
    3.9613    3.0876
```

所以拟合函数的系数 $b=3.9613$，$a=3.0876$，拟合函数为 $y=3.0876+3.9613\ln(x)$.

画图程序如下：

```
x0=1:0.1:10;
y0=3.9613*log(x0)+3.0876;
plot(x0,y0,x,y,'o')
legend('函数','数据点')
```

运行以上程序得到的拟合曲线如图 5-5 所示.

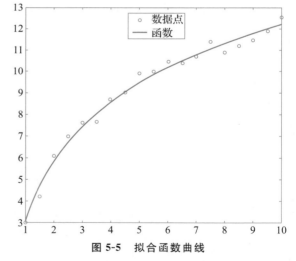

图 5-5　拟合函数曲线

5.6　多项式插值

在实际中得到的数据通常是离散的，如果想得到这些点之外其他点的数据，就要根据这些已知的数据进行估算，即插值. 插值是在一组已知数据点的范围内添加新数据点的技术. 插值的任务是根据已知点的信息构造一个近似的函数. 最简单的插值法是多项式插值. 插值和拟合有相同的地方，都是要寻找一条"光滑"的曲线将已知的数据点连贯起来，其不同之处是：拟合点曲线不要求一定通过数据点，而插值的曲线要求必须通过数据点.

已知函数 $f(x)$，其函数形式可能很复杂，假如可以获得 $f(x)$ 在区间 $[a,b]$ 上一组 $n+1$ 个不同的点 $a \leqslant x_0 < x_1 < x_2 < \cdots < x_n \leqslant b$ 的函数值 $y_i = f(x_i)$，$i = 0,1,2,\cdots,n$，求一个简单的函数 $p(x)$，使得 $p(x_i) = y_i$，$i = 0,1,2,\cdots,n$，并且用 $p(x)$ 近似代替 $f(x)$，这就是插值问题. 函数 $p(x)$ 为函数 $f(x)$ 的插值函数. $p(x_i) = y_i$ 称为插值条件，x_i 为插值节点，点 x 称为插值点，点 x 在插值区间内叫作内插，否则叫作外插. 表 5-5 给出了 MATLAB 中常用的插值函数.

表 5-5　MATLAB 中常用的插值函数

函数名	功能
Interp1	一维数据插值
Interp2	meshgrid 格式的二维网格数据插值
Interp3	meshgrid 格式的三维网格数据插值
Interpn	ndgrid 格式的一维、二维、三维和 n 维网格数据插值
Interpft	一维快速傅里叶插值
spline	三次样条数据插值
pchip	分段三次 Hermite 插值多项式
makima	修正 Akima 分段三次 Hermite 插值
ppval	计算分段多项式
mkpp	生成分段多项式
unmkpp	提取分段多项式的详细信息
griddata	对二维或三维散点数据进行插值
griddatan	对 n 维散点数据进行插值
scatteredInterpolant	对二维或三维散点数据进行插值

5.6.1　一维多项式插值

一维多项式插值的命令格式如下：

`yi=interp1(x,y,xi,method)`　已知同维数据点 x 和 y，运用 method 指定的方法（要在单引号之间写入）计算插值点 xi 处的数值 yi. 当输入的 x 等间距时，可在插值方法 method 前加一个 *，以提高处理速度. 其中 method 指定的方法主要有 4 种：

- nearest：最近点插值，插值点处的值取与该插值点距离最近的数据点的函数值.
- linear：分段线性插值，用直线连接数据点，插值点的值取对应直线上的值.
- spline：三次样条插值，该方法用三次样条曲线通过数据点，插值点处的值取对应曲线上的值.
- pchip：分段三次 Hermite 插值，确定三次 Hermite 函数，根据该函数确定插值点的函数值.

默认方法为'linear'.

例 5-22　用以上 4 种方法对 $y = \cos x$ 在 $[0,6]$ 上的一维插值效果进行比较.

解　建立如下 M 文件：

```
x=0:6;
y=cos(x);
xi=0:.25:6;            %在两个数据点之间插入 3 个点
```

```
yi1=interp1(x,y,xi,'*nearest');    %注意:方法写在单引号之内,等间距时可在前加*
yi2=interp1(x,y,xi,'*linear');
yi3=interp1(x,y,xi,'*spline');
yi4=interp1(x,y,xi,'*pchip');
plot(x,y,'ro',xi,yi1,'--',xi,yi2,'-',xi,yi3,'k.-',xi,yi4,'m:')
legend('原始数据','最近点插值','线性插值','样条插值','Hermite插值'
)
```

运行该文件得到的图形如图 5-6 所示.

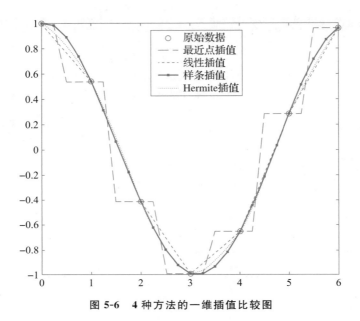

图 5-6   4 种方法的一维插值比较图

从图 5-6 可以看出，在本例中，样条插值效果最好，之后是 Hermite 插值、线性插值，效果最差的是最近点插值.

例 5-23   用以上 4 种方法对函数 $y = \dfrac{1}{2+x^2}(x \in [-2,2])$，选用 11 个数据点进行插值并画图比较结果.

解   建立如下 M 文件：

```
x=-2:4/(11-1):2,y=1./(2+x.^2),      %选取等间距的 11 个数据点
x1=-2:.1:2;
y1=interp1(x,y,x1,'nearest');       %注意:方法写在单引号之内,等间距时可在前加*
y2=interp1(x,y,x1,'linear');
y3=interp1(x,y,x1,'spline');
y4=interp1(x,y,x1,'pchip');
subplot(2,2,1),plot(x,y,'rp',x1,y1),title('nearest')
subplot(2,2,2),plot(x,y,'rp',x1,y2),title('linear')
subplot(2,2,3),plot(x,y,'rp',x1,y3),title('spline')
subplot(2,2,4),plot(x,y,'rp',x1,y4),title('pchip')
```

运行该文件得到的图形如图 5-7 所示.

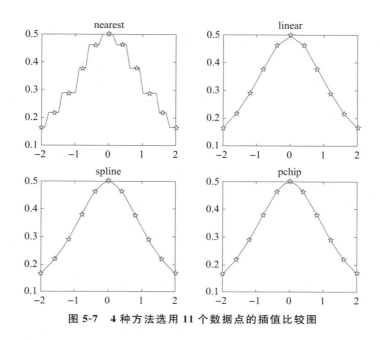

图 5-7   4 种方法选用 11 个数据点的插值比较图

5.6.2   二维多项式插值

二维多项式插值是对曲面进行插值，主要用于图像处理与数据的可视化．插值节点分为网格节点和散乱节点，如图 5-8 所示．

二维多项式插值的命令格式如下：

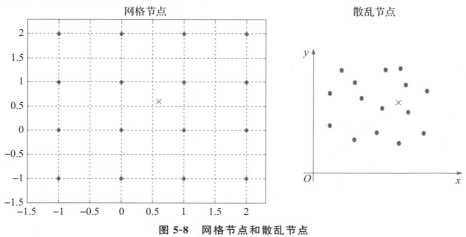

图 5-8   网格节点和散乱节点

- Zi=interp2(X,Y,Z,Xi,Yi,method)   已知同维数据点 X、Y 和 Z（网格节点），运用 method 指定的方法（要在单引号之间写入）计算自变量插值点（Xi,Yi）处的函数值 Zi.method 可以是 'linear'、'nearest'、'cubic'、'makima' 或 'spline'．默认方法为 'linear'．

- Zi=griddata(X,Y,Z,Xi,Yi,method) 已知同维数据点 X、Y 和 Z（散乱节点），运用 method 指定的方法（要在单引号之间写入）计算自变量插值点（Xi，Yi）处的函数值 Zi.method 可以是 'linear'、'nearest'、'natural'、'cubic' 或 'v4'. 默认方法为 'linear'.

例 5-24　用以上 4 种方法对 $z = x\mathrm{e}^{-(x^2+y^2)}$ 在网格节点（-2，2）上的二维多项式插值效果进行比较.

解　建立如下 M 文件：

```
[X,Y]=meshgrid(-2:.5:2);
Z=X.*exp(-X.^2-Y.^2);              %给出数据点
[X1,Y1]=meshgrid(-2:.1:2);
Z1=X1.*exp(-X1.^2-Y1.^2);
figure(1)                          %在图形窗口 1 绘制原始数据曲面图及函数图像
subplot(1,2,1),mesh(X,Y,Z),title('数据点')
subplot(1,2,2),mesh(X1,Y1,Z1),,title('函数图像')
[Xi,Yi]=meshgrid(-2:.125:2);       %确定插值点
Zi1=interp2(X,Y,Z,Xi,Yi,'*nearest');
Zi2=interp2(X,Y,Z,Xi,Yi,'*linear');
Zi3=interp2(X,Y,Z,Xi,Yi,'*spline');
Zi4=interp2(X,Y,Z,Xi,Yi,'*cubic');
figure(2)                          %打开另一个图形窗口,绘制使用 4 种方法得到的图形
subplot(2,2,1),mesh(Xi,Yi,Zi1),title('最近点插值')
subplot(2,2,2),mesh(Xi,Yi,Zi2),title('线性插值')
subplot(2,2,3),mesh(Xi,Yi,Zi3),title('样条插值')
subplot(2,2,4),mesh(Xi,Yi,Zi4),title('立方插值')
```

运行该文件，在图形窗口 1 得到的原始数据及函数图像如图 5-9 所示.

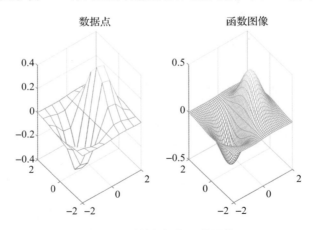

图 5-9　原始数据及函数图像

图形窗口 2 中是使用 4 种方法得到的 4 个插值图形，如图 5-10 所示.

从图 5-10 中可以看到，样条插值法和立方插值法所得图形效果较好，这两种方法也是广泛应用的方法.

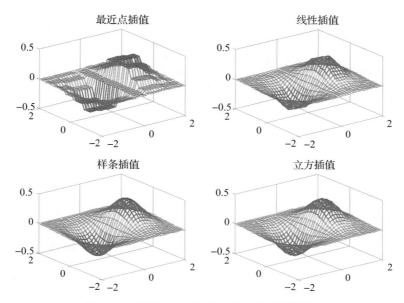

图 5-10　在网格节点上的二维多项式插值图形

例 5-25　山区地貌. 在某山区测得的一些地点的高度如表 5-6 所示. 平面区域为 $1200 \leqslant x \leqslant 4000$，$1200 \leqslant y \leqslant 3600$. 试绘制出该山区的地貌图和等高线图，并对几种插值方法进行比较.

表 5-6　坐标与高度

y	x							
	1200	1600	2000	2400	2800	3200	3600	4000
1200	1130	1250	1280	1230	1040	900	500	700
1600	1320	1450	1420	1400	1300	700	900	850
2000	1390	1500	1500	1400	900	1100	1060	950
2400	1500	1200	1100	1350	1450	1200	1150	1010
2800	1500	1200	1100	1550	1600	1550	1380	1070
3200	1500	1550	1600	1550	1600	1600	1600	1550
3600	1480	1500	1550	1510	1430	1300	1200	980

解　建立如下 M 文件：

```
x=1200:400:4000;
y=1200:400:3600;
[X,Y]=meshgrid(x,y);
Z=[1130 1250 1280 1230 1040 900 500 700;
1320 1450 1420 1400 1300 700 900 850;
1390 1500 1500 1400 900 1100 1060 950;
1500 1200 1100 1350 1450 1200 1150 1010;
1500 1200 1100 1550 1600 1550 1380 1070;
1500 1550 1600 1550 1600 1600 1600 1550;
1480 1500 1550 1510 1430 1300 1200 980];
subplot(2,2,1),mesh(X,Y,Z),title('坐标点图')
```

```
xi=linspace(1200,4000,100);
yi=linspace(1200,3600,80);
[xii,yii]=meshgrid(xi,yi);
zii=interp2(X,Y,Z,xii,yii,'cubic');            %插值
subplot(2,2,2),mesh(xii,yii,zii),title('山区地貌图')
subplot(2,2,3),surfc(xii,yii,zii),title('等高线图')
shading interp
subplot(2,2,4)
[c,h]=contourf(xii,yii,zii)              %返回等高矩阵 c 和线句柄列向量 h,每条线对应一个句柄
clabel(c,h),title('二维等高线图')          %在二维等高线图中添加高度标签
colorbar                                  %显示颜色与函数值的对照表
```

运行该文件得到的图形如图 5-11 所示.

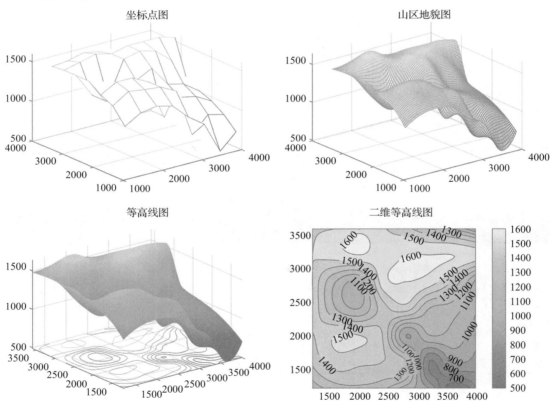

图 5-11   山区地貌和等高线图

例 5-26   用默认方法对 $z = x \mathrm{e}^{-(x^2+y^2)}$ 在散乱节点（-2，2）上的二维多项式插值效果进行比较.

解   建立如下 M 文件：

```
sj1=-2+4*rand(50,2);                      %sj1是-2到2之间的随机数
x=sj1(:,1);y=sj1(:,2);v=x.*exp(-x.^2-y.^2);   %散乱节点
plot3(x,y,v,'ro')
[xq,yq]=meshgrid(-2:.125:2);              %插值点
vq=griddata(x,y,v,xq,yq);                 %散乱节点插值
```

```
hold on, mesh(xq,yq,vq);
axis([-2.5 2.5 -2.5 2.5 -0.4 0.6])
legend('散乱节点','曲面')
```

运行该文件得到的图形如图 5-12 所示.

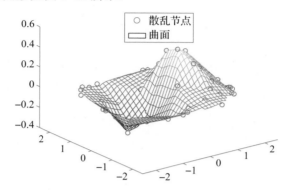

图 5-12　散乱节点二维多项式插值图形

例 5-27　海底曲面. 在某海域测得的点（x，y）处的水深 z 如表 5-7 所示，船的吃水深度为 5 英尺（1 英尺＝0.3048 米），在坐标（75，200）和（−50，150）构成的矩形区域里，哪些地方船要避免进入？

表 5-7　坐标与水深

x	129	140	103.5	88	185.5	195	105
y	7.5	141.5	23	147	22.5	137.5	85.5
z	4	8	6	8	6	8	8
x	157.5	107.5	77	81	162	162	117.5
y	−6.5	−81	3	56.5	−66.5	84	−33.5
z	9	9	8	8	9	4	9

分析　1）输入插值基点数.

2）在矩形区域（75，200）*（−50，150）做二维多项式插值.

3）画出海底曲面图.

4）画出水深小于 5 的海域范围，即 $z=5$ 的等高线.

解　建立如下 M 文件：

```
x=[129 140 103.5 88 185.5 195 105 157.5 107.5 77 81 162 162 117.5];
y=[7.5 141.5 23 147 22.5 137.5 85.5 -6.5 -81 3 56.5 -66.5 84 -33.5];
z=[4 8 6 8 6 8 8 9 9 8 8 9 4 9];
subplot(221),plot3(x,y,z,'o')              %绘制散点图
xi=linspace(75,200,10)
yi=linspace(-50,150,10)
[xii,yii]=meshgrid(xi,yi);                 %插值点
zii=griddata(x,y,z,xii,yii,'cubic')        %散乱点插值
mesh(xi,yi,zii)
subplot(222),surfc(xii,yii,zii)            %等高线图
shading interp
```

```
title('海底曲面图')
subplot(223),contourf(xii,yii,zii,[5,5])        %z=5 的等高线图
title('z=5 的等高线图')
subplot(224)
[c,h]=contourf(xii,yii,zii,4:0.5:9)             %返回等高矩阵 c 和线句柄列向量 h
clabel(c,h)
colorbar                                         %显示颜色与函数值的对照表
title('二维等高线图')
```

运行该文件得到的图形如 5-13 所示.

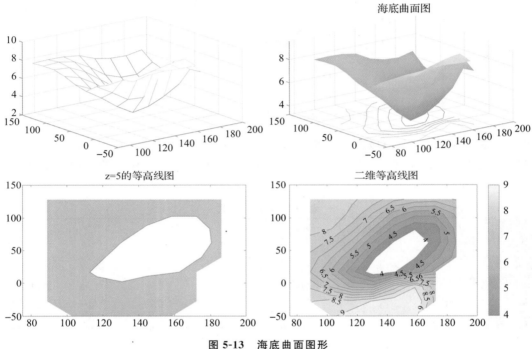

图 5-13　海底曲面图形

例 5-28　　图像放大.

解　建立如下 M 文件：

```
image=imread('timg.jpg');        %读入图像
figure(1),imshow(image)          %输出图像
x=image(:,:,1)                   %图像数组
x=im2double(x);                  %将 uint8 类型转换为 double 类型,把数据大小从 0~255 映射到 0~1,即
                                    数组元素在 0~1 之间
s=size(x);                       %297×534 矩阵
a=1:s(2);                        %s(2)为矩阵的列数
b=1:s(1);                        %s(1)为矩阵的行数
[a1,b1]=meshgrid(a,b);
xi=1:0.5:s(2);
yi=1:0.5:s(1);
[xii,yii]=meshgrid(xi,yi);
zii=interp2(a1,b1,x,xii,yii,'*cubic');
```

```
zii=im2uint8(zii);              %将double类型转换为uint8类型,把数据大小从0~1映射到0~255,即
                                 数组元素在0~255之间

y=image(:,:,2);
y=im2double(y);
zii2=interp2(a1,b1,y,xii,yii,'*cubic');
zii2=im2uint8(zii2);
z=image(:,:,3);
z=im2double(z);
zii3=interp2(a1,b1,z,xii,yii,'*cubic');
zii3=im2uint8(zii3);            %重构彩色图像
fdtx(:,:,1)=zii;
fdtx(:,:,2)=zii2;
fdtx(:,:,3)=zii3;              %重构彩色图像
figure(2),imshow(fdtx)
```

运行该文件得到的图形如图 5-14 所示.

a）原图片　　　　　　　　　　　　　　　b）放大后的图片

图 5-14　原图片和放大后的图片

5.7　综合实验：消费价格指数的预测

知识点：最小二乘法、曲线拟合.

实验目的：以 MATLAB 为工具，探讨 CPI 指数预测的问题.

问题描述：CPI 是居民消费价格指数（Consumer Price Index）的简称. 居民消费价格指数是一个反映居民家庭一般所购买的消费商品和服务价格水平变动情况的宏观经济指标，其变动率在一定程度上反映了通货膨胀或紧缩的程度. CPI 的计算公式为

$$\text{CPI} = \frac{\text{一组固定商品按当期价格计算的价格}}{\text{一组固定商品按基期价格计算的价格}} \times 100\% = \frac{P(t)}{P(t-1)} \times 100\%$$

上式中的 $P(t)$ 通常是一组典型商品价格的加权平均值在时刻 t 处的取值，即若用 $p_i(t)$ 表示商品 i 在时刻 t 的价格，则

$$P(t) = \sum_{i=1}^{n} k_i p_i(t), \quad \text{其中权重 } k_i \geq 0 \text{ 且} \sum_{i=1}^{n} k_i = 1$$

通过上面的公式容易看出，CPI 表示的是普通家庭在购买一组有代表性的产品时，当前时刻与上一时刻花费价格的比值. 在日常生活中，人们一般更为关心的是通货膨胀率，它通常被定义为从一个时期到另一个时期的价格水平变动的百分比，其计算公式为

$$T = \frac{P(t) - P(t-1)}{P(t-1)} \times 100\%$$

例如，假设某一国家某个家庭 1990 年购买一组商品的价格为 800 元，而到 2000 年，购买该组商品的价格为 1000 元，若以 1990 年为该国计算 CPI 的基期，则该国 2000 年 CPI 指数为

$$\text{CPI} = \frac{1000}{800} \times 100\% = 125\%$$

而这一时期的通货膨胀率为

$$T = \frac{1000 - 800}{800} \times 100\% = 25\%$$

此外，容易看出，通货膨胀率实际上就是 CPI 的变化量. 如果用来计算的基期与当前时间相差较大，则计算得到的结果其实不理想. 因此，为了更为客观地表述经济生活中的变化，经济学领域引入了环比的概念. 与以往为了规避季节对商品价格影响的同比概念相比，基期改为 "上一期". 因此，环比更能反映当前消费者对价格的感受.

问题分析及模型建立：

表 5-8 给出了我国从 2011 年 6 月到 2013 年 9 月的 CPI 指数，我国的 CPI 指数是按照上年为基期计算的，而不是以一个固定的基期计算的.

表 5-8   2011 年 6 月到 2013 年 9 月我国 CPI 指数（国家统计局）

月份	全国				月份	全国			
	当月	同比增长	环比增长	累计		当月	同比增长	环比增长	累计
2013.09	103.1	3.1%	0.8%	102.5	2012.07	101.8	1.8%	0.1%	103.1
2013.08	102.6	2.6%	0.5%	102.5	2012.06	102.2	2.2%	−0.6%	103.3
2013.07	102.7	2.7%	0.1%	102.4	2012.05	103.0	3.0%	−0.3%	103.5
2013.06	102.7	2.7%	0%	102.4	2012.04	103.4	3.4%	−0.1%	103.7
2013.05	102.1	2.1%	−0.6%	102.4	2012.03	103.6	3.6%	0.2%	103.8
2013.04	102.4	2.4%	0.2%	102.4	2012.02	103.2	3.2%	−0.1%	103.9
2013.03	102.1	2.1%	−0.9%	102.4	2012.01	104.5	4.5%	1.5%	104.5
2013.02	103.2	3.2%	1.1%	102.6	2011.12	104.1	4.1%	0.3%	105.4
2013.01	102.0	2.0%	1.0%	102.6	2011.11	104.2	4.2%	−0.2%	105.5
2012.12	102.5	2.5%	0.8%	102.6	2011.10	105.5	5.5%	0.1%	105.6
2012.11	102.0	2.0%	0.1%	102.7	2011.09	106.1	6.1%	0.5%	105.7
2012.10	101.7	1.7%	−0.1%	102.7	2011.08	106.2	6.2%	0.5%	105.6
2012.09	101.9	1.9%	0.3%	102.8	2011.07	106.5	6.5%	0.5%	105.5
2012.08	102.0	2.0%	0.6%	102.9	2011.06	106.4	6.4%	0.3%	105.4

根据表 5-8 中给出的数据，尝试预测 2013 年 10 月到 2014 年 1 月我国 CPI 的数值.

作为例子，此处仅通过一种采用多项式进行数据拟合的简单方法来对全国 CPI 环比数据进行预测，读者可以尝试给出更多的方法和预测数值.

为了给出预测值，首先将环比数据读入 MATLAB 环境，然后绘制图形.

解   建立如下 M 文件：

```
CPI = [0.8,0.5,0.1,0,-0.6,0.2,-0.9,1.1,1.0, 0.8, 0.1, -0.1, 0.3, 0.6, 0.1, -0.6, -0.3, -0.1, 0.2, -0.1,
    1.5, 0.3, -0.2, 0.1, 0.5, 0.3, 0.5,0.3];
CPI = CPI(end:-1:1);
```

```
plot([0:length(CPI)-1],CPI,'bo-');
title('2011 年 6 月到 2013 年 9 月中国 CPI 环比变化数据');
xlabel('时间以 2011 年 6 月为 0 时刻');
ylabel('CPI 增长环比数据(%)');
```

运行该文件得到的图形如图 5-15，其中 $t=0$ 表示 2011 年 6 月.

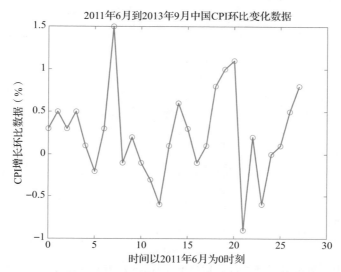

图 5-15   我国 2011 年 6 月到 2013 年 9 月的 CPI 环比变化数据

对上述数据采用多项式进行拟合，即假设 CPI 变动的数据满足如下关系：

$$p(t)=a_0 t^n + a_1 t^{n-1} + a_2 t^{n-1} + \cdots + a_{n-1} t + a_n$$

其中，$a_i (i=0,1,2,\cdots,n)$ 为多项式系数，则只要设法给出系数 a_i，即可得到 CPI 变动数据所遵循的规律. 计算系数的常用方法是插值法或最小二乘法等，读者可以根据自己的情况选用适当的方法. 为简单起见，此处使用 MATLAB 提供的基于最小二乘法构造的 polyfit 函数完成多项式系数的确定.

问题求解及结果分析：

为得到相对较好的预测结果，首先可对这些数据进行预处理，建立如下 M 文件：

```
hist(CPI);
meanval = mean(CPI);
stdval = std(CPI);
hold on
plot([meanval, meanval], [0, max(hist(CPI))], 'LineWidth', 2, 'Color', 'r');
plot([meanval+stdval, meanval+stdval; meanval+2*stdval, meanval+2*stdval;
    meanval-stdval, meanval-stdval; meanval-2*stdval, meanval-2*stdval;]', ...
    [0, max(hist(CPI))], 'LineWidth', 2, 'Color', 'g');
title('2011 年 6 月到 2013 年 9 月中国 CPI 环比变化数据的分布');
xlabel('value');
ylabel('frequence');
```

运行该文件得到的图形如图 5-16 所示. 其中，最中间的加粗直线表示变化值的均值，而两侧 4 条直线分别对应均值两侧 1 倍和 2 倍标准差的位置. 容易看出，此数据中存在超过 2 倍标准差的数据. 因此，首先将这个数据从全部数据中删除，可使用下列命令：

```
outidx = find(abs(CPI-meanval)>2*stdval);
CPI(outidx) = NaN;
month = [0:length(CPI)-1];
month(outidx) = [];        %多项式拟合中使用的横坐标
```

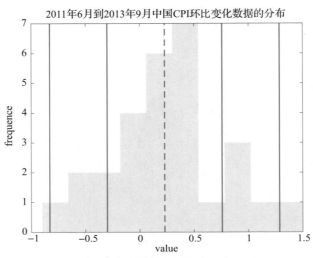

图 5-16　我国 2011 年 6 月到 2013 年 9 月的 CPI 环比变化数据的统计特征

利用处理后的数据绘制的图形如图 5-17 所示.

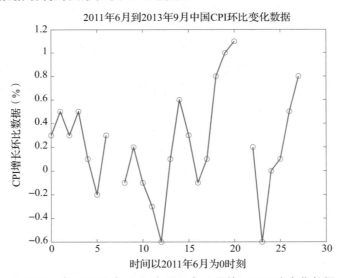

图 5-17　我国 2011 年 6 月到 2013 年 9 月的 CPI 环比变化数据

分别使用 3 次和 10 次多项式进行拟合并绘制图形，建立如下 M 文件：

```
nCPI = CPI(~isnan(CPI));
t = [0:1:length(CPI)-1];
p3 = polyfit(month, nCPI, 3);
```

```
p3val = polyval(p3, t);
p10 = polyfit(month, nCPI, 10);
p10val = polyval(p10, t);
plot([0:length(CPI)-1],CPI,'o-');
hold on
plot(t, p3val,'--');
plot(t, p10val,'k-.');
title('2011 年 6 月到 2013 年 9 月中国 CPI 环比变化数据');
xlabel('时间');
ylabel('CPI 增长环比数据(%)');
legend('CPI 变化数据','使用 3 次多项式拟合','使用 10 次多项式拟合');
hold off
```

运行该文件得到的图形如图 5-18 所示.

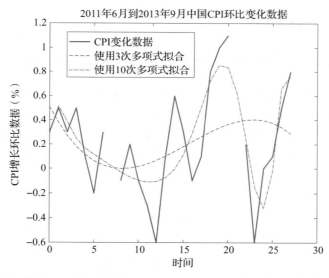

图 5-18　我国 2011 年 6 月到 2013 年 9 月 CPI 环比变化数据及其曲线拟合

　　需要说明的是,一般来讲,高次曲线拟合的结果并不一定就比低次曲线拟合的结果更符合实际情况. 但就这个例子来讲,似乎使用 10 次曲线拟合更为接近真实的结果.

　　对 2013 年 10 月到 2014 年 1 月的 CPI 变化数据进行预测,程序如下:

```
t = [length(CPI)-1:1:length(CPI)+3];
p3val = polyval(p3, t);
p10val = polyval(p10, t);
hold on              %将新的数据附加到原有数据后并以红色显示
plot(t, p3val,'r--');
plot(t, p10val,'r:');
title('2013 年 10 月到 2014 年 1 月中国 CPI 环比变化数据及其预测');
xlabel('时间');
ylabel('CPI 增长环比数据(%)');
legend('CPI 变化数据','使用 3 次多项式拟合','使用 10 次多项式拟合');
hold off
```

运行结果如图 5-19 所示.

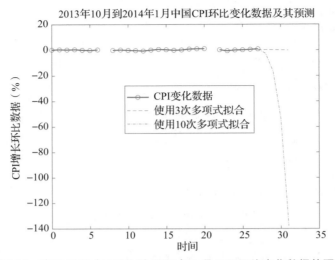

图 5-19　我国 2013 年 10 月到 2014 年 1 月 CPI 环比变化数据的预测

　　这一结果对某些读者来说似乎有些意外，其实就是因为使用了过高次数的多项式进行拟合造成的．如果考虑放弃 10 次多项式预测的结果，那么可以得到图 5-20 的结果．其中，最后中间加粗部分为预测部分的值，上下四条曲线分别对应于以预测值为中心 1 倍和 2 倍标准差的带形区域．理论上讲，只要实际值落在上下四条曲线的带形区域内，都应当算作是准确预测．程序如下：

```
plot(t, p3val,'r--');
plot(t,[0.8,0.1,-0.1,0.3,1],'mo-')%2013.9-2014.1CPI
t = [0:1:length(CPI)+4];
p3val = polyval(p3, t);
```

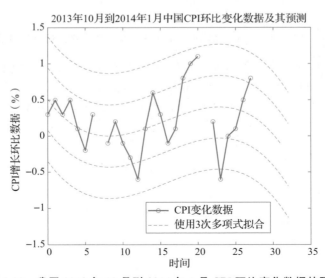

图 5-20　我国 2013 年 10 月到 2014 年 1 月 CPI 环比变化数据的预测

```
plot(t, p3val+stdval,'g--');
plot(t, p3val-stdval,'g--');
plot(t, p3val+2*stdval,'g--');
plot(t, p3val-2*stdval,'g--');
```

然而，实际的情况如何呢？根据中国国家统计局的信息，2013 年 10 月到 2014 年 1 月实际的 CPI 增长数据如表 5-9 所示.

表 5-9 我国 2013 年 10 月到 2014 年 1 月 CPI 增长变化情况

月份	2013.10	2013.11	2013.12	2014.1
环比增长	0.1%	−0.1%	0.3%	1.0%

将表 5-9 中的数据与预测的数据相比（见图 5-21），可以看出，虽然多项式拟合的方法看起来较为简单，但是其预测的效果也还是不错的，因为除了在 2013 年 9 月之后的 4 个月的实际 CPI 变化数据外，基本上都在预测值附近.

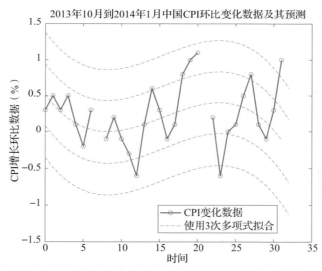

图 5-21 我国 2013 年 10 月到 2014 年 1 月 CPI 环比变化数据的预测与真实数据的比较

思考：

1）尝试对表 5-8 中的数据进行平滑处理后再进行多项式拟合，考察拟合的结果是否更为可靠.

2）试根据表 5-8 中的数据给出其他类型的预测模型，并评估预测的效果.

3）根据表 5-8 中的数据，利用 2）中给出的模型分析其他各列数据的变化，并尝试进行类似例子中的预测.

 习题

1. 写出矩阵 $A = \begin{pmatrix} 1 & 0 & -1 \\ 1 & 2 & 3 \\ 0 & 1 & 2 \end{pmatrix}$ 的特征多项式.

2. 求多项式 $f(x)=2x^2+5x+1$ 在 $x=-1$，5 时的值.

3. 若多项式 $f(x)=4x^2-3x+1$，求 $f(-3)$，$f(7)$ 及 $f(\boldsymbol{A})$ 的值，其中 $\boldsymbol{A}=\begin{pmatrix} 1 & 2 \\ -2 & 3 \end{pmatrix}$.

4. 求下列多项式的和、差、积：

    (1) $f_1(x)=4x^3-x+3$，$f_2(x)=5x^2-2x-1$.

    (2) $f_1(x)=x^2+4x+5$，$f_2(x)=2x^2-5x+3$.

5. 求多项式 $f_1(x)=8x^4+6x^3-x+4$ 与 $f_2(x)=2x^2-x-1$ 的商及余子式.

6. 举例验证乘法命令 conv(u,v) 与除法命令 deconv(v,u) 是互逆的.

7. 分别用 2、3、4、6 阶多项式拟合函数 $y=\cos(x)$，并将拟合曲线与函数曲线 $y=\cos(x)$ 进行比较.

8. 在钢线碳含量对于电阻的效应的研究中，得到以下数据，分别用一次、三次、五次多项式拟合曲线来拟合这组数据并画出图形.

碳含量 x	0.10	0.30	0.40	0.55	0.70	0.80	0.95
电阻 y	15	18	19	21	22.6	23.8	26

9. 已知在某实验中测得某质点的位移 s 和速度 v 随时间 t 变化如下：

t	0	0.5	1.0	1.5	2.0	2.5	3.0
v	0	0.4794	0.8415	0.9975	0.9093	0.5985	0.1411
s	1	1.5	2	2.5	3	3.5	4

求质点的速度与位移随时间的变化曲线以及位移随速度的变化曲线.

10. 在某种添加剂的不同浓度之下对铝合金进行抗拉强度实验，得到数据如下，现分别使用不同的插值方法对其中没有测量的浓度进行推测，并估算出浓度 $X=18$ 及 26 时的抗压强度 Y 的值.

浓度 X	10	15	20	25	30
抗压强度 Y	25.2	29.8	31.2	31.7	29.4

11. 利用二维多项式插值对 peaks 函数进行插值.

12. 用不同方法对 $z=\dfrac{x^2}{16}-\dfrac{y^2}{9}$ 在 $(-3,3)$ 上的二维多项式插值效果进行比较.

13. 药物进入机体后会随血液运送到全身，并在这个过程中不断被吸收、分解、代谢，最终排出体外. 已知某人快速静脉注射下的血药浓度数据如下：

$t(h)$	0.25	0.5	1	1.5	2	3	4	6	8
c	19.21	18.15	15.36	14.10	12.89	9.32	7.45	5.24	3.01

已知模型为 $c(t)=c_0\mathrm{e}^{-kt}$，c，k 为待定系数，$t=0$ 时注射 300mg，药物的最小有效浓度和最大治疗浓度分别为 10 和 25，求在快速静脉注射这种给药方式下，血药浓度随时间的变化规律.

习题 14 的数据集

14. 根据 data.txt 散乱数据点，用 4 种不同的插值方法进行插值. 画出插值函数以及散乱节点的图像.

概率论与数理统计相关运算

6.1 古典概型

古典概型中事件 A 发生的概率计算公式为

$$P(A)=\frac{m}{n}=\frac{A\ \text{包含的样本点个数}}{\text{样本点总数}}$$

在计算样本点数时，常用到排列与组合的计算，下面分别给出相关的计算函数.

1）阶乘 $n!$ 的计算函数：$\mathrm{prod(A)}$，其中 A 可以是数组也可以是矩阵.

例 6-1 求 12!.

解 MATLAB 命令为：

```
prod(1:12)
```

运行结果为：

```
479001600
```

2）排列 $P_n^r=\dfrac{n!}{(n-r)!}$ 的计算，可以通过构造函数 $\mathrm{pailie(n,r)}$ 实现. 编辑 pailie. m 文件：

```
function y=pailie(n,r)
   y=prod(1:n)/prod(1:(n-r));
```

例 6-2 求在 17 个元素中取 5 个的排列.

解 MATLAB 命令为：

```
pailie(17,5)
y=742560
```

3）组合 $C_n^r=\dfrac{P_n^r}{r!}$ 的计算，可以通过构造函数 $\mathrm{zuhe(n,r)}$ 实现. 编辑 zuhe. m 文件：

```
function y=zuhe (n,r)
   y= pailie (n,r)/prod(1:r);
```

例 6-3 求在 50 个元素中取 2 个的组合.

解 MATLAB 命令为：

```
zuhe (50,2)
y=1225
```

例 6-4 在 100 个人的团体中，如果不考虑年龄的差异，研究是否有两个以上的人生日相同. 假设每人的生日在一年 365 天中的任意一天是等可能的，那么随机找 n 个人（不超过 365 人），求这 n 个人中生日各不相同的概率是多少？从而求这 n 个人中至少有两个人生日相同这一随机事件发生的概率是多少？

分析 设事件 $A = \{n$ 个人生日各不相同$\}$，则

$$P(A) = \frac{365}{365} \times \frac{364}{365} \times \frac{363}{365} \times \cdots \times \frac{365-(n-1)}{365}$$

因此，这 n 个人中至少有两个人生日相同这一随机事件发生的概率是 $1 - P(A)$.

解 MATLAB 命令为：

```
for n=1:100
    p0(n)=prod(365:-1:365-n+ 1)/365^n;
  p1(n)=1-p0(n);
end
n=1:100;
plot(n,p0,n,p1,'--')
xlabel('人数'),ylabel('概率')
legend('生日各不相同的概率','至少两人相同的概率')
axis([0 100 -0.1 1.1]),grid on
```

运行结果为：

```
y=[p1(20),p1(30),p1(50),p1(60),p1(80),p1(100)]
y =
   0.4114    0.7063    0.9704    0.9941    0.9999    1.0000
```

从图 6-1 可以看出，当团体人数达到 60 人时，至少两人相同的概率已很接近于 1.

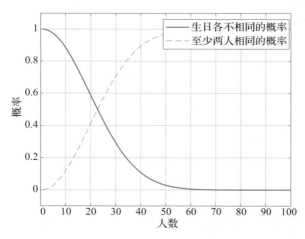

图 6-1 概率统计图

例 6-5 一盒中有 12 个产品，其中 8 个正品，4 个次品，任取 5 个，求恰有 2 个是次品的概率.

解 设事件 $A = \{$任取 5 个，恰有 2 个是次品$\}$，则

$$P(A) = \frac{m}{n} = \frac{C_8^3 C_4^2}{C_{12}^5}$$

MATLAB 命令为：

```
p=zuhe(8,3)*zuhe(4,2)/zuhe(12,5)
```

运行结果为：

```
p=
    14/33
```

即恰有 2 个是次品的概率为 $\dfrac{14}{33}$.

例 6-6　参加比赛的 15 名选手中有 5 名种子选手，将 15 人每 3 人一组随意分成 5 组，求每组各有一名种子选手的概率.

解法一　设 $A=\{$每组各有一名种子选手$\}$，将 15 人等分成 5 组，共有分法 $n=\dfrac{15!}{3!3!3!3!3!}$,
对事件 A 有利的分法是：先将 10 名非种子选手分成 5 组，然后将 5 名种子选手再分到各组一名，共有 $m=\dfrac{10!}{2!2!2!2!2!}5!$ 种分法，则 $P(A)=\dfrac{m}{n}$.

MATLAB 命令为：

```
n=prod(1:15)/prod(1:3)^5;
m=prod(1:10)/prod(1:2)^5*prod(1:5);
p=m/n
```

运行结果为：

```
p=
    81/1001
```

解法二　设 $A_i=\{$第 i 组恰好有一名种子选手$\}$（$i=1,2,3,4,5$），则
$$P(A_1A_2A_3A_4A_5)=P(A_1)P(A_2\mid A_1)P(A_3\mid A_1A_2)P(A_4\mid A_1A_2A_3)P(A_5\mid A_1A_2A_3A_4)$$
$$=\frac{C_5^1C_{10}^2}{C_{15}^3}\times\frac{C_4^1C_8^2}{C_{12}^3}\times\frac{C_3^1C_6^2}{C_9^3}\times\frac{C_2^1C_4^2}{C_6^3}\times1$$

MATLAB 命令为：

```
a=zuhe(5,1)*zuhe(10,2)/zuhe(15,3);
b=zuhe(4,1)*zuhe(8,2)/zuhe(12,3);
c=zuhe(3,1)*zuhe(6,2)/zuhe(9,3);
d=zuhe(2,1)*zuhe(4,2)/zuhe(6,3);
p=a*b*c*d
```

运行结果为：

```
p=
    81/1001
```

即每组各有一名种子选手的概率是 $\dfrac{81}{1001}$.

例 6-7　甲文具盒内有 2 支蓝色笔和 3 支黑色笔，乙文具盒内有 2 支蓝色笔和 3 支黑色笔，现从甲文具盒内任取 2 支笔放入乙文具盒，然后再从乙文具盒中任取 2 支笔，求最后取出的 2 支笔都是黑色笔的概率.

解　设 $A_i=\{$从甲文具盒取出放入乙文具盒的黑色笔数$\}$，$i=0,1,2$，$B=\{$最后取出的 2 支笔都是黑色笔$\}$，则

$$P(A_0) = \frac{C_2^2 C_3^0}{C_5^2}, \quad P(A_1) = \frac{C_2^1 C_3^1}{C_5^2}, \quad P(A_2) = \frac{C_2^0 C_3^2}{C_5^2}$$

而

$$P(B \mid A_0) = \frac{C_4^0 C_3^2}{C_7^2}, \quad P(B \mid A_1) = \frac{C_3^0 C_4^2}{C_7^2}, \quad P(B \mid A_2) = \frac{C_2^0 C_5^2}{C_7^2}$$

因此 $P(B) = \sum\limits_{i=0}^{2} P(A_i) P(B \mid A_i)$.

MATLAB 命令为：

```
a0=zuhe(2,2)*zuhe(3,0)/zuhe(5,2);
a1=zuhe(2,1)*zuhe(3,1)/zuhe(5,2);
a2=zuhe(2,0)*zuhe(3,2)/zuhe(5,2);
b0=zuhe(4,0)*zuhe(3,2)/zuhe(7,2);
b1=zuhe(3,0)*zuhe(4,2)/zuhe(7,2);
b2=zuhe(2,0)*zuhe(5,2)/zuhe(7,2);
b=a0*b0+a1*b1+a2*b2
```

运行结果为：

```
b =
    23/70
```

因此，最后取出的 2 支笔都是黑色笔的概率是 $\frac{23}{70}$.

6.2　概率论相关运算与 MATLAB 实现

6.2.1　理论知识

1. 几个常用的离散型随机变量分布律

1）均匀分布的分布律如表 6-1 所示.

表 6-1　均匀分布的分布律

X	x_1	x_2	...	x_n
P	$1/n$	$1/n$	...	$1/n$

2）二项分布的分布律（$q = 1 - p$ 且 $p > 0, q > 0$）如表 6-2 所示.

表 6-2　二项分布的分布律

X	0	1	2	...	k	...	n
P	q^n	$C_n^1 p q^{n-1}$	$C_n^2 p^2 q^{n-2}$	...	$C_n^k p^k q^{n-k}$	...	p^n

3）泊松分布的分布律如表 6-3 所示.

表 6-3　泊松分布的分布律

X	0	1	...	k	...
P	$e^{-\lambda}$	$\lambda e^{-\lambda}$	...	$\dfrac{\lambda^k}{k!} e^{-\lambda}$	...

4）几何分布的分布律（$q=1-p$ 且 $p>0,q>0$）如表 6-4 所示．

表 6-4   几何分布的分布律

X	1	2	3	$\cdots$	k	$\cdots$
P	p	pq	pq^2	$\cdots$	pq^{k-1}	$\cdots$

2. 几个常用的连续型随机变量概率密度函数

1）均匀分布密度函数：

$$f(x)=\begin{cases} \dfrac{1}{b-a}, & a\leqslant x\leqslant b \\ 0, & 其他 \end{cases}$$

2）指数分布密度函数：

$$f(x)=\begin{cases} \lambda e^{-\lambda x}, & x>0 \\ 0, & x\leqslant 0 \end{cases}, \quad 其中 \lambda>0$$

3）正态分布：随机变量 X 的概率密度函数为

$$f(x)=\frac{1}{\sqrt{2\pi}\sigma}e^{-\frac{(x-\mu)^2}{2\sigma^2}} \quad (-\infty<x<+\infty)$$

当 $\mu=0,\sigma=1$ 时，称 X 服从标准正态分布，记作 $X\sim N(0,1)$，它的分布函数记作

$$\Phi(x)=\frac{1}{\sqrt{2\pi}}\int_{-\infty}^{x}e^{-\frac{t^2}{2}}dt$$

4）χ^2 分布：若随机变量 $X_1,X_2,\cdots,X_n$ 相互独立，且均服从标准正态分布，则 $Y=\sum\limits_{i=1}^{n}X_i^2$ 服从自由度为 n 的 χ^2 分布，记作 $Y\sim\chi^2(n)$．

5）t 分布：若随机变量 $X\sim N(0,1)$，$Y\sim\chi^2(n)$，且它们相互独立，则称随机变量 $T=\dfrac{X}{\sqrt{Y/n}}$ 服从自由度为 n 的 t 分布，记作 $T\sim t(n)$．

6）F 分布：若随机变量 $X\sim\chi^2(n_1)$，$Y\sim\chi^2(n_2)$，且它们相互独立，则称随机变量 $F=\dfrac{X/n_1}{Y/n_2}$ 服从第一自由度为 n_1、第二自由度为 n_2 的 F 分布，记作 $F\sim F(n_1,n_2)$．

3. 数学期望和方差

（1）数学期望

设离散型随机变量 X 的分布律为 $P\{X=x_k\}=p_k$，$k=1,2,\cdots$，若级数 $\sum\limits_{k=1}^{\infty}x_kp_k$ 绝对收敛，则称级数 $\sum\limits_{k=1}^{\infty}x_kp_k$ 为随机变量 X 的数学期望，记为 $E(X)$，即 $E(X)=\sum\limits_{k=1}^{\infty}x_kp_k$．

设连续型随机变量 X 的概率密度为 $f(x)$，若积分 $\int_{-\infty}^{+\infty}xf(x)dx$ 绝对收敛，则称积分 $\int_{-\infty}^{+\infty}xf(x)dx$ 的值为随机变量 X 的数学期望，记为 $E(X)$，即 $E(x)=\int_{-\infty}^{+\infty}xf(x)dx$，数学期望简称期望，又称均值．

（2）方差

方差是用来度量随机变量 X 与其均值 $E(X)$ 的偏离程度的数字特征.

设 X 是一个随机变量，若 $E\{[X-E(X)]^2\}$ 存在，则称 $E\{[X-E(X)]^2\}$ 为 X 的方差，记为 $D(X)$ 或 $\mathrm{Var}(X)$，即

$$D(X)=\mathrm{Var}(X)=E\{[X-E(X)]^2\}$$

$\sqrt{D(X)}$ 记为 $\sigma(X)$，称为标准差或均方差.

对于离散型随机变量，有 $D(X)=\sum_{k=1}^{\infty}[x_k-E(X)]^2 p_k$，其中 $P\{X=x_k\}=p_k(k=1,2,\cdots)$ 是 X 的分布律.

对于连续型随机变量，有 $D(X)=\int_{-\infty}^{+\infty}[x-E(X)]^2 f(x)\mathrm{d}x$，其中 $f(x)$ 是 X 的概率密度函数.

随机变量 X 的方差可按公式 $D(X)=E(X^2)-[E(X)]^2$ 计算.

表 6-5 列出了 10 种常见概率分布的期望和方差.

表 6-5　常见概率分布的期望和方差

概率分布	参数	分布律或概率密度	期望	方差
0-1 分布	$0<p<1$	$P\{X=k\}=p^k(1-p)^{1-k}$ 其中 $k=0,1$	p	$p(1-p)$
二项分布	$n\geqslant 1$ $0<p<1$	$P\{X=k\}=C_n^k p^k(1-p)^{n-k}$ 其中 $k=0,1,\cdots,n$	np	$np(1-p)$
几何分布	$0<p<1$	$P\{X=k\}=p(1-p)^{k-1}$ 其中 $k=1,2,\cdots$	$\dfrac{1}{p}$	$\dfrac{1-p}{p^2}$
泊松分布	$\lambda>0$	$P\{X=k\}=\dfrac{\lambda^k \mathrm{e}^{-\lambda}}{k!}$ 其中 $k=0,1,\cdots$	λ	λ
均匀分布	$a<b$	$f(x)=\begin{cases}\dfrac{1}{b-a}, & a<x<b \\ 0, & \text{其他}\end{cases}$	$\dfrac{a+b}{2}$	$\dfrac{(b-a)^2}{12}$
正态分布	$\mu>0$ $\sigma>0$	$f(x)=\dfrac{1}{\sqrt{2\pi}\sigma}\mathrm{e}^{-\frac{(x-\mu)^2}{2\sigma^2}}$	μ	σ^2
指数分布	$\theta>0$	$f(x)=\begin{cases}\dfrac{1}{\theta}\mathrm{e}^{-x/\theta}, & x>0 \\ 0, & \text{其他}\end{cases}$	θ	θ^2
χ^2 分布	$n\geqslant 1$	$f(x)=\begin{cases}\dfrac{1}{2^{n/2}\Gamma(n/2)}x^{n/2-1}\mathrm{e}^{-x/2}, & x>0 \\ 0, & \text{其他}\end{cases}$	n	$2n$
t 分布	$n\geqslant 1$	$f(x)=\dfrac{\Gamma\left(\dfrac{n+1}{2}\right)}{\sqrt{n\pi}\,\Gamma(n/2)}\left(1+\dfrac{x^2}{n}\right)^{-(n+1)/2}$	$0, n>1$	$\dfrac{n}{n-2}, n>2$
F 分布	n_1,n_2	$f(x)=$ $\begin{cases}\dfrac{\Gamma[(n_1+n_2)/2]}{\Gamma(n_1/2)\Gamma(n_2/2)}\left(\dfrac{n_1}{n_2}\right)\left(\dfrac{n_1}{n_2}x\right)^{(n_1+n_2)/2}\left(1+\dfrac{n_1}{n_2}x\right)^{-(n_1+n_2)/2}, & x>0 \\ 0, & \text{其他}\end{cases}$	$\dfrac{n_2}{n_2-2}$, $n_2>2$	$\dfrac{2n_2^2(n_1+n_2-2)}{n_1(n_2-2)^2(n_2-4)}$, $n_2>4$

6.2.2　相关 MATLAB 命令

MATLAB 统计工具箱中提供约 20 种概率分布，上面介绍的 10 种分布的命令字符及每一种分布的 5 类运算功能的字符见表 6-6 和表 6-7.

表 6-6　概率分布的命令字符

分布	离散型随机变量				连续型随机变量					
	均匀分布	二项分布	泊松分布	几何分布	均匀分布	指数分布	正态分布	χ^2 分布	t 分布	F 分布
字符	unid	bino	poiss	geo	unif	exp	norm	chi2	t	f

表 6-7　运算功能的命令字符

功能	概率密度	分布函数	逆概率分布	均值与方差	随机数生成
字符	pdf	cdf	inv	stat	rnd

当需要某一分布的某类运算功能时，将分布字符与功能字符连接起来，就得到所要的命令，下面用例子说明.

逆概率分布是分布函数 $F(x)$ 的反函数，即给定概率 α，求满足 $\alpha = F(x_a) = \int_{-\infty}^{x_a} f(x)\, \mathrm{d}x$ 的 x_a. x_a 称为该分布的 α 分位数. 例如：

- y=norminv(0.7734,0,2)　概率 $\alpha = 0.7734$ 的 $N(0, 2^2)$ 分布的 α 分位数 y. 得到 y $= 1.5002$.
- y=tinv([0.3,0.999],10)　概率 $\alpha = 0.3, 0.999$ 的 t 分布（自由度 $n = 10$）的 α 分位数 y. 得到 y $= -0.5415$　4.1437

例 6-8　求 X 取值为 $1, 2, 3, 4, 5$ 且服从均匀分布的分布律.

解　MATLAB 命令为：

```
X=1:5,N=5;
Y=unidpdf(X,N)
```

运行结果为：

```
X=1 2 3 4 5
Y=0.2000 0.2000 0.2000 0.2000 0.2000
```

例 6-9　求 X 取值为 $0, 3, 6, 8, 11, 13$ 时服从二项分布 $B(15, 0.4)$ 的概率.

解　MATLAB 命令为：

```
X=[0 3 6 8 11 13],N=15;P=0.4;
Y=binopdf(X,N,P)
```

运行结果为：

```
X=0 3 6 8 11 13
Y=0.0005 0.0634 0.2066 0.1181 0.0074 0.0003
```

例 6-10　求 X 取值为 $1, 3, 5, 7, 9$，$\lambda = 3$ 时服从泊松分布的概率.

解　MATLAB 命令为：

```
X=1:2:9
Y=poisspdf(X,3)
```

运行结果为：

```
X=1 3 5 7 9
Y=0.1494 0.2240 0.1008 0.0216 0.0027
```

例 6-11　求 X 取值为 $2,4,6,8,10$，$p=0.1$ 时服从几何分布的概率.

解　MATLAB 命令为：

```
X=2:2:10,p=0.1;
Y=geopdf(X,p)
```

运行结果为：

```
X=2 4 6 8 10
Y=0.0810 0.0656 0.0531 0.0430 0.0349
```

例 6-12　若某种药物的临床有效率为 0.95，现有 10 人服用，问至少 8 人治愈的概率是多少？

解　设随机变量 X 为 10 人中被治愈的人数，则 X 服从二项分布，所求概率为

$$p\{X\geqslant 8\}=\sum_{i=8}^{10}P(X=i)=\sum_{i=8}^{10}C_{10}^{i}(0.95)^{i}(1-0.95)^{10-i}$$

MATLAB 命令为：

```
p=0;
for i=8:10
    p=p+binopdf(i,10,0.95)
end
disp('至少 8 人治愈的概率是：'),p
```

运行结果为：

```
至少 8 人治愈的概率是：
p =
    0.988496442620703
```

例 6-13　设有 80 台同类型设备，各台工作是相互独立的，发生故障的概率都是 0.01，且一台设备的故障能由一个人处理. 考虑下面两种配备维修工人的方法：一是由 4 人维护，每人负责 20 台；二是由 3 人共同维护 80 台. 试比较这两种方法在设备发生故障时不能及时维修的概率的大小.

解　按第一种方法. 以 X 记"第一人维护的 20 台设备中同一时刻发生故障的台数"，以 $A_i(i=1,2,3,4)$ 表示事件"第 i 人维护的 20 台设备中发生故障不能及时维修"，则知 80 台设备中发生故障而不能及时维修的概率为

$$P(A_1\bigcup A_2\bigcup A_3\bigcup A_4)\geqslant P(A_1)=P\{X\geqslant 2\}$$

而 $X\sim B(20,0.01)$，故有

$$P\{X\geqslant 2\}=1-\sum_{k=0}^{1}P\{X=k\}=1-\sum_{k=0}^{1}C_{20}^{k}(0.01)^{k}(0.99)^{20-k}$$

MATLAB 命令为：

```
1-zuhe(20,0)*0.01^0*0.99^20-zuhe(20,1)*0.01^1*0.99^19
```

运行结果为：

```
ans =
    0.0169
```

因此，按第一种方法，80 台设备中发生故障而不能及时维修的概率不小于 0.0169.

按第二种方法. 以 Y 记"80 台设备中同一时刻发生故障的台数"，则 $Y\sim B(80,0.01)$，

故 80 台设备中发生故障而不能及时维修的概率为

$$P\{Y\geqslant 4\}=1-\sum_{k=0}^{3}C_{80}^{k}(0.01)^{k}(0.99)^{80-k}$$

MATLAB 命令为：

```
p=1;
for i=0:3
    p=p-zuhe(80,i)*0.01^i*0.99^(80-i);
end
  p
```

运行结果为

```
p=
  0.0087
```

因此，按第二种方法，80 台设备中发生故障而不能及时维修的概率为 0.0087.

可以看出，后一种情况尽管任务重了（每人平均维护约 27 台），但工作效率不仅没有降低，反而提高了.

例 6-14　　比较不同分布的概率密度函数，分别在同一张图上画出如下分布的概率密度图：

1）正态分布 $N(0,0.4^2)$，$N(0,1^2)$，$N(-2,2^2)$，$N(1,2^2)$.

2）$\chi_1^2\sim\chi^2(4)$，$\chi_2^2\sim\chi^2(9)$.

3）$T_1\sim t(6)$，$T_2\sim t(40)$，$X\sim N(0,1)$.

4）$F_1\sim F(4,1)$，$F_2\sim F(4,9)$，$F_3\sim F(9,4)$，$F_4\sim F(9,1)$.

解　1）MATLAB 命令为：

```
x=-5:.1:5;
p1=normpdf(x,0,0.4);p2=normpdf(x,0,1);
p3=normpdf(x,-2,2);p4=normpdf(x,1,2);
figure(1),plot(x,p1,x,p2,x,p3,x,p4)
```

运行结果如图 6-2 所示.

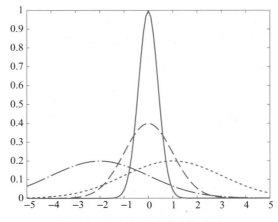

图 6-2　正态分布的概率密度图

比较图 6-2 中的 4 条曲线，观察参数 μ 及参数 σ 的意义是什么？

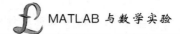

2）MATLAB 命令为：

```
x=0:.1:25;
p1=chi2pdf(x,4);p2=chi2pdf(x,9);
figure(1),plot(x,p1,x,p2)
```

运行结果如图 6-3 所示.

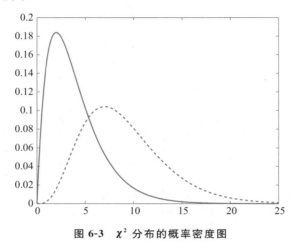

图 6-3 χ^2 分布的概率密度图

$Y \sim \chi^2(n)$ 分布的数学期望 $EY = n$，方差 $DY = 2n$. 当自由度 n 增大时，数学期望、方差均增大，因此概率密度曲线向右移动，且图像趋于平缓.

3）MATLAB 命令为：

```
x=-5:.1:5;
p1=tpdf(x,6);p2=tpdf(x,40);
p3=normpdf(x,0,1);
figure(1),plot(x,p1,x,p2,x,p3)
```

运行结果如图 6-4 所示.

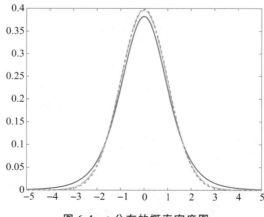

图 6-4 t 分布的概率密度图

在图 6-4 中，按概率密度曲线，其峰值由小到大依次是 $t(6), t(40), N(0,1)$. 图 6-4 从直观上验证了统计理论中的结论：当 $n \to \infty$ 时，$T \sim t(n) \to N(0,1)$. 实际上从图 6-4 可见，当 $n \geqslant 30$ 时，它与 $N(0,1)$ 就相差无几了.

4）MATLAB 命令为：

```
x=0:.01:5;
p1=fpdf(x,4,1);p2=fpdf(x,4,9);
p3=fpdf(x,9,4);p4=fpdf(x,9,1);
figure(1),plot(x,p1,x,p2,x,p3,x,p4)
```

运行结果如图 6-5 所示.

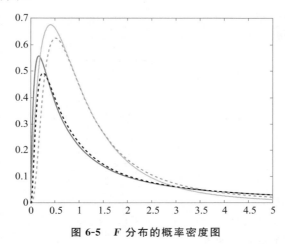

图6-5　F 分布的概率密度图

例 6-15　求二项分布 $B(n,p)$ 的期望与方差：

1）$n = 2009$，$p = 0.1$；

2）$n = [2,4,6,8,10,12]$，$p = 0.2$

解　1）MATLAB 命令为：

```
[E,D]=binostat(2009,0.1)
```

运行结果为：

```
E =
   200.9000
D =
   180.8100
```

所以期望是 200.9000，方差是 180.8100.

2）MATLAB 命令为：

```
[E,D]=binostat(2:2:12,0.2)
```

运行结果为：

```
E =
   0.4000    0.8000    1.2000    1.6000    2.0000    2.4000
D =
   0.3200    0.6400    0.9600    1.2800    1.6000    1.9200
```

例 6-16　求 $\theta = [1,3,5,7,9]$ 的指数分布的期望与方差.

解　MATLAB 命令为：

```
[E,D]=expstat(1:2:9)
```

运行结果为：

```
E =
   1   3   5   7   9
D =
   1   9   25   49   81
```

例 6-17　设随机变量 X 的分布律如下表所示：

X	10	30	50	70	90
p_k	$\frac{1}{2}$	$\frac{1}{3}$	$\frac{1}{36}$	$\frac{1}{12}$	$\frac{1}{18}$

求 X 的期望.

解　MATLAB 命令为：

```
x=[10,30,50,70,90];
p=[1/2,1/3,1/36,1/12,1/18];
EX=sum(x.*p)
```

运行结果为：

```
EX =
   27.2222
```

所以随机变量 X 的期望是 27.2222.

例 6-18　设随机变量 X 的概率密度为

$$f(x)=\begin{cases} \dfrac{1}{2}\cos\dfrac{x}{2}, & 0\leqslant x\leqslant\pi \\ 0, & \text{其他} \end{cases}$$

求随机变量 X 的期望和方差.

解　MATLAB 命令为：

```
syms x;
fx=1/2*cos(x/2);
EX=int(x*fx,x,0,pi)
E2X=int(x^2*fx,x,0,pi);
DX=E2X-EX^2
```

运行结果为：

```
EX =
   -2+pi
DX =
   -8+pi^2-(-2+pi)^2
```

所以随机变量 X 的期望是 $-2+\pi$，方差是 $-8+\pi^2-(-2+\pi)^2$.

6.3　生成统计图

6.3.1　频数直方图

将数据的取值范围等分为若干个小区间（即 bin），以每一个小区间为底，以落在这个区间内数据的个数（频数）为高作小矩形，这若干个小矩形组成的图形称为频数直方图.

在 MATLAB 中，可以使用 histogram 函数绘制直方图，命令如下：

1）histogram(s) 该命令基于 s 创建直方图. s 可以是向量、矩阵等. histogram 函数使用自动 bin 划分算法，然后返回均匀宽度的 bin，这些 bin 可涵盖 s 中的元素范围并显示分布的基本形状. 如果 s 不是向量，则 histogram 将其视为单列向量 s(:)，并绘制单个直方图.

2）histogram(s,k) k 表示指定的 bin 数量.

例 6-19 某班（共有 120 名学生）的高等数学成绩如下：

74	63	78	76	89	56	70	97	89	94	76	88
65	83	72	41	39	72	73	68	14	76	45	70
90	46	54	61	75	76	49	57	78	66	64	74
78	87	86	73	47	67	21	66	79	67	68	65
56	84	66	73	68	72	76	65	70	94	53	65
77	78	53	74	59	50	98	67	89	78	63	92
54	87	84	80	63	64	85	66	69	69	60	54
75	33	30	62	74	65	84	73	55	85	75	76
81	71	83	72	56	84	76	75	67	65	35	94
59	47	45	67	75	36	78	82	94	70	84	75

根据以上数据绘制该门课程成绩的频数直方图.

解 将以上数据存为 A.txt 文件，利用如下命令读入数据：

```
load A.txt
```

然后再绘制频数直方图，MATLAB 命令为：

```
h=histogram(A,5)
binedges=h.BinEdges
count=h.BinCounts      %频数
limits=h.BinLimits
```

运行结果为：

```
h =
  Histogram- 属性:
              Data: [10×12 double]
            Values: [2 8 23 62 25]
           NumBins: 5
          BinEdges: [10 28 46 64 82 100]
          BinWidth: 18
         BinLimits: [10 100]
     Normalization: 'count'
         FaceColor: 'auto'
         EdgeColor: [0 0 0]
  显示所有属性

binedges =
    10    28    46    64    82   100
count =
     2     8    23    62    25
```

```
limits =
    10    100
```

由结果可知，图 6-6 是把区间 [10 100] 5 等份后，以每个小区间为底，以频数为高形成的直方图．属性 Normalization 的默认取值为'count'，表示绘制频数直方图．其取值还可以为'probability'、'countdensity'、'pdf'、'cumcount'或'cdf'，以使用不同类型的归一化．

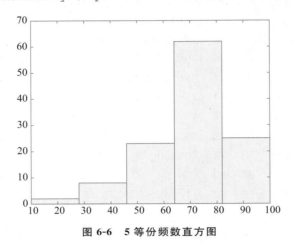

图 6-6   5 等份频数直方图

改变 k 的取值，令 $k = 10$，12，20，分别绘制频数直方图，MATLAB 命令如下：

```
subplot(131),histogram(data,10)
subplot(132),histogram(data,12)
subplot(133),histogram(data,20)
```

运行结果如图 6-7 所示．

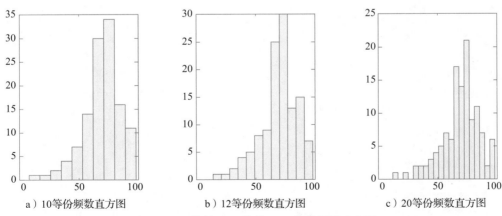

a）10等份频数直方图   b）12等份频数直方图   c）20等份频数直方图

图 6-7   10 等份、12 等份、20 等份频数直方图

由图 6-7 可见，k 的大小要根据数据的取值范围而定．为了更清楚地反映出总体 X 的特性，通常每个小区间至少包含 2～4 个数据．

上述直方图默认的 BinLimits 范围为 [10 100]，如果想把范围改为数据 A 的最小值到最大值，可以通过改变属性'BinEdges'或属性'BinLimits'的值来实现，MATLAB 命令为：

```
minA=min(A(:));
maxA=max(A(:));
h=histogram(data,5,'BinEdges',linspace(minA,maxA,6));      %改变属性'BinEdges'值
h=histogram(data,5,'BinLimits',[minA,maxA]);               %或改变属性'BinLimits'值
count=h.BinCounts                                          %频数
edges=h.BinEdges
```

输出的直方图如图 6-8 所示.

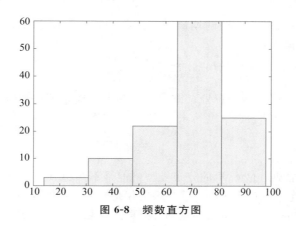

图 6-8　频数直方图

输出频数和每个小区间的端点，结果分别为：

```
count =
     3    10    22    60    25
edges =
     14.0000   30.8000   47.6000   64.4000   81.2000   98.0000
```

6.3.2　统计量

1）样本均值和中位数：

样本均值为

$$\overline{x}=\frac{1}{n}\sum_{i=1}^{n}x_i$$

中位数是指将 $x_1,x_2,\cdots,x_n$ 由小到大排序后位于中间的那个数.

2）样本方差、样本标准差和极差：

- 样本方差为

$$S^2=\frac{1}{n-1}\sum_{i=1}^{n}(x_i-\overline{x})^2$$

- 样本标准差为

$$S=\left[\frac{1}{n-1}\sum_{i=1}^{n}(x_i-\overline{x})^2\right]^{1/2}$$

- 极差为

$$R=\max\{x_1,x_2,\cdots,x_n\}-\min\{x_1,x_2,\cdots,x_n\}$$

常用的计算统计量的函数如表 6-8 所示.

表 6-8　常用的计算统计量的函数

函数	功能及格式
mean(x)	求 x 阵列的均值，格式：M=mean(x)
median(x)	求 x 阵列的中位数，格式：M=median(x)
range(x)	求 x 阵列的极差，格式：R=range(x)
var(x)	求 x 阵列的方差，格式：V=var(x)
std(x)	求 x 阵列的标准差，格式：S=std(x)

例 6-20　求例 6-19 中高等数学成绩的均值、中位数、极差、方差和标准差.

解　在命令行窗口输入：

```
M=[mean(A(:)),median(A(:)),range(A(:)),var(A(:)),std(A(:))]
M = 68.9583    71.5000    84.0000    249.5697    15.7978
```

均值和中位数表示数据分布的位置；方差、标准差和极差表示数据对均值的离散程度.

6.4　参数估计

6.4.1　理论知识

在实际问题中，常常知道总体 X 的分布类型，但是不知道其中的某些参数. 在另外一些问题中，甚至对总体的分布类型都不关心，感兴趣的仅是它的某些特征参数，这时一般用总体的一个样本来估计总体的未知参数，这就是参数估计问题. 参数估计问题分为点估计和区间估计.

1. 参数的点估计

点估计是用某一函数值作为总体未知参数的估计值. 点估计的常用方法有矩估计法和极大似然估计.

（1）矩估计法

矩估计法是以样本矩作为相应的总体矩的估计，具体做法是：设总体 X 具有 k 阶矩，以 α_l 记其 l 阶原点矩，即

$$\alpha_l(\theta_1,\theta_2,\cdots,\theta_k)=E(X^l),\quad l=1,2,\cdots,k$$

若样本的 l 阶原点矩为

$$A^l=\frac{1}{n}\sum_{i=1}^{n}X_i^l,\quad l=1,2,\cdots,k$$

当有 k 个未知参数时用前 k 阶原点矩得到方程

$$\alpha_l(\theta_1,\theta_2,\cdots,\theta_k)=A_l,\quad l=1,2,\cdots,k$$

从这 k 个方程解得 k 个未知数 $\hat{\theta}_1,\hat{\theta}_2,\cdots,\hat{\theta}_k$，称为矩估计量.

例 6-21　从一批活塞中随机地取 8 只，测得它们的直径（mm）为

　　74.001　74.005　74.003　74.001　74.000　73.998　74.006　74.002

试求总体均值 μ 及方差 σ^2 的矩估计值.

解　求总体均值 μ 的函数文件如下：

```
%mu.m
function y=mu(X)
n=length(X);
s=sum(X);
y=s/n;
```

求总体方差 σ^2 的函数文件如下：

```
%sigma2.m
function y=sigma2(X)
Y1=(X-mu(X)).*(X-mu(X));
n=length(X);
y=sum(Y1)/n;
```

主程序如下：

```
X=[74.001 74.005 74.003 74.001 74.000 73.998 74.006 74.002]
mu=mu(X)              %均值的矩估计值
sig=sigma2(X)         %标准差的矩估计值
```

运行结果如下：

```
mu =
    74.0020
sig =
    6.0000e-06
```

由此可知，总体均值 μ 的矩估计值为 74.002，总体方差 σ^2 的矩估计值为 6×10^{-6}.

（2）极大似然估计

设总体 X 服从分布 $p(x;\theta_1,\theta_2,\cdots,\theta_k)$（当 X 是连续型随机变量时为概率密度，当 X 为离散型随机变量时为分布律），$\theta_1,\theta_2,\cdots,\theta_k$ 为未知参数，$X_1,X_2,\cdots,X_n$ 为总体 X 的一个简单随机样本，其观察值为 $x_1,x_2,\cdots,x_n$，则

$$L(\theta_1,\theta_2,\cdots,\theta_k)=L(x_1,x_2,\cdots,x_n;\theta_1,\theta_2,\cdots,\theta_k)$$

$$=\prod_{i=1}^{n} p(x_i;\theta_1,\theta_2,\cdots,\theta_k)$$

可以看作参数 $\theta_1,\theta_2,\cdots,\theta_k$ 的函数，称之为似然函数. 当选取 $\hat{\theta}=(\hat{\theta}_1,\hat{\theta}_2,\cdots,\hat{\theta}_k)$ 作为 $\theta=(\theta_1,\theta_2,\cdots,\theta_k)$ 的估计时，使得

$$L(\hat{\theta})=\max_{\theta \in \Theta} L(\theta)$$

则称 $\hat{\theta}$ 为 θ 的极大似然估计.

MATLAB 提供了函数 mle 计算参数的极大似然估计值，命令格式如下：

```
phat = mle(x,'distribution',dist)
```

其中，输入参数 x 是样本，dist 为分布的名称，输出参数 phat 为参数的极大似然估计值.

例 6-22　某厂生产的瓶装运动饮料的体积假定服从正态分布，抽取 10 瓶，测得体积（mL）为

　　　　　595　602　610　585　618　615　605　620　600　606

求均值 μ、标准差 σ 的极大似然估计值.

解　MATLAB 命令为：

```
x=[595 602 610 585 618 615 605 620 600 606];
mle(x,'distribution','norm')
```

运行结果为：

```
ans =
    605.6000   10.2489
```

由此可知，均值 μ、标准差 σ 的极大似然估计值分别为 605.6 和 10.2489.

2．参数的区间估计

设总体 X 的分布函数族为 $\{F(x;\theta),\theta\in\Theta\}$．对于给定值 $\alpha(0<\alpha<1)$，如果有两个统计量 $\hat{\theta}_1=\hat{\theta}_1(X_1,X_2,\cdots,X_n)$ 和 $\hat{\theta}_2=\hat{\theta}_2(X_1,X_2,\cdots,X_n)$，使

$$P(\hat{\theta}_1<\theta<\hat{\theta}_2)<1-\alpha$$

对一切 $\theta\in\Theta$ 成立，则称随机区间 $(\hat{\theta}_1,\hat{\theta}_2)$ 是参数 $\boldsymbol{\theta}$ 的置信度为 $1-\alpha$ 的置信区间，$\hat{\theta}_1$ 和 $\hat{\theta}_2$ 分别称为置信下限和置信上限.

6.4.2　参数估计的 MATLAB 实现

参数估计的 MATLAB 函数如表 6-9 所示.

表 6-9　参数估计的 MATLAB 函数

函数	功能
[mu,sigma,muci,sigmaci] =normfit(x,alpha)	正态总体的均值、标准差的点估计 mu 和 sigma，返回在显著性水平 alpha 下的均值、标准差的置信区间 muci 和 sigmaci，x 是样本（数组或矩阵），alpha 默认设定为 0.05
[mu,muci] =expfit(x,alpha)	指数分布的点估计，返回显著性水平 alpha 下的置信区间 muci，x 是样本（数组或矩阵），alpha 默认设定为 0.05
[a,b,aci,bci]=unifit(x,alpha)	均匀分布的点估计，返回显著性水平 alpha 下的置信区间 aci 和 bci，x 是样本（数组或矩阵），alpha 默认设定为 0.05
[p,pci] =binofit(x,n,alpha)	二项分布的点估计，返回在显著性水平 alpha 下的置信区间 pci，x 是样本（数组或矩阵），alpha 默认设定为 0.05
[lambda,lambdaci] =poissfit(x,alpha)	泊松分布的点估计，返回显著性水平 alpha 下的置信区间 lambdaci，x 是样本（数组或矩阵），alpha 默认设定为 0.05

例 6-23　对于例 6-22，求均值 μ、标准差 σ 的点估计值及置信水平为 0.90 的置信区间.

解　MATLAB 命令为：

```
x=[595 602 610 585 618 615 605 620 600 606];
[mu,sigma,muci,sigmaci]=normfit(x,0.10)
```

运行结果为：

```
mu =
    605.6000
sigma =
     10.8033
muci =
    599.3375
    611.8625
sigmaci =
      7.8793
     17.7735
```

置信水平为 0.90 时，均值及标准差的点估计值分别是 $\hat{\mu}=605.6000$，$\hat{\sigma}=10.8033$，均值及标准差的置信区间分别为 $(599.3375,611.8625)$ 和 $(7.8793,17.7735)$.

6.5　假设检验

6.5.1　理论知识

假设检验是另一种有重要理论和应用价值的统计推断形式. 它的基本任务是，在总体的分布函数完全未知或只知其形式但不知其参数的情况下，为了推断总体的某些性质，首先提出某些关于总体的假设，然后根据样本所提供的信息，对所提假设做出"是"或"否"的结论性判断．假设检验分为参数假设检验和非参数假设检验，我们只讨论参数假设检验，例如，假定总体服从正态分布 $N(\mu,\sigma^2)$，其中参数 μ 和 σ^2 未知，是关于 μ 和 σ^2 的假设检验．

在假设检验问题中，首先要提出原假设 H_0 和备择假设 H_1，以单个正态总体均值和方差的假设检验为例，原假设和备择假设主要有以下几种形式：

1）单个正态总体均值的假设检验：
- 双侧检验：$H_0:\mu=\mu_0$，$H_1:\mu\neq\mu_0$.
- 左侧检验：$H_0:\mu\geqslant\mu_0$，$H_1:\mu<\mu_0$.
- 右侧检验：$H_0:\mu\leqslant\mu_0$，$H_1:\mu>\mu_0$.

2）单个正态总体方差的假设检验：
- 双侧检验：$H_0:\sigma^2=\sigma_0^2$，$H_1:\sigma^2\neq\sigma_0^2$.
- 左侧检验：$H_0:\sigma^2\geqslant\sigma_0^2$，$H_1:\sigma^2<\sigma_0^2$.
- 右侧检验：$H_0:\sigma^2\leqslant\sigma_0^2$，$H_1:\sigma^2>\sigma_0^2$.

对假设检验做出判断时，实际上运用了小概率原理．小概率原理是指"在一次实验中，小概率事件实际上是不可能发生的"，也称为小概率事件实际不可能性原理．假设检验中使用的推理方法是一种"反证法"，在原假设 H_0 正确的前提下，根据样本观察值和运用统计分析方法检验由此导致什么结果发生．如果导致小概率事件在一次实验中发生，则认为原假设可能不正确，从而拒绝原假设；反之，如果未导致小概率事件发生，则没有理由拒绝原假设．例如，利用标准正态分布的统计量 $U\sim N(0,1)$ 构造小概率事件 $\{|u|>u_{a/2}\}$ 使 $P\{|u|>u_{a/2}\}=\alpha$，如图 6-9 所示，称这种检验方法为双侧 U 检验法．若构造小概率事件为 $\{u<-u_a\}$，使 $P\{u<-u_a\}=\alpha$，如图 6-10 所示，则称为左侧 U 检验法．类似可定义右侧 U 检验法．

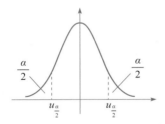

图 6-9　双侧 U 检验法示意图

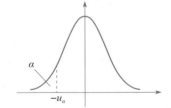

图 6-10　左侧 U 检验法示意图

6.5.2　参数假设检验的 MATLAB 实现

1. 单个正态总体均值的假设检验

当总体方差 σ^2 已知时，均值的检验用 U 检验法，在 MATLAB 中由函数 ztest 来实现，命令如下：

```
[h,p,ci]=ztest(x,mu,sigma,alpha,tail)
```

其中，输入参数 x 是样本（数组或矩阵），mu 是原假设 H_0 中的 μ_0，sigma 是总体标准差 σ，alpha 是显著性水平 α，tail 是对备择假设 H_1 的选择．

原假设 $H_0:\mu=\mu_0$，当 tail=0 或 'both' 时，备择假设 $H_1:\mu\neq\mu_0$；当 tail=1 或

'right'时，备择假设 $H_1:\mu>\mu_0$；当 tail＝－1 或'left'时，备择假设 $H_1:\mu<\mu_0$. 输出参数 h＝0 表示"在显著性水平 alpha 的情况下，接受 H_0"；输出参数 h＝1 表示"在显著性水平 alpha 的情况下，拒绝 H_0".

总体方差 σ^2 未知时，均值的检验用 t 检验法，在 MATLAB 中由函数 ttest 来实现，命令如下：

```
[h,p,ci]=ttest(x,mu,alpha,tail)
```

与上面的函数 ztest 比较，除了不需要输入总体的标准差外，其余完全一样.

例 6-24　在某粮店的一批大米中，随机地抽测 6 袋，其重量（kg）为 26.1，23.6，25.1，25.4，23.7，24.5. 设每袋大米的重量 $X\sim N(\mu,0.1)$，那么能否认为这批大米每袋的重量是 25kg（$\alpha＝0.01$）？

解　原假设

$$H_0:\mu＝25，H_1:\mu\neq25$$

用双侧 U 检验法，已知 $\sigma＝0.316$，$\alpha＝0.01$. MATLAB 命令如下：

```
x=[26.1 23.6 25.1 25.4 23.7 24.5];
[h,p,ci]=ztest(x,25,0.316,0.01,0)
```

运行结果为：

```
h =
    0
p =
    0.0387
ci =
    24.4010  25.0656
```

从输出结果来看，h＝0 接受 H_0.

当取 $\alpha＝0.1$ 时，MATLAB 命令如下：

```
[h,p,ci]=ztest(x,25,0.316,0.1,0)
```

运行结果为：

```
h =
    1
p =
    0.0387
ci =
    24.5211  24.9455
```

从输出结果来看，h＝1 拒绝 H_0.

2. 单个正态总体方差的假设检验

设总体 $X\sim N(\mu,\sigma^2)$，$X_1,X_2,\cdots,X_n$ 是取自总体 X 的一个简单随机样本，$x_1,x_2,\cdots,x_n$ 是相应的样本观测值.

为了检验假设 $H_0:\sigma^2＝\sigma_0^2$，$H_1:\sigma^2\neq\sigma_0^2$，编写一个简单的小程序：

```
x=[x1,x2,…,xn];
chi2=(n-1)*var(x)/sigma^2;
u1=chi2inv(alpha/2,n-1);
u2=chi2inv(1-alpha/2,n-1)
```

```
if  chi2< u1
   h=1
elseif  chi2> u2
   h=1
else
   h=0
end
```

其中函数 x=chi2inv(p,n) 是求 $X \sim \chi^2(n)$ 时，$P\{X < x\} = p$ 中的 x，即 χ^2 分布的逆概率函数.

另外，关于单个正态总体方差的假设检验，MATLAB 提供了函数 vartest，命令如下：

```
[h,p,varci,stats]=vartest(x,v,alpha,tail)
```

其中，输入参数 x 为样本，v 是原假设中的方差 σ_0^2，alpha 是显著性水平，tail 是对备择假设的选择. 输出参数 varci 是方差的置信区间，stats 是结构体变量，包含卡方检验统计量的观测值和自由度.

例 6-25　例 6-24 中能否认为每袋大米质量的标准差 $\sigma = 0.316$（kg）？

解法一　MATLAB 命令如下：

```
x=[26.1 23.6 25.1 25.4 23.7 24.5];
chi2=5*var(x)/0.1
u1=chi2inv(0.01/2,5)
u2=chi2inv(1-0.01/2,5)
if chi2< u1
   h=1
elseif chi2> u2
   h=1
else
   h=0
end
```

运行结果为：

```
chi2 =
     48.5333
u1 =
     0.4117
u2 =
     16.7496
h =
     1
```

由输出结果知，每袋大米质量的方差不等于 0.1.

解法二　由函数 vartest 来实现，MATLAB 命令如下：

```
x=[26.1 23.6 25.1 25.4 23.7 24.5];
[h,p,varci,stats]=vartest(x,0.1,0.01)
```

运行结果为：

```
h =
   1
p =
   5.5283e-09
```

```
varci =
    0.2898   11.7873
stats =
    包含以下字段的 struct:
        chisqstat : 48.5333
                 df : 5
```

由输出结果知，h＝1，拒绝原假设，因此可以认为每袋大米质量的方差不等于 0.1.

3. 两个正态总体均值的假设检验

设总体 $X \sim N(\mu_1, \sigma_1^2)$，$Y \sim N(\mu_2, \sigma_2^2)$，通常需要检验两个总体均值是否相等. 以检验假设 $H_0: \mu_1 = \mu_2$，$H_1: \mu_1 \neq \mu_2$ 为例. 此检验由函数 ttest2 来实现，命令如下：

```
[h,p,ci]=ttest2(x,y,alpha,tail)
```

例 6-26　某卷烟厂生产甲、乙两种香烟，分别对它们的尼古丁含量（mg）进行 6 次测定，得到样本观测值为：

　　甲：25 28 23 26 29 22

　　乙：28 23 30 25 21 27

试问这两种香烟的尼古丁含量有无显著差异（$\alpha = 0.05$，假定这两种香烟的尼古丁含量都服从正态分布，且方差相等）？

　　解　检验假设 $H_0: \mu_1 = \mu_2$，$H_1: \mu_1 \neq \mu_2$. MATLAB 命令如下：

```
x=[25 28 23 26 29 22];
y=[28 23 30 25 21 27];
[h,p,ci]=ttest2(x,y,0.05,0)
```

运行结果为：

```
h =
    0
p =
    0.9264
ci =
    -4.0862   3.7529
```

由输出结果可知，接受 H_0，在显著性水平 0.05 下，认为两种香烟的尼古丁含量没有显著差异.

两个正态总体方差的假设检验与单个正态总体方差的假设检验类似，请读者自己完成.

6.6　蒙特卡罗模拟

蒙特卡罗（Monte Carlo）方法，也称为随机模拟法，它是用计算机模拟随机现象，通过大量仿真实验进行分析和推断，特别是对于一些复杂的随机变量，不能从数学上得到它的概率分布，而通过简单的随机模拟便可得到近似解.

蒙特卡罗方法的基本原理是：所求解问题是某随机事件 A 发生的概率（或者是某随机变量 B 的期望值）等. 通过某种"实验"的方法，得出事件 A 发生的频率，以此估计出事件 A 的概率（或者得到某随机变量 B 的某些数字特征，从而得出 B 的期望值）.

用蒙特卡罗方法求解问题的过程分为三个步骤：第一步，构造或描绘概率过程；第二步，实现从已知概率分布中的抽样；第三步，建立各种估计量.

蒙特卡罗方法既可以用于解决随机性问题，例如，抛硬币实验的模拟、生日模拟、微信红包模拟等，还可以用于解决确定性问题，例如，定积分、多重积分的计算等.

6.6.1　随机性问题

例 6-27　用蒙特卡罗方法模拟抛硬币，计算正面出现的概率.

解　由于抛硬币的结果为正面或反面朝上，并且正反面朝上的概率均为 1/2，假设用 1 代表正面朝上，0 代表反面朝上，则抛硬币问题可以转化为如下概率模型：

X	0	1
P	1/2	1/2

那么计算正面出现的概率可以转化为计算随机数 1 的概率，MATLAB 命令如下：

```
count=0;                    %统计1(即正面)出现的频数
N=10000;                    %随机数的个数,即抛硬币的次数
x=unidrnd(2,1,N)-1;         %生成N个随机数,即模拟抛硬币N次
count=sum(x);              %1的频数,即正面出现的频数
freq=count/N               %1的频率,即正面出现的频率
```

运行结果为：

```
freq=
    0.4953
```

例 6-28　用蒙特卡罗方法模拟例 6-4 的生日问题：当 $n=30$ 时，计算至少有 2 人生日相同的概率.

解　由例 6-4 可知，每人的生日在一年 365 天中的任意一天是等可能的，因此生日问题可以转化为如下概率模型：

X	1	2	...	365
P	1/365	1/365	...	1/365

每次实验中，均需生成服从上述概率分布的 30 个随机数，然后判断是否有相同的数出现（模拟生日相同），如果有，则记为 1；如果没有，则记为 0. 如此进行大量重复的实验，最后统计 1 的频数，即"生日相同"事件的频数，进一步可计算出其概率.

MATLAB 命令如下：

```
%生日模拟程序(频率)
set(gcf,'position',[100 200 1800 600]);
count=0;
%图1,100次实验
subplot('position',[0.075,0.5,0.65,0.45])
plot([1 101],[0 0],'k');axis([0 101 -20 365]);hold on
%图3,理论概率与实验频率
subplot('position',[0.075,0.075,0.85,0.3])
plot([0,100],[0.7063 0.7063],'b-'),axis([0 100 0 1]),hold on
xlabel('实验次数'),title('生日相同的理论概率与实验概率')
rng(1);          %随机数种子
for n=1:100      %做100次实验
    flag=0;
    %图2,每次实验
    subplot('position',[0.775,0.45,0.2,0.5]),hold off
```

```
        x=unidrnd(365,1,30);                              % 第 n 次实验中 30 个人的生日
        subplot('position',[0.075,0.5,0.65,0.45]);        % 图 1
        plot(n,x,'b.');
        title('100 次实验的结果'),xlabel('实验次数')
        subplot('position',[0.775,0.45,0.2,0.5])          % 图 2
        plot(1:30,x,'b.'),hold on,title('每次实验的结果')
        for i=1:29
            for j=i+1:30
                if (x(i)==x(j))                           % 生日相同事件发生
                    flag=1;
                    subplot('position',[0.075,0.5,0.65,0.45])  % 图 1
                    plot(n,x(i),'r*');plot(n,-10,'r*');
                    subplot('position',[0.775,0.45,0.2,0.5])   % 图 2
                    plot(i,x(i),'r*',j,x(j),'r*',[i,j],[x(i),x(j)],'r')
                end
            end
        end
        count=count+flag;
        % 前 n 次实验中,生日相同事件发生的频率
        f=count/n;
        subplot('position',[0.075,0.075,0.85,0.3])        % 图 3
        plot(n,f,'r.')
        pause(0.1)
    end
```

运行结果如图 6-11 所示.

生日模拟的动态图

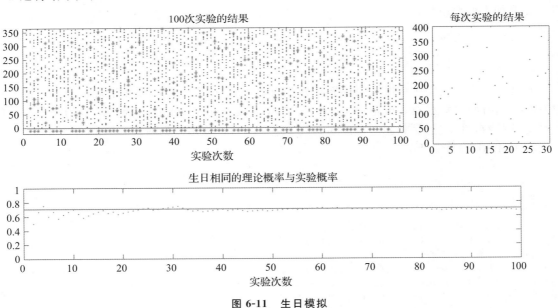

图 6-11　生日模拟

6.6.2　确定性问题

　　蒙特卡罗方法也可以用来计算定积分和多重积分,常见的方法有随机投点法和期望法.

下面主要以计算定积分 $S = \int_a^b f(x)\mathrm{d}x$ 为例进行说明.

1. 随机投点法

随机投点法的理论依据是伯努利大数定律, 计算步骤如下:

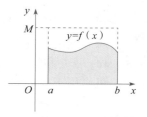

图 6-12　定积分的
几何意义

第一步, 如图 6-12 所示, 定积分 $S = \int_a^b f(x)\mathrm{d}x$ 的几何意义是曲边梯形的面积. 用长方形 $a \leqslant x \leqslant b$, $0 \leqslant y \leqslant M$ (其中常数 M 满足 $0 < f(x) < M$) 把该曲边梯形围起来.

第二步, 向长方形内部随机均匀地投 n 个点 (x_i, y_i), $i = 1, 2, \cdots, n$, 判断每个点 (x_i, y_i) 是否落入区域内, 若 $y_i < f(x_i)$, 则说明点 x_i 落在曲边梯形内. 记事件 A 为点落入曲边梯形内, 则事件 A 发生的概率为 $P(A) = \dfrac{S}{M(b-a)}$, 若有 m 个点落入曲边梯形内, 则事件 A 发生的频率为 $f(A) = \dfrac{m}{n}$.

第三步, 根据伯努利大数定律, 可以用频率 $f(A) = \dfrac{m}{n}$ 来近似估算概率 $P(A) = \dfrac{S}{M(b-a)}$ 的值, 于是有

$$S = M(b-a)\frac{m}{n} \tag{6-1}$$

2. 期望法

期望法也叫作平均值法, 其理论依据是辛钦大数定律, 计算步骤如下:

1) 设随机变量 X 服从区间 $[a, b]$ 上均匀分布, 其概率密度函数为

$$g(x) = \begin{cases} \dfrac{1}{b-a}, & x \in [a, b] \\ 0, & \text{其他} \end{cases}$$

于是有

$$E(f(X)) = \int_a^b f(x)g(x)\mathrm{d}x = \frac{1}{b-a}\int_a^b f(x)\mathrm{d}x$$

2) 在区间 $[a, b]$ 上随机取 n 个值 $x_1, x_2, \cdots, x_n$, 分别代入 $f(x)$.

3) 根据辛钦大数定律, 可得:

$$E(f(X)) = \frac{1}{b-a}\int_a^b f(x)\mathrm{d}x \approx \frac{1}{n}\sum_{i=1}^n f(x_i)$$

所以,

$$\int_a^b f(x)\mathrm{d}x \approx (b-a)\frac{1}{n}\sum_{i=1}^n f(x_i) \tag{6-2}$$

利用蒙特卡罗方法计算定积分的优点在于计算简单, 而且可以方便地推广到计算多重积分. 例如, 可以用期望法计算如下二重积分:

$$\iint\limits_{\Omega} f(x, y)\mathrm{d}x\mathrm{d}y, \Omega : a \leqslant x \leqslant b, c \leqslant g_1(x) \leqslant y \leqslant g_2(x) \leqslant d$$

设 x_i, $y_i(i = 1, 2, \cdots, n)$ 分别为区间 $[a, b]$ 和 $[c, d]$ 上均匀分布的随机数, 判断每个点 (x_i, y_i) 是否落入区域 Ω 内, 将落在 Ω 内的 m 个点记为 x_k, $y_k(k = 1, 2, \cdots, m)$, 则有

$$\iint_{\Omega} f(x,y)\mathrm{d}x\mathrm{d}y \approx \frac{(b-a)(d-c)}{n}\sum_{k=1}^{m} f(x_k,y_k) \tag{6-3}$$

例 6-29　用随机投点法计算定积分 $\int_0^{\pi}\sin x\,\mathrm{d}x$，并与精确值进行比较.

　　解　画出函数 $y=\sin x\,(x\in[0,\pi])$ 的图像，如图 6-13 所示. 定积分的几何意义为函数 $y=\sin x\,(x\in[0,\pi])$ 与 x 轴所围成的曲边梯形的面积. 可以用正方形 $[0,\pi]\times[0,\pi]$ 把该曲边梯形围起来，然后随机均匀地向正方形内投点，根据式（6-1）计算出曲边梯形的面积的近似值.

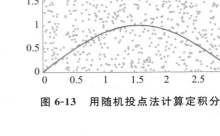

图 6-13　用随机投点法计算定积分

　　MATLAB 命令如下：

```
n=100000;                %投点数
x=unifrnd(0,pi,1,n);
y=unifrnd(0,pi,1,n);
count=y<sin(x);          %判断哪些点落在阴影区域内
freq=sum(count)/n;       %频率
f=freq*pi^2              %蒙特卡罗估计值
syms t
f=sin(t);
yy=int(f,t,0,pi)         %精确值
```

运行结果为：

```
f= 1.9932
yy =2
```

例 6-30　用随机投点法计算定积分 $\int_{\pi}^{2\pi}\sin x\,\mathrm{d}x$.

　　解　MALTAB 命令如下：

```
N=100000;                  %投点数
x1=unifrnd(pi,2*pi,1,N);
y1=unifrnd(-pi,0,1,N);
count=y1>sin(x1);
freq=sum(count)/N;         %频率
value=freq*(-pi^2)         %蒙特卡罗估计值
```

运行结果为：

```
value=
      -2.0223
```

例 6-31　用随机投点法计算二重积分 $\iint_D (x\mathrm{e}^{-x^2-y^2}+1)\mathrm{d}x\mathrm{d}y$，$D$：$-2\leqslant x\leqslant 2$，$-2\leqslant y\leqslant 2$.

　　解　画出函数 $z=x\mathrm{e}^{-x^2-y^2}+1$ 的图像，如图 6-14 所示. 二重积分的几何意义为曲顶柱体的体积. 由平面 $x=\pm 2,y=\pm 2,z=0,z=1.5$ 形成的长方体把该曲顶柱体围起来，然后随机均匀地向长方体内投点.

　　记事件 $A=\{$随机点落入曲顶柱体内$\}$，则事件 A 发生的概率为 $P(A)=\dfrac{V_{曲顶柱体}}{V_{长方体}}$，事件 A 发生的频率为 $f(A)=\dfrac{m}{n}$，其中 m 为落入曲顶柱体内的点数，n 为总点数. 根据大数定律可

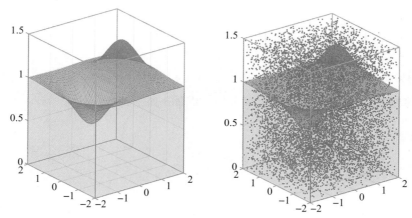

图 6-14　用随机投点法计算二重积分

知，当随机投点总数 n 足够大时，$f(A) \approx P(A)$，即 $\dfrac{m}{n} \approx \dfrac{V_{曲顶柱体}}{V_{长方体}}$，因此有

$$V_{曲顶柱体} \approx \frac{m}{n} V_{长方体}$$

MATLAB 命令如下：

```
N=10000000;                                     %投点数
xx=unifrnd(-2,2,1,N);                           %随机点的 x 坐标
yy=unifrnd(-2,2,1,N);                           %随机点的 y 坐标
zz=unifrnd(0,1.5,1,N);                          %随机点的 z 坐标
z1=xx.*exp(-xx.^2-yy.^2)+1;                      %点的函数值
%s2=sum(zz< z1)/N*(16*1.5)
count=sum(zz< z1);                              %落入曲顶柱体内的点的频数
freq=count/N;                                    %落入曲顶柱体内的点的频率
v=freq*4*4*1.5                                   %用蒙特卡罗方法计算曲顶柱体的体积
fun = @(x,y) (x.*exp(-x.^2-y.^2)+1);
v1 = integral2(fun,-2,2,-2,2)                    %二重积分的理论值(数值解)
syms x y
v0=int(int(x*exp(-x^2-y^2)+1,y,-2,2),x,-2,2)    %二重积分的理论值(解析解)
```

运行结果为：

```
v =
    16.0028
v1 =
    16.0000
v0 =
    16
```

例 6-32　用期望法计算定积分 $\displaystyle\int_1^5 x\sin 2x\,\mathrm{d}x$.

解　根据式（6-2）计算定积分的近似值，MATLAB 命令如下：

```
n=100000;
x=unifrnd(1,5,1,n);
f=x.*sin(2*x);
value=4*mean(f)
```

运行结果为：

```
value=
      1.5217
```

例 6-33 用期望法计算二重积分 $\displaystyle\int_{-2}^{2}\int_{-2}^{2}(x\mathrm{e}^{-x^2-y^2}+1)\mathrm{d}y\mathrm{d}x$.

解法一 根据式（6-3）进行计算，MATLAB命令如下：

```
n=100000;
x=unifrnd(-2,2,1,n);
y=unifrnd(-2,2,1,n);
f=x.*exp(-x.^2-y.^2)+1;
value=16*mean(f)
```

运行结果为：

```
value=
       16.0039
```

解法二 把二重积分化为二次积分进行计算. 令 $f(x)=\displaystyle\int_{-2}^{2}(x\mathrm{e}^{-x^2-y^2}+1)\mathrm{d}y$，则

$$\int_{-2}^{2}\int_{-2}^{2}(x\mathrm{e}^{-x^2-y^2}+1)\mathrm{d}y\mathrm{d}x=\int_{-2}^{2}f(x)\mathrm{d}x \tag{6-4}$$

由于 $x\in[-2,2]$，在该区间随机取点 x_0，并令 $g(y)=x\mathrm{e}^{-x^2-y^2}+1$，则有

$$f(x_0)=\int_{-2}^{2}(x_0\mathrm{e}^{-x_0^2-y^2}+1)\mathrm{d}y=\int_{-2}^{2}g(y)\mathrm{d}y \tag{6-5}$$

因此，计算二重积分可以转换为依次计算内层积分——式（6-5）、外层积分——式（6-4），二者均可以用计算定积分的方法来进行计算. MATLAB命令如下：

```
m=1000;
n=1000;
for i=1:m
    x(i)=unifrnd(-2,2);
    y=unifrnd(-2,2,1,n);
    gy=x(i).*exp(-x(i).^2-y.^2)+1;
    fx(i)=4*mean(gy);   %内层积分
end
value=4*mean(fx)
```

运行结果为：

```
value=
       15.9751
```

例 6-34 用期望法计算二重积分 $\displaystyle\int_{0}^{1}\int_{0}^{1-x}\dfrac{1}{\sqrt{x+y}(1+x+y)^2}\mathrm{d}y\mathrm{d}x$.

解法一 MATLAB命令如下：

```
n=100000;
x=unifrnd(0,1,1,n);
y=unifrnd(0,1,1,n);
z=0;
for i=1:n
    if y(i)<=1-x(i)                          %判断随机数是否属于积分区域
```

```
            u=1/(sqrt(x(i)+y(i))*(1+x(i)+y(i))^2);    %计算被积函数
            z=z+u;                                    %累加
        end
    end
    value=z/n
```

运行结果为：

```
value =
    0.2845
```

解法二　MATLAB 命令如下：

```
m=1000; n=1000;
for i=1:m
    x(i)=unifrnd(0,1);
    y=unifrnd(0,1-x(i),1,n);
    gy=1./( sqrt(x(i) + y) .* (1 + x(i) + y).^2 );
    fx(i)=(1-x(i))*mean(gy);                    %内层积分
end
value=mean(fx)
```

运行结果为：

```
value =
    0.2834
```

6.7　综合性实验：微信红包模拟

知识点：蒙特卡罗方法、条件概率、均匀分布、产生指定分布的随机数、大数定律.

实验目的：分析微信抢红包规则，建立数学模型，并使用 MATLAB 进行随机模拟.

问题描述：随着智能手机的普及，微信群抢红包已成为一种大众化的娱乐方式，是人们传递情感、分享喜悦的一种不可缺少的手段. 有趣的是，这类游戏里面蕴含着一些数学知识，例如，抢红包公不公平呢？抢红包的先后顺序对红包金额的大小有无影响？每个人拿到手气最佳的概率是否一样呢？本案例将依据概率统计相关知识来探讨微信红包游戏的数学内涵.

我们先讨论三个人抢红包的简单问题及其建模分析过程，然后再将其推广到 n 个人的情况，并给出模拟结果.

首先将这个问题提炼成一个概率问题，再用蒙特卡罗方法模拟三个人抢红包，考虑如下两个问题：

1）先抢收益大还是后抢收益大？

2）每个人手气最佳的概率是否一样？

问题分析及模型建立：

问题 1）中的收益，我们主要考虑平均收益，用随机变量的期望来刻画，根据大数定律，当实验次数足够大时，可以用随机变量的样本均值来作为总体期望的近似估计；同理，每个人手气最佳的概率也可以通过大量实验中手气最佳的频率来进行估算.

微信抢红包的算法规则为：红包金额的额度在 0.01 到当前剩余平均值的 2 倍之间，并且在该区间内服从均匀分布.

假设 3 个人抢总金额为 M 的红包，那么第一个人红包的额度范围为 $\left[0.01, \dfrac{2}{3}M\right]$，当第

一个人抢到金额为 x 后，局面变成了剩余的两个人抢剩余的 $M-x$，那么第二个人红包的额度范围为 $[0.01,M-x]$，当第二个人抢到金额为 y 后，第三个人的红包金额为 $M-x-y$.

分别用随机变量 X,Y,Z 表示三个人的红包金额，并且 0.01 近似为 0，则 X,Y,Z 的概率分布为

$$X\sim U\left(0,\frac{2}{3}M\right),Y\sim U(0,M-X),Z=M-X-Y$$

则随机变量 X 的概率密度函数为

$$f_X(x)=\begin{cases}\dfrac{3}{2M}, & 0\leqslant x\leqslant \dfrac{2}{3}M\\[2mm] 0, & \text{其他}\end{cases}$$

随机变量 Y 的条件概率密度函数为

$$f_{Y|X}(y\,|\,x)=\begin{cases}\dfrac{1}{M-x}, & 0\leqslant y\leqslant M-x\\[2mm] 0, & \text{其他}\end{cases}$$

那么，Y 的概率密度函数为

$$f_Y(y)=\begin{cases}\dfrac{3\ln 3}{2M}, & 0<y\leqslant \dfrac{M}{3}\\[3mm] \dfrac{3(\ln M-\ln y)}{2M}, & \dfrac{M}{3}<y\leqslant M\\[3mm] 0, & \text{其他}\end{cases}$$

随机变量 Z 的概率密度函数为

$$f_Z(z)=\begin{cases}\dfrac{3\ln 3}{2M}, & 0<z\leqslant \dfrac{M}{3}\\[3mm] \dfrac{3(\ln M-\ln z)}{2M}, & \dfrac{M}{3}<z\leqslant M\\[3mm] 0, & \text{其他}\end{cases}$$

那么，随机变量 X，Y，Z 的期望和方差为

$$E(X)=E(Y)=E(Z)=\frac{M}{3}$$

$$D(X)=\frac{M^2}{27}, \quad D(Y)=D(Z)=\frac{4M^2}{81}$$

问题求解及结果分析：

1）令红包总金额为 1，实验次数为 200，计算每个人的样本均值、样本方差，并分析先抢、后抢的收益和波动情况.

MATLAB 命令如下：

```
money=1;                %红包总金额
N=200;                  %实验次数
set(gcf,'position',[30 60 1400 700])
%图1,多次抢红包的金额
subplot('position',[0.03 0.55 0.45 0.4]);
box on;hold on
```

```
plot([0,N],[money,money],'color','c','linewidth',1)
plot([0,N],[2*money,2*money],'color','c','linewidth',1)
axis([0 N 0 3*money]);title('多次抢红包的金额*')
set(gca,'fontsize',15,'ytick','')
%图2,每次抢红包的金额,散点图
subplot('position',[0.53 0.55 0.2 0.4]);
box on;hold on;set(gca,'xtick','')
plot([0,1],[money,money],'color','c','linewidth',1)
plot([0,1],[2*money,2*money],'color','c','linewidth',1)
axis([0 1 0 3*money]);title('每次抢红包的金额')
set(gca,'fontsize',15,'ytick','')
h1_dot=plot(0,0,'.');
h2_dot=plot(0,0,'.');
h3_dot=plot(0,0,'.');
%图3,每次抢红包的金额,条形图
subplot('position',[0.78 0.55 0.2 0.4]);
box on;ylim([0 1]);hold on;set(gca,'xtick','')
set(gca,'fontsize',15)
h1_bar=bar(0,0);
h2_bar=bar(0,0);
h3_bar=bar(0,0);
title('每次抢红包的金额')
%图4,每个人红包的均值
subplot('position',[0.03 0.1 0.45 0.4]);
box on;hold on
plot([0,N],[money/3,money/3],'color','m','linewidth',2)
axis([0 N 0 2*money/3]);xlabel('每个人红包的均值')
set(gca,'fontsize',15)
%图5,每个人红包的方差
subplot('position',[0.53 0.1 0.45 0.4]);
box on;hold on
plot([0,N],[money^2/27,money^2/27],'color','m','linewidth',2)
plot([0,N],[4*money^2/81,4*money^2/81],'color','c','linewidth',2)
axis([0 N 0 0.08]);xlabel('每个人红包的方差')
set(gca,'fontsize',15)
%动态图
for i=1:N
    x(i)=unifrnd(0,2*money/3);        %第一个人的红包金额
    y(i)=unifrnd(0,money-x(i));       %第二个人的红包金额
    z(i)=money-x(i)-y(i);             %第三个人的红包金额
    mean_x(i)=mean(x(1:i));           %第一个人的累计平均值
    mean_y(i)=mean(y(1:i));           %第二个人的累计平均值
    mean_z(i)=mean(z(1:i));           %第三个人的累计平均值
    var_x(i)=var(x(1:i));             %第一个人的样本方差
    var_y(i)=var(y(1:i));             %第二个人的样本方差
    var_z(i)=var(z(1:i));             %第三个人的样本方差
    %图2-------------------------------------------------
    subplot('position',[0.53 0.55 0.2 0.4]);
    set(h1_dot,'xdata',0.5,'ydata',x(i),'color','r','markersize',25)
    set(h2_dot,'xdata',0.5,'ydata',y(i)+money,'color','g','markersize',25)
    set(h3_dot,'xdata',0.5,'ydata',z(i)+2*money,'color','b','markersize',25)
    %图3-------------------------------------------------
    subplot('position',[0.78 0.55 0.2 0.4]);
```

```
set(h1_bar,'xdata',1,'ydata',x(i),'facecolor','r','edgecolor','r')
set(h2_bar,'xdata',2,'ydata',y(i),'facecolor','g','edgecolor','g')
set(h3_bar,'xdata',3,'ydata',z(i),'facecolor','b','edgecolor','b')
if i>=2
    %图 1-----------------------------------
    subplot('position',[0.03 0.55 0.45 0.4])
    plot([i-1,i],[x(i-1),x(i)],'r.-','linewidth',1)
    plot([i-1,i],[y(i-1),y(i)]+money,'g.-','linewidth',1)
    plot([i-1,i],[z(i-1),z(i)]+2*money,'b.-','linewidth',1)
    %图 4-----------------------------------
    subplot('position',[0.03 0.1 0.45 0.4]);
    plot([i-1,i],[mean_x(i-1),mean_x(i)],'r','linewidth',2)
    plot([i-1,i],[mean_y(i-1),mean_y(i)],'g','linewidth',2)
    plot([i-1,i],[mean_z(i-1),mean_z(i)],'b','linewidth',2)
    %图 5-----------------------------------
    subplot('position',[0.53 0.1 0.45 0.4]);
    plot([i-1,i],[var_x(i-1),var_x(i)],'r','linewidth',2)
    plot([i-1,i],[var_y(i-1),var_y(i)],'g','linewidth',2)
    plot([i-1,i],[var_z(i-1),var_z(i)],'b','linewidth',2)
end
pause(0.1)
end
```

运行结果如图 6-15 所示.

在图 6-15 中, 左上图模拟多次抢红包的金额, 即实验次数 i 从 1 到 200 变化的过程中, 三个人的红包金额 $x(i),y(i),z(i)$ 的变化图. 可以看出, 第一个人的红包金额相对集中, 最大取值不超过 2/3; 而后两个人红包金额的最大值接近红包总金额, 因此后抢的人有一定的概率能够抢到大额红包. 右上两个图分别用散点图、条形图展示了每次实验中三个人红包的金额.

微信红包模拟的
动态图

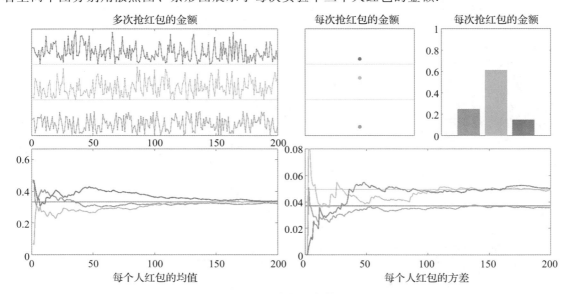

图 6-15　微信红包模拟

　　左下图是每个人红包金额的样本均值（即累计平均值）的变化曲线. 随着实验次数增加，样本均值逐渐收敛到其期望值，并且三个人的期望是一样的，说明三个人的平均收益一样. 右下图是每个人红包金额的方差的变化曲线，随着实验次数增加，样本方差逐渐收敛到理论方差，并且后两个人的方差大于第一个人的方差，说明后两个人红包金额的波动比较大.

　　增加抢红包的人数（即增加 n 的值），画出样本均值、样本方差的图像. 图 6-16、图 6-17 分别展示了 $n=10$ 和 $n=20$ 时每个人的均值、方差（红包总金额为 100）. 由图 6-16 和图 6-17 可知，不管多少个人抢红包，每个人的均值都是一样的，这说明平均收益一样，并且越靠后抢红包，方差越大，波动越大.

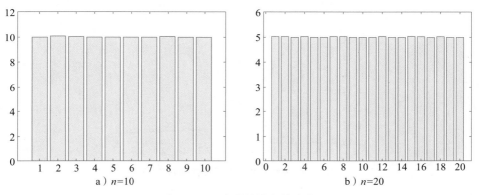

图 6-16　n 个人抢红包的均值

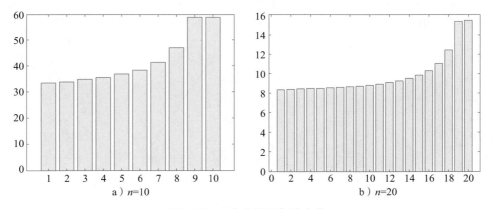

图 6-17　n 个人抢红包的方差

2）求手气最佳的概率.

MATLAB 命令如下：

```
money=1;N=100000;
data=zeros(N,3);              %记录多次实验中每个人的红包金额
imax=zeros(1,3);             %每个人手气最佳的频数
for i=1:N
    x(i)=unifrnd(0,2*money/3);
    y(i)=unifrnd(0,money-x(i));
```

```
        z(i)=money-x(i)-y(i);
        data(i,:)=[x(i),y(i),z(i)];        %第 i 次实验三个人的红包金额
        [max_value, max_id]=max(data(i,:));
        imax(max_id)=imax(max_id)+1;
end
freq_max=imax/N                             %手气最佳的频率
plot(freq_max)
```

运行结果如图 6-18 所示.

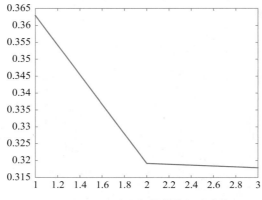

图 6-18　$n=3$ 时手气最佳的概率分布

由图 6-18 可知，当 3 个人抢红包时，第一个人拿到手气最佳的概率是最大的. 进一步，增加抢红包的人数，即增大 n 的值，分别画出 $n=5,n=7,n=10,n=20$ 时手气最佳的概率分布，如图 6-19 所示.

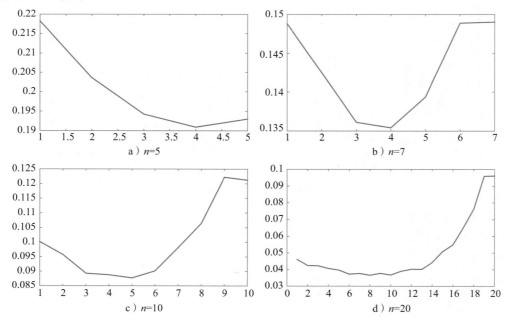

图 6-19　n 个人抢红包手气最佳的概率分布

类似地，可以画出抢红包手气最差的概率分布. 图 6-20 分别为 $n=3, n=7, n=20, n=30$ 时手气最差的概率分布.

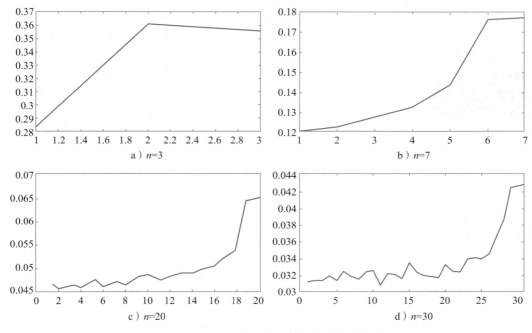

图 6-20 n 个人抢红包手气最差的概率分布

考虑到在现实情况中，抢红包的人数通常大于 7，再由图 6-16 和图 6-17 可知，一般情况下，后抢红包的人拿到手气最佳和手气最差的概率都比较大.

思考：如果微信红包的算法规则改变了，红包金额不再服从均匀分布，而是服从正态分布，那么结果会如何？

 ## 习题

1. 在一标准英语字典中有 55 个由两个不相同的字母所组成的单词. 若从 26 个英文字母中任取两个字母予以排列，求能排成上述单词的概率.

2. 将 3 个球随机地放入 4 个杯子中，求杯子中球的最大个数分别为 1、2 和 3 的概率.

3. 第一个盒子装有 5 个红球、4 个白球；第二个盒子装有 4 个红球、5 个白球. 先从第一个盒子中任取 2 个球放入第二个盒子中，然后从第二个盒子中任取一个球. 求取到白球的概率.

4. 已知男子有 5% 是色盲患者，女子有 0.25% 是色盲患者，今从男女人数相等的人群中随机地挑选一人，恰好是色盲患者，问：此人是男性的概率是多少？

5. 一学生宿舍有 6 名学生，问：

   (1) 6 个人的生日都在星期天的概率是多少？

   (2) 6 个人的生日都不在星期天的概率是多少？

   (3) 6 个人的生日不都在星期天的概率是多少？

6. 设有一批产品，共有 1000 件，已知该批产品的次品率为 1%，那么随机抽取 150 件进行检验，这中间次品不超过 2 件的概率有多大？

7. 分别绘制出 $\lambda=1,2,5,10,15$ 时，泊松分布的概率密度和分布函数曲线.

8. 分别绘制 (μ,σ^2) 为 $(-1,1)$，$(0,0.1)$，$(0,1)$，$(0,10)$，$(1,1)$ 时，正态分布的概率密度和分布函数曲线.

9. 分别绘制 $n=2,3,4,5,6$ 时，χ^2 分布的概率密度和分布函数曲线.

10. 分别绘制 $n=3,5,11$ 时，t 分布的概率密度和分布函数曲线.

11. 分别绘制 (n_1,n_2) 为 $(1,1)$，$(1,2)$，$(1,3)$，$(2,3)$，$(1,4)$ 时，F 分布的概率密度和分布函数曲线.

12. 设随机变量 X 的分布律如下：

X	-1	0	2	3
p_k	$\dfrac{1}{8}$	$\dfrac{1}{4}$	$\dfrac{3}{8}$	$\dfrac{1}{4}$

求 X 的期望.

13. 设随机变量 X 的概率密度为

$$f(x)=\begin{cases} \dfrac{2}{\pi}\cos 2x, & |x|\leqslant\dfrac{\pi}{2} \\ 0, & \text{其他} \end{cases}$$

求随机变量 X 的期望和方差.

14. 游客乘电梯从底层到电视塔顶层观光，电梯于每个整点的第 5 分钟、25 分钟和 55 分钟从底层起行. 假设一游客在早上 8 点的第 X 分钟到达底层的候梯处，且 X 在 $[0,60]$ 上均匀分布，求该游客等候时间的数学期望.

15. 描绘以下数组的频数直方图：

6.8　29.6　33.6　35.7　36.9　45.2　54.8　65.8　43.4　53.8
63.7　69.9　70.7　79.5　97.9　139.4　157.0

16. 若样本为 85，86，78，90，96，82，80，74，求样本均值、标准差、中位数、极差和方差.

17. 下面的数据是一个专业 50 名大学新生在数学素质测验中所得到的分数：

90　76　69　51　71　40　88　79　68　77　96　69　80　71　86　52　41
60　81　72　92　81　99　77　100　79　66　71　84　73　67　70　86　75
60　80　77　91　93　64　74　76　83　81　83　88　80　92　83　64

将这组数据分成 6～8 个组，画出频率直方图，并求出样本均值和样本方差.

18. 从一批零件中，抽取 9 个零件，测得其直径（mm）为

19.7　20.1　19.8　19.9　20.2　20.0　19.9　20.2　20.3

设零件直径服从正态分布 $N(\mu,\sigma^2)$，求这批零件的直径的均值 μ、方差 σ 的矩估计值、极大似然估计值及置信水平为 0.95 和 0.99 的置信区间.

19. 一批产品中次品数 X 服从参数为 λ 的泊松分布，下面是 100 批产品中含 x_i 个次品的批数 n_i，求参数 λ 的极大似然估计值及置信水平为 0.95 的置信区间.

x_i	0	1	2	3	4	5	6	7 以上
n_i	49	31	12	4	2	1	1	0

20. 有一大批糖果. 现从中随机地取 16 袋，称得重量（g）如下：

506　508　499　503　504　510　497　512
514　505　493　496　506　502　509　496

设袋装糖果的重量近似地服从正态分布，试求总体均值 μ、方差 σ 的矩估计值、极大似然估计值及置信水平为 0.95 置信区间.

21. 已知某种果树产量服从正态分布，在正常年份产量方差为 400，现随机抽取 9 株，其产量（kg）为 112，

131，98，105，115，121，99，116，125，试以 0.95 的置信度估计这批果树每株的平均产量在什么范围.

22. 某种元件的寿命 X(h) 服从正态分布 $N(\mu,\sigma^2)$，μ,σ^2 均未知. 现测得 16 个元件的寿命如下：

$$159 \quad 280 \quad 101 \quad 212 \quad 224 \quad 379 \quad 179 \quad 264$$
$$222 \quad 362 \quad 168 \quad 250 \quad 149 \quad 260 \quad 485 \quad 170$$

问：是否有理由认为元件的平均寿命大于 225（h）？

23. 在平炉上进行一项实验，以确定改变操作方法的建议是否会增加钢的得率，实验是在同一个平炉上进行的. 每炼一炉钢时除操作方法外，其他条件都尽可能做到相同. 先用标准方法炼一炉，然后用建议的新方法炼一炉，以后交替进行，各炼了 10 炉，其得率分别为

标准方法　78.1　72.4　76.2　74.3　77.4　78.4　76.0　75.5　76.7　77.3

新方法　　79.1　81.0　77.3　79.1　80.0　79.1　79.1　77.3　80.2　82.1

设这两个样本相互独立，且分别来自正态总体 $N(\mu_1,\sigma^2)$ 和 $N(\mu_2,\sigma^2)$，μ_1,μ_2,σ^2 均未知. 建议的新操作方法能否提高得率？（取 $\alpha=0.05$.）

24. 自动装罐机装罐头食品，规定罐头净重的标准差不能超过 5g，不然的话，必须停工检修机器. 现检查 10 罐，测量并计算得出净重的标准差为 5.5g，假定罐头净重服从正态分布，取检验水平为 0.05，那么机器工作是否正常？

25. 为比较不同季节出生的女婴体重的方差，从某年 12 月和 6 月出生的女婴中分别随机地抽取 6 名和 10 名，测其体重（g）如下：

12 月：3520　2960　2560　2960　3260　3960

　6 月：3220　3220　3760　3000　2920　3740　3060　3080　2940　3060

假定新生女婴体重服从正态分布，那么新生女婴体重的方差是否是冬季的比夏季的小（$\alpha=0.05$）？

26. 用蒙特卡罗方法模拟掷骰子，计算出现 5 点的频率，并画出随着实验次数 n 的增加，频率和概率的关系图

27. 用随机投点法、期望法计算定积分 $\int_0^1 \dfrac{4}{1+x^2}\mathrm{d}x$ 的近似值，并与精确值进行比较.

28. 用随机投点法、期望法计算定积分 $\int_0^5 x^2\sin x\,\mathrm{d}x$ 的近似值.

29. 用随机投点法、期望法计算二重积分 $\iint\limits_{D} \mathrm{e}^{(x+y)^2}\mathrm{d}x\mathrm{d}y(D=[0,1]\times[0,1])$ 的近似值.

第7章　优化相关运算

无约束最优化问题是指从一个问题的所有可能的备选方案中，依照某种指标选择最优解决方案. 在数学上，通常是指在没有约束条件的情况下，求解目标函数的极大值或极小值. 在有约束问题求解过程中，通常会使用线搜索的方式来进行搜索. 线搜索的思想是先确定一个方向，然后按照这一方向进行搜索，直到找到满足约束条件的最优解. 这种线搜索其实就是将有约束优化问题转化为无约束优化问题来解决.

7.1　一维函数的极值

在求解目标函数的极小值的过程中，若对变量的取值范围无限制，则称这种优化问题为无约束优化问题.

无约束一维极值问题可以简单表述为：
$$\min f(x), x \in \mathbf{R}$$
其中 x 为一维变量，$f(x)$ 为一维变量 x 的函数.

求解无约束一维极值问题时一般采用一维搜索法，即沿着某一已知方向求目标函数的极小值点，其方法是根据已知点通过迭代公式求得新的点，而新的点比当前点更优. 一维搜索又分为线性搜索法和非线性搜索法. 线性搜索法包括进退法、黄金分割法、牛顿法等，非线性搜索法包括抛物线法等. 本节主要介绍求解无约束一维极值的几种方法.

7.1.1　进退法

进退法可以用来确定搜索区间（包含极小值点的区间），其理论依据为：f 为单谷函数（只有一个极小值），且 $[a,b]$ 为其极小值点的一个搜索区间. 对于任意 $x_1, x_2 \in [a,b]$，如果 $f(x_1) < f(x_2)$，则 $[a, x_2]$ 为极小值点的搜索区间；如果 $f(x_1) > f(x_2)$，则 $[x_1, b]$ 为极小值点的搜索区间.

进退法的基本步骤如下：

1) 给定初始点 $x^{(0)}$，初始步长 $h^{(0)}$，令 $h = h^{(0)}$，$x^{(1)} = x^{(0)}$，$k = 0$.

2) 令 $x^{(4)} = x^{(1)} + h$，$k = k + 1$.

3) 若 $f(x^{(4)}) < f(x^{(1)})$，则令 $x^{(2)} = x^{(1)}$，$x^{(1)} = x^{(4)}$，$f(x^{(2)}) = f(x^{(1)})$，$f(x^{(1)}) = f(x^{(4)})$，令 $h = 2h$，转到步骤2；否则，进行下一步.

4) 若 $k = 1$，$h = -h$，$x^{(2)} = x^{(4)}$，$f(x^{(2)}) = f(x^{(4)})$，则转到步骤2. 否则，$x^{(3)} = x^{(2)}$，

$x^{(2)} = x^{(1)}$，$x^{(1)} = x^{(4)}$，停止迭代，极小值点在 $\left[\min(x^{(1)}, x^{(3)})，\max(x^{(1)}, x^{(3)})\right]$ 内.

根据进退法的步骤，编写 MATLAB 命令如下：

```
function [xmin,xmax] = jintui_method(f,x0,h0)
format long;
%输入：目标函数 f，初始点 x0，初始步长 h0，精度 epsilon
%输出：[xmin,xmax]极小值点所在区间
if nargin == 3
    epsilon = 1.0e-6;
end
h = h0;
x1 = x0;
k = 0;
while 1
    x4 = x1 + h;                         %试探步
    k = k + 1;
    fx4 = subs(f, symvar(f),x4);
    fx1 = subs(f, symvar(f),x1);
    if fx4 <  fx1
        x2 = x1; x1 = x4;
        fx2 = fx1; fx1 = fx4;
        h = 2*h;                         %加大步长
    else
        if k == 1
            h = -h;                      %反向搜索
            x2 = x4; fx2 = fx4;
        else
            x3 = x2; x2 = x1; x1 = x4;
            break;
        end
    end
end
xmin = min(x1,x3);
xmax = x1 + x3 - xmin;
format short;
```

7.1.2　黄金分割法

黄金分割法适用于单峰或单谷函数，在初始搜索区间设计一列点，通过比较其函数值，不断缩小区间，直到区间长度小于某一给定精度为止，最终得到极值的近似值，一般取区间的中点作为最优解.

黄金分割法的基本步骤如下：

1）已知初始区间 $[a, b]$，精度 $\varepsilon > 0$.

2）计算 $r = a + 0.382(b-a)$，$u = a + 0.618(b-a)$.

3）若 $b-a > \varepsilon$，则进行步骤 4，否则停止计算，输出 $x = \dfrac{a+b}{2}$，$f = f(x)$.

4）若 $f(r) > f(u)$，则进行下一步，否则转到步骤 6.

5）令 $a = r, r = u, u = a + 0.618(b-a)$，转到步骤 3.

6）令 $b = u, u = r, r = a + 0.382(b-a)$，转到步骤 3.

根据黄金分割法的步骤，编写 MATLAB 命令如下：

```
function [x,f,iter]=HJ(a,b,epsilon)        %f为目标函数
r=a+0.382*(b-a);                           %插入点的值
u=a+0.618*(b-a);
iter=0;                                    %迭代次数
while abs(b-a)> epsilon                     %迭代精度
    iter = iter+1;
    if f(r)> f(u)                          %比较插入点函数值大小
        a=r;r=u;u=a+0.618*(b-a);           %更新搜索区间
    else
        b=u;u=r;r=a+0.382*(b-a);
    end
end
x=(a+b)/2;                                  %计算函数的最优值
y=f(x);
end
```

黄金分割法是优化计算中的经典算法，以算法简单、效果好著称，是许多优化算法的基础．但它只适用于单峰或单谷函数，收敛效率较低，应用上具有局限性．

下面以单谷函数为例来说明黄金分割法．

例 7-1　计算函数 $f(x)=x^2+2x+e^{-x}$ 在 $[-1,1]$ 内的极小值.

解　绘制的图像如图 7-1 所示，观察到区间 $[-1,1]$ 内只有一个极小值点，因此使用 MATLAB 求解．使用黄金分割算法，主程序如下：

```
f=@(x)x.^2+2*x+exp(-x);
[x,y,iter]=HJ(-1,1,0.00001,f)
```

运行结果如下：

```
x =
    -0.3149
y =
     0.8395
iter =
    26
```

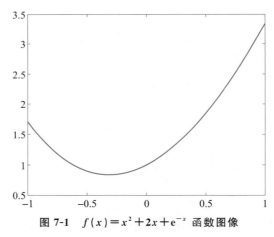

图 7-1　$f(x)=x^2+2x+e^{-x}$ 函数图像

7.1.3　牛顿法

牛顿法是一种迭代的优化算法，用于求解非线性函数的极值点．它通过在一个初始点附近将目标函数的导函数线性化，从而构造二次函数代替原函数，将构造函数的极小值点作为目标函数的下一个迭代点，以快速收敛到最优解．

牛顿法的基本原理是假设目标函数二阶可微，将函数在 $x^{(k)}$ 点泰勒展开到二阶形式，该函数在 $x^{(k)}$ 的一阶和二阶导数分别为 $f'(x^{(k)})$、$f''(x^k)$，那么构造函数为：

$$f(x)\approx p(x)=f(x^{(k)})+f'(x^{(k)})(x-x^{(k)})+\frac{1}{2}f''(x^{(k)})(x-x^{(k)})^2$$

因此求函数 f 的极小值点近似为求函数 p 的极小值点．函数 p 为二次函数，设 $x^{(k+1)}$ 为 $p(x)$ 的极小值点，则满足

$$p'(x^{(k+1)})=f'(x^{(k)})+f''(x^{(k)})(x^{(k+1)}-x^{(k)})=0$$

所以

$$x^{(k+1)} = x^{(k)} - \frac{f'(x^{(k)})}{f''(x^{(k)})}$$

上式为牛顿法求极值的迭代公式.

牛顿法的具体步骤如下：

1）选择初始点 x_0，并设定迭代精度 ε.

2）计算函数 f 在 x_0 处的一阶导数 $f'(x_0)$ 和二阶导数 $f''(x_0)$.

3）计算新的 x_0 点，检查是否满足终止条件 $|f'(x_0)| \leqslant \varepsilon$，如果满足，则停止迭代；否则转到步骤 2.

4）输出极小值点.

根据牛顿法的步骤，编写 MATLAB 命令如下：

```
function[x_end,f_end,k]=niudun(f,x0,epsilon)
%输入：目标函数 f,初始点 x0,精度 epsilon
%输出：最优解 x_end,目标函数的极小值 f_end,迭代次数 k
%使用：[x_end,f_end,k]=niudun(f,x0,epsilon)
syms x
k=0;                            %迭代次数
f1=diff(f,x,1);                 %求函数的一阶导数
f2=diff(f,x,2);                 %求函数的二阶导数
while(abs(subs(f1,x,x0))>epsilon)
    x0=x0-subs(f1,x,x0)/subs(f2,x,x0);    %牛顿法迭代公式
    k=k+1;
end
x_end=x0;
f_end=f(x_end);
end
```

牛顿法一维搜索是最优化方法中的重要工具，通过利用函数的一阶和二阶导数信息，收敛速度快，能够快速逼近最优解. 但需要注意初始点的选择，否则可能不收敛. 因为每次迭代都需要计算目标函数的一阶导数和二阶导数，所以牛顿法的计算量较大.

例 7-2　函数 $f(x) = x^2 + x - 1$，以 $x_0 = 1$ 为初始点，用牛顿法求 $f(x)$ 的极小值.

解　绘制的图像如图 7-2 所示，观察到区间 $[-1,1]$ 内只有一个极小值点，因此使用 MATLAB 求解. MATLAB 命令为：

```
f=@(x)x.^2+x-1;
epsilon=0.00001;
[x_end,y_end,k]=niudun(f,1,epsilon)
```

运行结果如下：

```
x_end=
      -1/2
y_end=
      -5/4
k=
      1
```

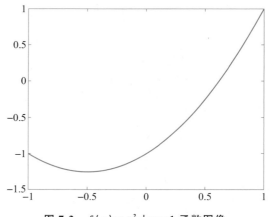

图 7-2　$f(x) = x^2 + x - 1$ 函数图像

7.1.4 抛物线法

抛物线法又称二次插值法，通过构造二次多项式拟合目标函数. 通过最优点附近的三个点构造抛物线，再用抛物线的极值点作为一个新的构造点，逐步用抛物线的极值点逼近函数的极值点.

抛物线法的基本原理是假设目标函数 $f(x)$ 是连续的，$x_1 < x_2 < x_3$ 三个点处的函数值满足 $f(x_1) > f(x_2) < f(x_3)$，设二次插值多项式：

$$p(x) = a_0 + a_1 x + a_2 x^2$$

对于 $x_1 < x_2 < x_3$，三点满足

$$p(x_k) = f(x_k) = f_k$$

由于抛物线 $p(x)$ 极值点的必要条件为 $p'(\overline{x}) = a_1 + 2a_2 \overline{x} = 0$，因此求得

$$\overline{x} = -\frac{a_1}{2a_2} = \frac{1}{2} \frac{(x_2^2 - x_3^2)f_1 + (x_3^2 - x_1^2)f_2 + (x_1^2 - x_2^2)f_3}{(x_2 - x_3)f_1 + (x_3 - x_1)f_2 + (x_1 - x_2)f_3}$$

上式为抛物线法的迭代公式.

抛物线法的具体步骤如下：

1）选择满足条件的初始点 $x_1 < x_2 < x_3$，并设定精度 ε.

2）计算 $\overline{x}$，若 $|x_2 - \overline{x}| > \varepsilon$，则进行下一步；否则输出结果 $x^* = x_2$.

3）计算 $f(\overline{x})$，若 $f(\overline{x}) \leqslant f(x_2)$，则进行下一步；否则转到步骤 5.

4）若 $x_2 > \overline{x}$，则 $x_3 = x_2, x_2 = \overline{x}, f_3 = f_2, f_2 = f(\overline{x})$，转到步骤 2.

5）若 $x_2 < \overline{x}$，则 $x_1 = x_2, x_2 = \overline{x}, f_1 = f_2, f_2 = f(\overline{x})$，转到步骤 2.

6）若 $x_2 > \overline{x}$，则 $x_1 = \overline{x}, f_1 = f(\overline{x})$，转到步骤 2.

7）若 $x_2 < \overline{x}$，则 $x_3 = \overline{x}, f_3 = f(\overline{x})$，转到步骤 2.

根据抛物线法的步骤，编写 MATLAB 命令如下：

```
function[x_end,f_end,k]=paowuxian(f,x1,x2,x3,epsilon)
%输入：目标函数 f,初始点 x1,x2,x3,精度 epsilon
%输出：最优解 x_end,目标函数的极小值 f_end,迭代次数 k
%使用：[x_end,f_end,k] = paowuxian (f, x1, x2, x3, epsilon)
k=0;
while 1
f1=f(x1); f2=f(x2); f3=f(x3);
a1=2*(f1*(x2-x3)+f2*(x2-x1)+f3*(x1-x2));
a2=(f1*(x2^2-x3^2)+f2*(x2^2-x1^2)+f3*(x1^2-x2^2));
x0=a2/a1;                              %计算极小值点 x0
k=k+1;
    if abs(x2-x0)< epsilon             %判断是否达到精度要求
       x=x0;
       break
    else
       if f(x0)< = f2                   %更新三个点
         if x0< x2
            x3=x2;
            x2=x0;
         else
            x1=x2;
            x2=x0;
```

```
            end
        else
            if x0< x2
                x1=x0;
            else
                x3=x0;
            end
        end
    end
end
x_end=x;
f_end=f(x_end);
end
```

例 7-3　函数 $f(x)=x^3-x^2+1$，求 $f(x)$ 在区间 $[0,1]$ 的极小值.

解　绘制的图像如图 7-3 所示，观察到区间 $[-1,1]$ 内只有一个极小值点，因此使用 MATLAB 求解. MATLAB 命令为：

```
f=@(x) x.^3 - x.^2 + 1;
epsilon=0.01;
[x_end,y_end,k]=paowuxian(f,0,0.5,1,epsilon)
```

运行结果如下：

```
x_end =
        0.6981
y_end =
        0.8529
k =
        6
```

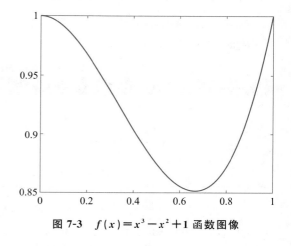

图 7-3　$f(x)=x^3-x^2+1$ 函数图像

7.1.5　MATLAB 工具箱中的基本函数

在 MATLAB 中，一维优化问题可以直接由函数 fminbnd 来实现，该函数基于黄金分割法和抛物线法. 需要注意的是，该函数所求目标函数必须是连续的，并且只能给出目标函数的局部最优解. 当目标函数的最优解在区间的边界上时，fminbnd 可能表现出慢收敛.

具体调用格式有以下几种：

1）x=fminbnd(fun,x1,x2)　返回 x 值，该值是目标函数 fun 在区间 (x1,x2) 的极小值.

2）x=fminbnd(fun,x1,x2,options)　使用如表 7-1 所示的 options 中指定的优化选项执行极小化计算.

表 7-1　options 结构体中各个字段的含义

字段	说明
Display	用于设置结果显示方式： off：不显示任何结果 iter：显示每步迭代后的结果 final：只显示最后的结果 notify：仅在函数未收敛时显示输出

（续）

字　段	说　明
MaxFunEvals	允许函数求值的最大次数，为正整数
MaxIter	允许迭代的最大次数
TolX	自变量 x 的终止容差
FunValCheck	检查目标函数值是否有效
PlotFcns	绘制算法执行过程中各个进度的测量值： @optimplotx：绘制当前点 @optimplotfunccount：绘制函数计数 @optimplotfval：绘制函数值

3）x=fminbnd(problem)　求 problem 的极小值，其中 problem 是一个结构体，其各个字段的含义如表 7-2 所示.

表 7-2　problem 结构体中各个字段的含义

字　段	说　明
objective	目标函数
x1	左端点
x2	右端点
solver	'fminbnd'
options	options 结构体

4）[x,fval]=fminbnd(___)　返回目标函数的解 x 及对应的函数值.

5）[x,fval,exitflag]=fminbnd(___)　与格式 4 相同，返回描述退出条件的值 exitflag，其返回值和对应的含义如表 7-3 所示.

表 7-3　exitflag 返回值和对应的含义

exitflag 返回值	说　明
1	函数找到结果 x
0	函数最大功能评价次数达到，或者迭代次数达到
−1	算法由输出函数停止
−2	边界不一致，上界小于下界

6）[x,fval,exitflag,output]=fminbnd(___)　与格式 5 相同，还返回一个包含有关优化信息的结构体 output，其返回字段和对应的含义如表 7-4 所示.

表 7-4　output 结构体返回字段和对应的含义

返回字段	说　明
iterations	执行的迭代次数
funcCount	函数的计算次数
algorithm	'golden section search, parabolic interpolation'
message	退出消息

　　下面给出 fminbnd 用法示例.

例 7-4　求余弦函数 $f(x) = \sin x$ 在 $2 < x < 6$ 范围内的极小值点.

　　解　绘制的图像如图 7-4 所示, 观察到区间 (2, 6) 内只有一个极小值点, 因此使用 MATLAB 求解. MATLAB 命令为:

```
options = optimset('Display','iter');        %每次迭代时显示输出
x = fminbnd(@ sin,2,6)
```

运行结果为:

```
x =
   4.7124
```

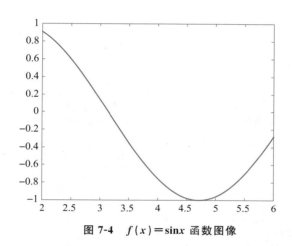

图 7-4　$f(x) = \sin x$ 函数图像

例 7-5　查看 fminbnd 计算函数 $\sin x$ 在区间 $2 < x < 6$ 内的极小值时所采用的步骤.

　　解　MATLAB 命令为:

```
options = optimset('Display','iter');        %每次迭代时显示输出
x = fminbnd(@ sin,2,6)
```

运行结果为:

```
Func-count     x          f(x)       Procedure
    1       3.52786    -0.376737    initial
    2       4.47214    -0.971278    golden
    3       5.05573    -0.941636    golden
    4       4.70691    -0.999985    parabolic
    5       4.71275    -1           parabolic
    6       4.7124     -1           parabolic
    7       4.71237    -1           parabolic
    8       4.71244    -1           parabolic
```

优化已终止:
当前的 x 满足使用 1.000000e-04 的 OPTIONS.TolX 的终止条件

```
x =
   4.7124
```

例 7-6　求正弦函数 $\sin x$ 在 $2 < x < 6$ 范围内的极小值点，输出返回有关 fminbnd 求解过程的所有信息，并绘制求解过程图像.

解　MATLAB 命令为：

```
options = optimset('PlotFcns',@optimplotfval);
[x,fval,exitflag,output] = fminbnd(@sin,2,6,options)
```

运行结果为：

```
x =
    4.7124
fval =
    -1.0000
exitflag =
    1
output =
 包含以下字段的 struct:
   iterations: 7
   funcCount: 8
   algorithm: 'golden section search, parabolic interpolation'
   message: '优化已终止:↵当前的 x 满足使用 1.000000e-04 的 OPTIONS.TolX 的终止条件↵'
```

绘制的图形如图 7-5 所示.

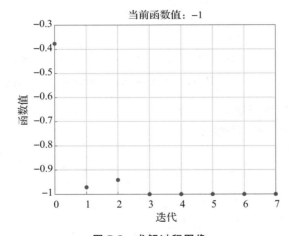

图 7-5　求解过程图像

例 7-7　求函数 $y = 8\cos(3x+4) - 0.1(x-1)^3$ 在 $-3 < x < 3$ 范围内的所有极值点.

解　绘制的图像如图 7-6 所示，观察到在区间 $(-3,-2)$、$(-1,0)$、$(1,2)$ 内分别有一个极小值点，在区间 $(-2,-1)$、$(0,1)$、$(2,3)$ 内分别有一个极大值点，因此使用 MAT-LAB 求解. MATLAB 命令为：

```
%求极大值
[xmin,ymin]=fminbnd('8*cos(3*x+4)-0.1*(x-1).^3',-3,-2)
[xmin,ymin]=fminbnd('8*cos(3*x+4)-0.1*(x-1).^3',-1,0)
[xmin,ymin]=fminbnd('8*cos(3*x+4)-0.1*(x-1).^3',1,2)
   %极小值
[xmin,y1]=fminbnd('-8*cos(3*x+4)+0.1*(x-1).^3',-2,-1)
```

```
[xmin,y1]=fminbnd('-8*cos(3*x+4)+0.1*(x-1).^3',0,1)
[xmin,y1]=fminbnd('-8*cos(3*x+4)+0.1*(x-1).^3',2,3)
```

运行结果为：

```
xmin=-2.3341    ymin=-4.2163
xmin=-0.2793    ymin=-7.7889
xmin=1.8110     ymin=-8.0531
xmin=-1.3565    y1=-9.2893    ymax=-y2=9.2893
xmin=0.7608     y2=-8.0014    ymax=-y2=8.004
xmin=2.8413     y2=-7.3685    ymax=-y2=-7.3685
```

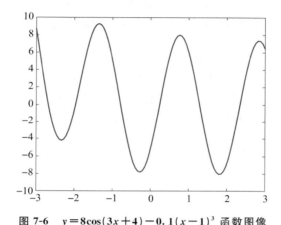

图 7-6　$y=8\cos(3x+4)-0.1(x-1)^3$ 函数图像

7.2　多维无约束的极值

前面我们介绍了一维无约束情况下求解极值的问题，这里我们介绍在多维无约束情况下极值的求解方法，它们是基于目标函数的导数进行运算的．由于导数是函数值的变化方向，算法的实质可以理解为寻找目标函数的最优下降方向．

多维无约束极值问题的表达式可以写成如下形式：

$$\min f(\boldsymbol{x}), \boldsymbol{x}\in \mathbf{R}^n$$

与一维相比，$\boldsymbol{x}$ 从一维向量变成了多维向量．它的求解方法有很多种，如最速下降法、共轭梯度法、拟牛顿法等，关键区别在于如何构造搜索方向．

7.2.1　最速下降法

最速下降法是将函数的负梯度方向作为搜索方向，不断迭代，直至找到目标函数的最低点．

最速下降法的基本步骤如下：

1）输入初始点 $x^{(0)}$，终止精度 $\varepsilon>0$，$k=0$．

2）计算搜索方向 $d^{(k)}=-\nabla f(x^{(k)})$，$\nabla f(x^{(k)})$ 为函数 $f(\boldsymbol{x})$ 在 $\boldsymbol{x}=x^{(k)}$ 处的梯度．

3）若 $|\nabla f(x^{(k)})|\leqslant\varepsilon$，则停止迭代，输出 $x^{(k)}$；否则进行下一步．

4）使用一维搜索法求学习率 $\lambda^{(k)}$，使得 $f(x^{(k)}+\lambda^{(k)}d^{(k)})=\min\limits_{\lambda\geqslant0}f(x^{(k)}+\lambda d^{(k)})$．

5）计算新的迭代点 $x^{(k+1)}=x^{(k)}+\lambda^{(k)}d^{(k)}$，$k=k+1$，转到步骤 2．

在步骤 2 中，我们选择搜索方向 $d^{(k)}=-\nabla f(x^{(k)})$，与一维情况类似，多维函数 $f(\boldsymbol{x})$ 在

$x = (x_1, x_2, \cdots, x_n)^{\mathrm{T}}$ 处沿方向 $d = (\cos\beta_1, \cos\beta_2, \cdots, \cos\beta_n)^{\mathrm{T}}$ 的导数可以写为：

$$\left.\frac{\partial f(x)}{\partial d}\right|_x = \sum_{i=1}^{n} \left.\frac{\partial f}{\partial x_i}\right|_x \cos\beta_i = \nabla f(x)^{\mathrm{T}} \cdot d$$

于是，当 $d = -\nabla f(x)$ 时，函数下降的速度最快.

在步骤 3 中，当 x^* 是无约束问题的局部最优解时，x^* 是 $f(x)$ 的驻点. 于是终止条件可以是到达某处的梯度为 0，在一些条件不太苛刻的情况下，可以认为其趋近于 0.

在步骤 4 中，学习率也可以称为步长，在梯度下降法中，通常采用固定的步长，这意味着无论迭代过程中的梯度大小如何变化，每次迭代中参数都会按照相同的步长进行更新. 固定步长的优点是简单易实现，但缺点是可能导致收敛速度慢或不稳定，特别是当目标函数具有不同尺度的特征值时. 在最速下降法中，通常会动态地选择步长，以保证在每次迭代中沿着梯度方向能够尽可能快地接近最优解. 它根据当前梯度的大小和方向来动态调整步长，从而提高收敛速度和稳定性. 算法在这一步已转换为步长为 λ 的一维函数，可以采用 7.1 节中任意一种一维问题求极值的方法求解，也可以使用微分法求解.

根据最速下降法的步骤，编写 MATLAB 代码如下：

```
function [x_end, f_end] = steepest_destcent(f, x0, var, epsilon)
% 输入：目标函数 f，初始点 x0，自变量向量 var，精度 epsilon
% 输出：极小值点 x_end，极小值 f_end
% 举例：利用牛顿迭代法计算无约束目标函数极小值（即步长）；
syms lamda;
maxk = 5000;
ff = sym(f);
gradf = -jacobian(f, var);                      % 计算雅可比矩阵
x_last = x0;
for k = 1:maxk
    d = (double(subs(gradf, var, x_last)));
    % 计算函数在上一次迭代点 'x_last' 处的梯度，并保存到变量 'g' 中
    if norm(d, 2) > epsilon                      % 算法停止标准
        f_a = subs(ff, var, x_last+lamda*d);
        f_diff = simplify(diff(f_a, lamda));
        alpha = max(double(solve(f_diff, lamda)))  % 求解步长 alpha
        x_last = double(x_last+alpha*d);          % 产生新迭代点
        k = k+1;
    else
        break
    end
end
x_end = x_last;                                   % 最优解
f_end = subs(f, var, x_end);                      % 目标函数极小值
```

程序中使用牛顿法进行一维搜索，牛顿法通常能够快速地收敛到函数的极值，但是对于有多个极值点或者函数曲线有很多起伏的情况，可能会陷入局部最优解并提前收敛. 在使用牛顿法时，需要保证要优化的函数是光滑且单峰或单谷的. 而黄金分割法则完全没有对函数求导或有其他先验知识方面的要求. 同时，黄金分割法的每次迭代只需要计算两个函数值，策略相对比较简单，但是有时需要花费很多迭代次数才能达到预设的收敛条件. 可以将代码中使用牛顿法的部分

```
f_diff = simplify(diff(f_a,lamda));
alpha = max(double(solve(f_diff,lamda)));
```

替换为：

```
[a,b]=jintui_method(f_a,0,0.1);        %使用进退法获取极值点所在区间
alpha=golden_search(f_a,a,b)           %使用黄金分割法求解步长 alpha
```

即使用黄金分割法进行一维搜索.

　　此方法有很好的全局收敛性，从任意初始点开始迭代，产生的点列都是收敛的，但其在靠近极值点时，收敛速度减慢，并且有可能出现"之字形"下降. 对局部来说，下降最快的方向并不一定适用于全局，因此，当函数有多个极值时，得到的结果是否最小与初始值的选取有关.

例 7-8　使用最速下降法求解 $\min f(x)=x_1\mathrm{e}^{-(x_1^2+x_2^2)}$，初始点取 $x^{(0)}=(0,1)$.

　　解　绘制的函数图像如图 7-7 所示，此函数仅有一个极小值点，因此使用最速下降法求解. MATLAB 命令为：

```
syms x1 x2;
f=x1*exp(-(x1^2+x2^2));
x0=[0,1];
var=[x1,x2];
eps=10^(-5);
[min_x,min_f]=steepest_destcent(f,x0,var,eps)
```

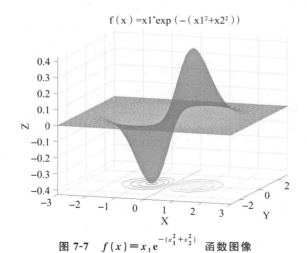

$$f(x)=x1^*\exp\left(-\left(x1^2+x2^2\right)\right)$$

图 7-7　$f(x)=x_1\mathrm{e}^{-(x_1^2+x_2^2)}$ 函数图像

画图程序为：

```
x =-2:0.1:2;                            %定义范围和分辨率
[X1, X2]=meshgrid(x);                   %生成网格点
F =X1.*exp(-(X1.^2 +X2.^2));            %计算函数值
figure;                                 %绘制三维图像
surf(X1, X2, F);
h=surfc(X1, X2, F);
set(h(1),'edgecolor','b','facecolor','b','edgealpha',0.3,'facealpha',0.3)
xlabel('x1'),ylabel('x2'),zlabel('f(x)')
```

运行结果为:

```
min_x =  -0.7071          0
min_f =  -(2^(1/2)*exp(-1/2))/2
```

可见,最速下降法具有全局收敛性.

7.2.2 共轭梯度法

共轭梯度法可以看作对最速下降法的一个改进,对于最速下降法,我们寻找了局部下降最快的方向,但局部下降最快并不意味着全局指向最终解的方向,因而容易走出"之字形"路线. 为了修正这一路线,共轭梯度法采用了共轭向量的方向作为搜索方向.

共轭向量的定义如下:设 Q 是 $n \times n$ 对称正定矩阵. 若 n 维向量空间中的非零向量 $\boldsymbol{p}_0$, $\boldsymbol{p}_1, \boldsymbol{p}_2, \cdots, \boldsymbol{p}_{m-1}$, 满足 $\boldsymbol{p}_i^{\mathrm{T}} Q \boldsymbol{p}_j = 0$, $i, j = 0, 1, \cdots, m-1 (i \neq j)$, 则称 $\boldsymbol{p}_0, \boldsymbol{p}_1, \boldsymbol{p}_2, \cdots, \boldsymbol{p}_{m-1}$ 是 Q 共轭向量或称向量 $\boldsymbol{p}_0, \boldsymbol{p}_1, \boldsymbol{p}_2, \cdots, \boldsymbol{p}_{m-1}$ 是共轭的(简称共轭).

共轭梯度法的基本步骤如下:

1) 输入初始点 $x^{(0)}$, 终止精度 $\varepsilon > 0$, $k = 0$.

2) 若 $|\nabla f(x^{(k)})| \leqslant \varepsilon$, 停止迭代, 输出 $x^{(k)}$; 否则进行下一步.

3) 计算搜索方向, 若 $k = 0$, 则 $d^{(1)} = -\nabla f(x^{(0)})$; 若 $k > 0$, 则 $d^{(k+1)} = -\nabla f(x^{(k+1)}) + a_k d^{(k)}$, $a_k = \dfrac{\|\nabla f(x^{(k+1)})\|^2}{\|\nabla f(x^{(k)})\|^2}$.

4) 使用一维搜索法求 $\lambda^{(k)}$, 使得 $f(x^{(k)} + \lambda^{(k)} d^{(k)}) = \min\limits_{\lambda \geqslant 0} f(x^{(k)} + \lambda d^{(k)})$.

5) 计算新的迭代点 $x^{(k+1)} = x^{(k)} + \lambda^{(k)} d^{(k)}$, $k = k+1$, 转到步骤 2.

在步骤 3 中, 初始点 x_0 的搜索方向为其负梯度方向, 之后迭代点 x_k 的搜索方向为该点的负梯度方向 $-\nabla f(x^{(k)})$ 与已经得到的搜索方向 $d^{(k-1)}$ 的线性组合, 所有的搜索方向是相互共轭的.

根据共轭梯度法的步骤, 编写 MATLAB 代码如下:

```
function [x_end,f_end] = conjgrad(f, x0, var, epsilon)
%输入:目标函数 f,初始点 x0,自变量向量 var,精度 epsilon
%输出:极小值点 x_end,极小值 f_end
%利用牛顿迭代法计算无约束目标函数极小值
syms lamda;
x_last=x0;
ff=sym(f);
%计算负梯度及其范数
g = -gradient(f, var);
d=(double(subs(g,var,x_last)));
x_norm =norm(d);
while x_norm > epsilon             %当梯度范数小于精度时,迭代停止
    %利用一维搜索牛顿法计算步长 alpha
    x_new=x_last+lamda*transpose(d);
    f_a=subs(ff,var,x_new);
    f_diff = simplify(diff(f_a,lamda));
    alpha = max(double(solve(f_diff,lamda)));
    %计算下一个自变量
    x_end=x_last+alpha*transpose(d);
    dx_end=(double(subs(g,var,x_end)));
```

```
    x_norm=norm(dx_end);
    %更新共轭方向
    d=dx_end+(dx_end/d)^2*d;
    %更新自变量
    x_last = x_end;
end
x_end=double(x_last);              %最优解
f_end=double(subs(f,var,x_end));    %目标函数极小值
end
```

共轭梯度法通常比梯度下降法和牛顿法等传统优化算法收敛速度更快,特别是在解决大规模优化问题时,不需要存储和计算完整的黑塞矩阵,通常用于解决连续可微函数的优化问题,因此不适用于非光滑或非可微函数. 它不要求精确的直线搜索,但是不精确的直线搜索可能会造成之后迭代出来的向量不再是共轭的,这将会降低共轭梯度法的效能. 解决方法就是重设初始点,即把经过 $k+1$ 次迭代得到的 x_{k+1} 作为初始点,开始新一轮的迭代.

例 7-9 用共轭梯度法求解 $\min f(x,y)=x_1^2-x_1x_2+x_2^2+2x_1-4x_2$,初始点 $x^{(0)}=(1,0)$.

解 绘制的函数图像如图 7-8 所示,此函数仅有 1 个极小值点,因此使用共轭梯度法求解. MATLAB 命令为:

```
syms x1 x2;
f=x1.^2-x1.*x2+x2.^2+2*x1-4*x2;
x0=[1,0];
var=[x1,x2];
eps=10^(-5);
[min_x,min_f]=conjgrad(f,x0,var,eps)
```

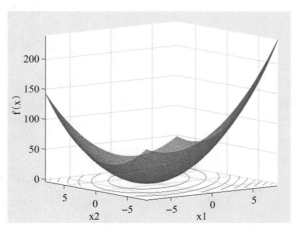

图 7-8 $f(x,y)=x_1^2-x_1x_2+x_2^2+2x_1-4x_2$ 函数图像

画图程序为:

```
[x1, x2] =meshgrid(- 8:0.1:8);
z =x1.^2 -x1.* x2 +x2.^2 +2* x1 -4* x2;
figure;
h =surf(x1, x2, z);        %绘制三维曲面
set(h, 'edgecolor', 'b', 'facecolor', 'b', 'edgealpha', 0.3, 'facealpha', 0.3);
xlabel('x1'),ylabel('x2'),zlabel('f(x)');
```

```
hold on
contour(x1, x2, z,10,'color','m')
```

运行结果为：

```
min_x =   -0.0000    2.0000
min_f =   -4.0000
```

共轭梯度法具有二次终止性，程序编制也简单，因此应用广泛.

7.2.3　拟牛顿法

牛顿迭代法使用函数的一阶导数和二阶导数信息来迭代地逐步优化，它的收敛速度非常快，但需要计算和存储目标函数的二阶导数信息，在高维情况下这可能会导致计算和存储负担过重，并且它只适用于目标函数是二次型的情况.

拟牛顿法使用近似目标函数的梯度信息进行迭代，它无须计算和存储目标函数的二阶导数信息，并且还适用于更广泛的问题类别.

拟牛顿法的基本步骤如下：

1）输入初始点 $x^{(0)}$，初始黑塞矩阵 $\boldsymbol{H}_0$，终止精度 $\varepsilon > 0$，$k = 0$.

2）计算目标函数的梯度 $g^{(k)} = \nabla f(x^{(k)})$.

3）若满足终止条件 $|\nabla f(x^{(k)})| \leqslant \varepsilon$，则停止迭代，输出当前自变量 $x^{(k)}$；否则，计算搜索方向 $d^{(k)} = -\boldsymbol{H}_k g^{(k)}$.

4）使用一维搜索求步长 $\lambda^{(k)}$，使得 $f(x^{(k)} + \lambda^{(k)} d^{(k)}) = \min\limits_{\lambda \geqslant 0} f(x^{(k)} + \lambda d^{(k)})$.

5）计算新的迭代点 $x^{(k+1)} = x^{(k)} + \lambda^{(k)} d^{(k)}$.

6）使用拟黑塞矩阵来近似真实的黑塞矩阵，从而更新黑塞矩阵，令 $k = k + 1$，转到步骤 2.

算法的终止条件可以是自变量的变化量小于某个阈值、目标函数的梯度小于某个阈值、目标函数的变化量小于某个阈值、达到最大迭代次数等.

在拟牛顿法中，拟黑塞矩阵是一个关键的参数，它需要满足一些条件，例如，正定、对称等性质，以保证求解过程的可靠性和稳定性. 拟牛顿法的具体实现方法有很多，例如，DFP 方法、BFGS 方法、SR1 方法等. 每种方法都有不同的矩阵更新方式和收敛性质. 这里我们介绍 DFP 方法和 BFGS 方法.

DFP 方法对黑塞矩阵的更新方式（算法的步骤 6）如下：

$$\boldsymbol{H}_{K+1} = \boldsymbol{H}_k + \frac{\mathrm{sub}x_k (\mathrm{sub}x_k)^{\mathrm{T}}}{(\mathrm{sub}x_k)^{\mathrm{T}} \mathrm{sub}g_k} - \frac{\boldsymbol{H}_k \mathrm{sub}g_k (\mathrm{sub}g_k)^{\mathrm{T}} \boldsymbol{H}_k}{(\mathrm{sub}g_k)^{\mathrm{T}} \boldsymbol{H}_k \mathrm{sub}g_k}$$

$$\mathrm{sub}x_k = x^{(k+1)} - x^{(k)}, \mathrm{sub}g_k = g^{(k+1)} - g^{(k)}$$

BFGS 方法对黑塞矩阵的更新方式（算法的步骤 6）如下：

$$\boldsymbol{H}_{K+1} = \boldsymbol{H}_k + \frac{\mathrm{sub}x_k \mathrm{sub}x_k^{\mathrm{T}}}{(\mathrm{sub}x_k)^{\mathrm{T}} \mathrm{sub}g_k} \left[1 + \frac{(\mathrm{sub}g_k)^{\mathrm{T}} \boldsymbol{H}_k \mathrm{sub}g_k}{(\mathrm{sub}x_k)^{\mathrm{T}} \mathrm{sub}g_k} \right] -$$

$$\frac{1}{(\mathrm{sub}x_k)^{\mathrm{T}} \mathrm{sub}g_k} \left[\mathrm{sub}x_k (\mathrm{sub}g_k)^{\mathrm{T}} \boldsymbol{H}_k + \boldsymbol{H}_k \mathrm{sub}g_k (\mathrm{sub}x_k)^{\mathrm{T}} \right]$$

为了保证 $\boldsymbol{H}_k$ 的正定性，迭代一定次数后，需要重置初始点和黑塞矩阵，可以设置当 $k + 1 = n$ 时，$x^{(0)} = x^{(n)}$.

DFP 方法通过求解一系列的方程来更新矩阵, 这些方程包含了目标函数的信息和在当前迭代步骤中的梯度差异. 这种方法主要特点是计算成本相对较低, 收敛速度较快, 但在某些情况下可能会产生矩阵不稳定或不可逆的问题, 从而导致发散.

BFGS 方法与 DFP 方法非常类似, 但它使用更复杂的方程来更新近似黑塞矩阵. 这种方法的主要特点是数值稳定性较好, 而且可以处理一些更广泛的问题. 但是, 相对于 DFP 方法来说, 收敛速度较慢, 并且它需要更多的计算成本, 因为它需要在每个步骤中求解一些线性方程组.

根据拟牛顿法的步骤, 编写 MATLAB 代码如下:

DFP 算法

```
function [x_end, f_end] = DFP(f, x0, var, epsilon)
%DFP: DFP 拟牛顿法函数
% 输入: 目标函数 f, 初始点 x0, 一个 n 维列向量 var(自变量向量), 精度 epsilon
% 输出: 最优解 x, 一个 n 维列向量 fval(目标函数的极小值)
% 使用: [x_end, f_end] = DFP(f, x0, var, epsilon);
% 初始化
n = length(x0);
B0 = eye(n);
x_last = x0;
Hk = B0;
k = 0;
syms lamda;
ff = sym(f);
max_iter = 5000;
g = gradient(f, var);
d = -Hk * g;
g0 = (double(subs(g, var, x_last)));
x_norm = norm(g0);
while x_norm > epsilon
    % 计算搜索方向
    d_res = (double(subs(d, var, x_last)));
    % 利用一维搜索牛顿法计算步长 alpha
    x_new = x_last + lamda * transpose(d_res);
    f_a = subs(ff, var, x_new);
    f_diff = simplify(diff(f_a, lamda));
    alpha = max(double(solve(f_diff, lamda)));
% 计算新的迭代点和梯度
    x_end = x_last + alpha * transpose(d_res);
    g1 = (double(subs(g, var, x_end)));
    x_norm = norm(g1);
    if k+1 == max_iter
        x_last = x_end;
        continue
    else
        % 计算及更新黑塞矩阵的逆
        subg = g1 - g0;
        subx = x_end - x_last;
        subx = transpose(subx);
        H_new = Hk + (subx * subx') / (subx' * subg) - (Hk * subg * subg' * Hk) / (subg' * Hk * subg);
        % 更新迭代参数
        x_last = x_end;
```

```
        Hk = H_new;
        k = k + 1;
        g0=g1;
    end
end
x_end=double(x_last);                                     %最优解
f_end=double(subs(f,var,x_end));
end
```

BFGS 算法

```
function [x_end, f_end] = BFGS(f, x0, var,epsilon)
%BFGS: BFGS 拟牛顿法函数
%输入：目标函数 f.初始点 x0,一个 n 维列向量 var(自变量向量)精度 epsilon
%输出：最优解 x,一个 n 维列向量 fval(目标函数的极小值)
%使用：[x_end, f_end] = DFP(f, x0, var, epsilon);
%初始化
n = length(x0);
B0 = eye(n);
x_last = x0;
Hk = B0;
k = 0;
syms lamda;
ff=sym(f);
max_iter=5000;
g = gradient(f, var);
d = -Hk * g;
g0=(double(subs(g,var,x_last)));
x_norm =norm(g0);
while x_norm > epsilon
    %计算搜索方向
    d_res=(double(subs(d,var,x_last)));
    %利用一维搜索牛顿法计算步长 alpha
    x_new=x_last+lamda*transpose(d_res);
    f_a=subs(ff,var,x_new);
    f_diff = simplify(diff(f_a,lamda));
    alpha = max(double(solve(f_diff,lamda)));
    %计算新的迭代点和梯度
    x_end=x_last+alpha*transpose(d_res);
    g1=(double(subs(g,var,x_end)));
    x_norm=norm(g1);
    if k+1==max_iter
        x_last =x_end;
        continue
    else
        %计算及更新黑塞矩阵的逆
        subg = g1 - g0;
        subx=x_end-x_last;
        subx=transpose(subx);
        H_new = Hk + [(subx * subx') / (subx' * subg )]* [1+(subg'*Hk*subg)/(subx'*subg)] - (1/(subx'*
                subg))*[(subx* subg' * Hk)+ (Hk *subg* subx')];
        %更新迭代参数
        x_last = x_end;
```

```
        Hk = H_new;
        k = k + 1;
        g0=g1;
    end
end
x_end=double(x_last);                    %最优解
f_end=double(subs(f,var,x_end));
end
```

例 7-10　用 DFP 方法求解 $\min f(x_1,x_2)=-4x_1-6x_2+2x_1^2+2x_1x_2+2x_2^2$，初始点 $x^{(0)}=(1,1)$.

解　绘制的函数图像如图 7-9 所示，此函数仅有 1 个极小值点，因此使用 DFP 法求解。
MATLAB 命令为：

```
syms x1 x2;
f = -4*x1-6*x2+2*x1.^2+2*x1.*x2+2*x2.^2;
x0=[1,1];
var=[x1,x2];
eps=10^(-5);
[min_x,min_f]=DFP(f,x0,var,eps)
```

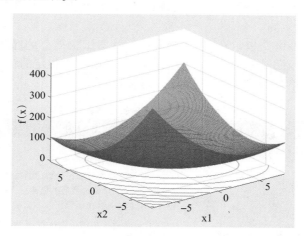

图 7-9　$f(x_1,x_2)=-4x_1-6x_2+2x_1^2+2x_1x_2+2x_2^2$ 函数图像

画图程序为：

```
clear
[x1, x2] = meshgrid(-8:0.1:8);
z = -4*x1-6*x2+2*x1.^2+2*x1.*x2+2*x2.^2;
figure;
h = surf(x1, x2, z);           %绘制三维曲面
set(h, 'edgecolor', 'b', 'facecolor', 'b', 'edgealpha', 0.3, 'facealpha', 0.3);
xlabel('x1'),ylabel('x2'),zlabel('f(x)')
hold on
contour(x1, x2, z,'color','m');
```

运行结果为：

```
min_x =   0.3333    1.3333
min_f =  -4.6667
```

由此可见，成功求得了 f 函数的极小值.

例 7-11　用 BFGS 方法求解上述问题.

解　MATLAB 命令为：

```
syms x1 x2;
f = -4*x1-6*x2+2*x1.^2+2*x1.*x2+2*x2.^2;
x0=[1,1];
var=[x1,x2];
eps=10^(-5);
[min_x,min_f]=BFGS(f,x0,var,eps)
```

运行结果为：

```
min_x =    0.3333    1.3333
min_f =   -4.6667
```

拟牛顿法的好处在于不用计算黑塞矩阵，从而大大减少了计算量.

7.2.4　MATLAB 工具箱中的基本函数

1. fminunc 函数

在 MATLAB 中，fminunc 函数可用于求解无约束多变量函数的极小值. 它的调用格式有以下几种：

1）x=fminunc(f,x0)　表示在点 x0 处开始，并尝试求得 f 的局部极小值 x.

2）x=fminunc(f,x0,options)　表示使用 options 中指定的优化选项来极小化 f. options 结构体中各个字段的含义如表 7-5 所示.

表 7-5　options 结构体中各个字段的含义

字段	说明
Display	用于设置结果显示方式： off：不显示任何结果 iter：显示每步迭代后的结果 final：只显示最后的结果 notify：仅在函数未收敛时显示输出
MaxFunEvals	允许函数求值的最大次数，为正整数
TolFun	目标函数的精度
TolX	自变量 x 的终止容差

3）x=fminunc(problem)　求 problem 的极小值. problem 是问题结构体，它的字段及说明如表 7-6 所示.

表 7-6　problem 结构体的字段及说明

字段	说明
objective	目标函数
x0	x 的初始点
solver	'fminunc'
options	用 optimoptions 创建的选项

4）[x,fval]=fminunc(___)　返回目标函数 f 在解 x 处的值.

5）[x,fval,exitflag,output]=fminunc(___)　返回 exitflag 表示函数 fminunc 的求解状态（成功或失败），以及提供优化过程信息的结构体 output.

exitflag 返回值及表达的含义如表 7-7 所示.

表 7-7　exitflag 返回值及表达的含义

exitflag 值	表达的含义
1	函数找到结果 x
0	函数最大功能评价次数达到，或者迭代次数达到
−1	算法由外部函数结束

output 返回的信息以包含下列字段的结构体形式返回，如表 7-8 所示.

表 7-8　output 字段及说明

字段	说明
iterations	执行的迭代次数
funcCount	函数计算次数
firstorderopt	一阶最优性的度量
algorium	使用的优化算法
spetsize	x 中的最终位移
message	退出消息

6）[x,fval,exitflag,output,grad,hessian]=fminunc(___)　还返回 grad-fun 在解 x 处的梯度，hessian-fun 在解 x 处的黑塞矩阵.

例 7-12　求函数 $f(x)=5x_1^2+2x_1x_2+x_2^2-4x_1$ 的极小值，初始点 $x_0=[1,1]$.

解　MATLAB 命令为：

```
syms x1 x2;
fun = @(x)5*x(1)^2 + 2*x(1)*x2 + x(2)^2 - 4*x(1);
x0 = [1,1];
[x,fval] = fminunc(fun,x0)
```

运行结果为：

```
找到局部最小值.
优化已完成,因为梯度值小于
最优性容差的值.
<停止条件详细信息>
x =     0.5000   -0.5000
fval =   -1.0000
```

画三维图像的程序如下：

```
clear
t = -10:0.1:10;
[X1, X2] = meshgrid(t);
Z = 5*X1.^2 + 2*X1.*X2 + X2.^2 -  4*X1;
h=surf(X1,X2,Z);
set(h, 'edgecolor', 'b', 'facecolor', 'b', 'edgealpha', 0.3, 'facealpha', 0.3);
hold on
contour(X1, X2, Z,'color','m');
```

函数的三维图像如图 7-10 所示.

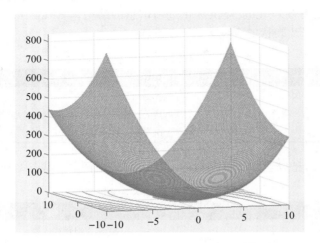

图 7-10 $f(x)=5x_1^2+2x_1x_2+x_2^2-4x_1$ 函数图像

若我们使用指令 $[x, fval, exitflag, output, grad, hessian] = fminunc(fun, x0)$，则运行结果如下：

```
正在使用目标函数计算有限差分黑塞矩阵.
找到局部极小值.
优化已完成,因为梯度值小于
最优性容差的值.
< 停止条件详细信息 >
x =
    0.5000   -0.5000
fval =
   -1.0000
exitflag =
    1
output =
  包含以下字段的 struct:
        iterations: 9
         funcCount: 30
          stepsize: 2.3174e-05
       lssteplength: 1
       firstorderopt: 1.9968e-06
         algorithm: 'quasi-newton'
           message: '找到局部极小值.↵优化已完成,因为梯度值小于↵最优性容差的值.↵↵< 停止条件详细信息 >
↵↵优化已完成:一阶最优性测度 2.218617e-07 小于↵options.OptimalityTolerance = 1.000000e-06.'
  grad =
     1.0e-05 *
    -0.1997
    -0.0685
  hessian =
    10.0000    2.0000
     2.0000    2.0000
```

由此可见，我们还获取了其迭代次数、步长、优化算法、梯度等信息．

通过设置 options 可以指定优化算法．例如，当我们输入如下指令时，可以直接要求优化算法采用拟牛顿法：

```
options = optimoptions(@ fminunc,'Algorithm','quasi-newton');
[x,fval,exitflag,output,grad,hessian] = fminunc(fun,x0,options)
```

例 7-13　求函数 $f(x_1,x_2)=2x_1^2+x_2^2$ 的极小值，初始点 $x_0=[3,3]$．

解　M 函数文件为：

```
function f=fun0(x)
f=2*x(1)^2+x(2)^2;
```

主程序为

```
[x,fval,exitflag,output]= fminunc('fun0',[3,3])
```

画图程序为：

```
[x1, x2] = meshgrid(-2:0.1:2);
z=2*x1.^2+x2.^2;
subplot(1, 2, 1);                %创建左侧的子图区域
h=surf(x1,x2,Z)                  % 如图 7-11 所示
set(h(1), 'edgecolor', 'b', 'facecolor', 'b', 'edgealpha', 0.3, 'facealpha', 0.3);
subplot(1, 2, 2);                %创建右侧的子图区域
mask = (z< = 4);
z(~mask) = NaN;                  %掩码外的区域设置为 NaN
contour(x1, x2, z, 15,'LineColor', 'b');
axis([-1.5 1.5 -2 2])
```

运行结果为：

找到局部最小值．
优化已完成，因为梯度值小于
最优性容差的值．
< 停止条件详细信息 >
```
x =
   1.0e-06 *
   0.0560   -0.3562
fval =
   1.3313e-13
exitflag =
   1
output =
  包含以下字段的 struct:
       iterations: 6
        funcCount: 21
         stepsize: 1.3915e-04
     lssteplength: 1
    firstorderopt: 7.2727e-07
        algorithm: 'quasi-newton'
          message: '找到局部最小值.↵优化已完成，因为梯度值小于↵最优性容差的值.↵< 停止条件详细信息>
↵↵优化已完成：一阶最优性测度 5.594383e-08 小于 options.OptimalityTolerance = 1.000000e-06.'
```

函数图像如图 7-11 所示．

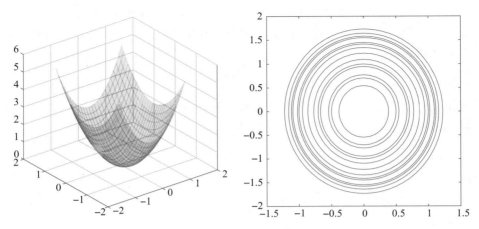

图 7-11 $f(x_1,x_2)=2x_1^2+x_2^2$ 函数图像

例 7-14   求函数 $f(x_1,x_2)=2x_1^2-x_1^4+\dfrac{x_1^6}{6}-x_1x_2+x_2^2$ 的极小值.

解   绘制的函数图像如图 7-12 所示，由此可见，函数有三个极小值点，需要分别求解三个极小值点. M 函数文件如下：

```
function f=fun1(x)
f=2*x(1)^2-x(1)^4+x(1)^6/6-x(1)*x(2)+x(2)^2;
```

主程序为：

```
[x_1,minf_1]=fminunc('fun1',[-1.5,-1])
[x_2,minf_2]=fminunc('fun1',[0,-0.5])
[x_3,minf_3]=fminunc('fun1',[1.5,0.5])
```

画图程序为：

```
clear
t=-2.5:0.02:2.5;
[x1,x2]=meshgrid(t);
z=2*x1.^2-x1.^4+x1.^6/6-x1.*x2+x2.^2;
subplot(1,3,1)
h=surf(x1,x2,z)      %如图 7-12 所示
set(h,'edgecolor','m','facecolor','m','edgealpha',0.3,'facealpha',0.3);
hold on
contour(x1, x2, z, 0:0.05:1.5);
subplot(1,3,2)
h=surf(x1,x2,z)      %如图 7-12 所示
set(h,'edgecolor','m','facecolor','m','edgealpha',0.3,'facealpha',0.3);
hold on
contour(x1, x2, z, 0:0.05:1.5);
view(37.5,5)
subplot(1,3,3)
contour(x1, x2, z, 0:0.01:1.5,'color','b');
```

运行结果为：

```
x_1 =   -1.6453   -0.8227
```

```
minf_1 =     0.7155
x_2 =   1.0e-07 *
        0.1072   -0.0466
minf_2 =   3.0137e-16
x_3 =   1.6453    0.8227
minf_3 =     0.7155
```

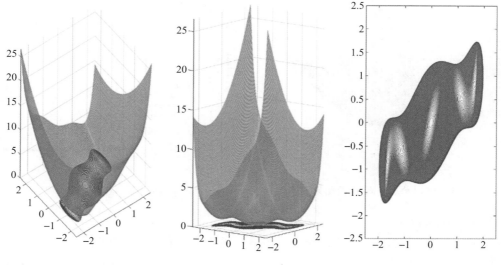

图 7-12　$f(x_1,x_2)=2x_1^2-x_1^4+\dfrac{x_1^6}{6}-x_1x_2+x_2^2$ 函数图像

2. fminsearch 函数

除去 fminunc 函数，fminsearch 也是 MATLAB 中常用的无约束多维求极值函数．其调用格式如下：

1）x=fminsearch(fun,x0)　表示在点 x0 处开始并尝试求 f 的局部极小值 x.

2）x=fminsearch(fun,x0,options)　表示用结构体 options 中指定的优化选项求极小值．optimset 可设置这些选项．它的 options 字段与 fminunc 函数一致．

此外，fminsearch 函数也有类似 fminunc 函数的调用格式 3、4、5.

例 7-15　求解 $\min f(x)=x_1^2+x_2^2$，初始点 $x_0=[-1,2]$.

解　绘制的函数图像如图 7-13 所示．MATLAB 命令为：

```
fun = @(x)x(1)^2+x(2)^2;
x0 = [-1,2];
%求解函数
options = optimset('PlotFcns',@optimplotfval);
[x,fval,exitflag]= fminsearch(fun,x0,options)
```

运行结果为：

```
x =   1.0e-04 *    0.3628   -0.3037
fval =   2.2381e-09
exitflag =1
```

如果给 options 增加如下指令，还能得到迭代过程：

```
options= optimset('PlotFcns',@optimplotfval,'Display','iter',
'MaxIter',1000);
```

图 7-14 展示了求解数值的迭代过程.

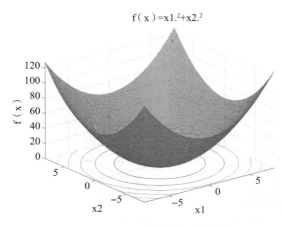

图 7-13　$f(x) = x_1^2 + x_2^2$ 函数图像

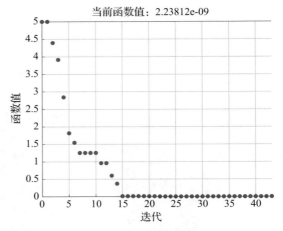

图 7-14　函数迭代过程

3. fminimax 函数

fminimax 函数是用来寻找能够最小化一组目标函数极大值的点，即给定一个 x_0，fminimax 函数会找到一个 x，使得 f 的极大值最小，并返回最小的极大值. 该问题可写成如下形式：

$$\min_x \max_i F_i(x)$$

其调用格式有以下几种：

1）x=fminimax(f,x0)　表示从 x0 开始，求 f 中所述的函数的 minimax 解.

2）x=fminimax(f,x0,A,b)　在满足线性不等式 A*x≤b 的情况下求解 minimax 问题.

3）x=fminimax(f,x0,A,b,Aeq,beq) 除去满足 A*x≤b，在线性等式 Aeq*x=beq 的情况下求解 minimax 问题. 如果不存在不等式，则设置 A=[]和 b=[].

4）x=fminimax(fun,x0,A,b,Aeq,beq,lb,ub)　在调用格式 3 的基础上，满足边界 lb≤x≤ub 的情况下求解 minimax 问题. 如果不存在等式，则设置 Aeq=[]和 beq=[]. 如果 $x^{(i)}$ 无下界，则设置 lb(i)=−Inf；如果 $x^{(i)}$ 无上界，则设置 ub(i)=Inf.

同样，fminimax 函数也可以使用 options 中指定的优化选项求解 minimax 问题.

5）[x,fval,maxfval,exitflag,output]=fminimax(___)　还返回解 x 处目标函数的最大值、一个描述 fminimax 退出条件的值 exitflag，以及一个包含优化过程信息的结构体 output.

6）[x,fval,maxfval,exitflag,output,lambda]=fminimax(___)　还返回结构体 lambda，其字段包含在解 x 处的拉格朗日乘数.

fminimax 函数默认求解最小极大值问题，在求解最大极小值问题时，可以将目标函数取相反数，由于 fminimax 函数使用的是局部优化算法，因此其得到的可能是局部最优解.

例 7-16　在甲城市有 10 家商超需要某短薄面包，第 i 个地点 p_i 的坐标记为 (a_i, b_i)（如表 7-9 所示），道路是正交的. 现该面包商想要建立一个供应中心，且其可选择的地点必须满足

a，b 点可取范围都在 $[5,8]$ 内. 问该中心该建于何处?

表 7-9 地点坐标

a	1	4	3	5	9	12	6	17	13	8
b	2	7	8	15	1	4	5	7	2	9

解 MATLAB 程序如下:

第一步，构建目标 M 函数文件:

```
function f=myfun(x)
x1=[1 4 3 5 9 12 6 17 13 8];
x2=[2 7 8 15 1 4 5 7 2 9];
plot(x1,x2,'*r');%画出 10 个需求点
hold on;
for i=1:10
    f(i)=abs(x(1)-x1(i))+abs(x(2)-x2(i));
end
```

第二步，构建主程序:

```
%x 初始值,随意设定
x0=[6;6];
%线性不等式约束 AX <= b
A=[-1 0;1 0;0 -1;0 1];
b=[-5;8;-5;8];
%线性等式约束 AeqX = beq
Aeq=[];
Beq= [];
%边界约束条件 Lb <= X <= Ub
lb=[0;0];
ub=[];
[x,fva,maxfval,exitflag,output]=fminimax(@myfun,x0,A,b,Aeq, Beq,lb,ub)
plot(x(1),x(2),'bo')   %图中标出要求的点
```

运行结果为:

```
可能存在局部最小值.满足约束.
fminimax 已停止,因为当前搜索方向的大小小于
步长容差值的两倍,并且在约束容差值范围内满足约束.
<停止条件详细信息>
x =
    7.0000
    6.5000
fva =
    10.5000    3.5000    5.5000    10.5000    7.5000    7.5000    2.5000    10.5000    10.5000    3.5000
maxfval =
    10.5000
exitflag =
     4
output =
  包含以下字段的 struct:
        iterations: 2
         funcCount: 9
```

```
      lssteplength: 1
          stepsize: 0
         algorithm: 'active-set'
     firstorderopt: []
    constrviolation: 0
          message: '可能存在局部最小值.满足约束.↵fminimax 已停止,因为当前搜索方向的大小小于↵步长容
差值的两倍,并且在约束容差值范围内满足约束.↵< 停止条件详细信息 >↵优化已停止,因为当前搜索方向的范数
0.000000e+00 ↵小于 2 * options.StepTolerance = 1.000000e-06,↵并且最大约束违反度 0.000000e+00 小于
options.ConstraintTolerance = 1.000000e-06.'
```

供应点选址如图 7-15 所示.

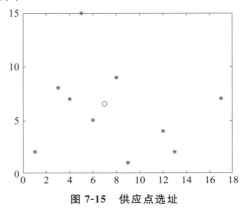

图 7-15　供应点选址

于是，得到结论：中心应建于坐标（7.0000，6.5000）处.

7.2.5　实例：产销量的最佳安排

多维无约束极值点的求解在现实生活中有广泛的应用，在金融投资中，可以通过多维无约束极值点的求解来优化投资组合的资产配置比例，以最大化收益或最小化风险；在工程设计中，可以优化结构参数以提高性能；在交通规划中，可以优化道路网络布局以降低拥堵.

优化问题无处不在，最优化方法的应用和研究已深入我们生活的各个领域，在运输调度、效率提升、经济生产等方面得到了广泛应用.

例 7-17　某厂生产一种产品有甲、乙、丙三个型号，讨论在产销平衡的情况下如何确定每种型号的生产数量，以使得总利润最大. 所谓产销平衡是指工厂的产量等于市场上的销量.

1. 问题分析

已知总利润既取决于销量和价格，也依赖于产量和成本. 我们可以得到总利润与各型号所获利润的关系为总利润＝甲的利润＋乙的利润＋丙的利润，即

$$z(x_1, x_2, x_3) = (p_1 - q_1)x_1 + (p_2 - q_2)x_2 + (p_3 - q_3)x_3$$

其中，p_1 为甲的价格，q_1 为甲的成本，x_1 为甲的销量，p_2 为乙的价格，q_2 为乙的成本，x_2 为乙的销量，p_3 为丙的价格，q_3 为丙的成本，x_3 为丙的销量.

2. 模型建立

1）假设价格与销量呈线性关系，以型号甲为例，甲的价格 p_1 随销量 x_1 的增长而降低；乙、丙的销量 x_2、x_3 的增长也会使甲的价格有所下降. 于是可以简单地假设价格与销量呈线性关系，即

$$p_1 = b_1 - a_{11}x_1 - a_{12}x_2 - a_{13}x_3, \quad a_{11} > a_{12}, a_{11} > a_{13}, \quad a_{11}, a_{12}, a_{13} > 0$$

同理

$$p_2 = b_2 - a_{21}x_1 - a_{22}x_2 - a_{23}x_3, \quad a_{21}, a_{22}, a_{23} > 0, \quad a_{22} > a_{21}, a_{22} > a_{23}$$

$$p_3 = b_3 - a_{31}x_1 - a_{32}x_2 - a_{33}x_3, \quad a_{31}, a_{32}, a_{33} > 0, \quad a_{33} > a_{31}, a_{33} > a_{32}$$

2）假设成本与产量呈负指数关系：甲的成本 q_1 随其产量（等于甲的销量 x_1）的增长而降低，且有一个渐近值，可以假设为负指数关系，即

$$q_1 = r_1 e^{-\lambda_1 x_1} + c_1, \quad r_1, \lambda_1, c_1 > 0$$

同理

$$q_2 = r_2 e^{-\lambda_2 x_2} + c_2, \quad r_2, \lambda_2, c_2 > 0$$

$$q_3 = r_3 e^{-\lambda_3 x_3} + c_3, \quad r_3, \lambda_3, c_3 > 0$$

3）建立如下模型：

总利润： $$z(x_1, x_2, x_3) = (p_1 - q_1)x_1 + (p_2 - q_2)x_2 + (p_3 - q_3)x_3$$

$$p_1 = b_1 - a_{11}x_1 - a_{12}x_2 - a_{13}x_3 \quad q_1 = r_1 e^{-\lambda_1 x_1} + c_1$$

$$p_2 = b_2 - a_{21}x_1 - a_{22}x_2 - a_{23}x_3 \quad q_2 = r_2 e^{-\lambda_2 x_2} + c_2$$

$$p_3 = b_3 - a_{31}x_1 - a_{32}x_2 - a_{33}x_3 \quad q_3 = r_3 e^{-\lambda_3 x_3} + c_3$$

若根据大量的统计数据，求出系数：

$$b_1 = 100 \quad a_{11} = 1 \quad a_{12} = 0.1 \quad a_{13} = 0.15 \quad r_1 = 30 \quad \lambda_1 = 0.015 \quad c_1 = 20$$

$$b_2 = 280 \quad a_{21} = 0.2 \quad a_{22} = 2 \quad a_{23} = 0.1 \quad r_2 = 100 \quad \lambda_2 = 0.02 \quad c_2 = 30$$

$$b_3 = 180 \quad a_{31} = 0.15 \quad a_{32} = 0.2 \quad a_{33} = 1.5 \quad r_3 = 60 \quad \lambda_3 = 0.02 \quad c_3 = 20$$

则该问题转化为无约束优化问题：求甲、乙、丙三个型号的产量 x_1、x_2、x_3 使总利润 z 最大.

3. 模型求解

用迭代法求解，先估计初始值. 简化模型，先忽略成本，并令 $a_{12}, a_{13}, a_{21}, a_{21}, a_{31}, a_{32} = 0$，则问题转化为求 z 的极值：

$$z(x_1, x_2, x_3) = (b_1 - a_{11}x_1)x_1 + (b_2 - a_{22}x_2)x_2 + (b_3 - a_{33}x_3)x_3$$

显然，其解为

$$x_1 = -\frac{b_1}{2a_{11}} = 50, \quad x_2 = -\frac{b_2}{2a_{22}} = 70, \quad x_3 = -\frac{b_3}{2a_{33}} = 60$$

我们将其作为原问题的初始值.

4. 编程求解

1）建立 M 函数文件：

```
function z_minus = fun(x)
y1=((100-x(1)-0.1*x(2)-0.15*x(3))-(30*exp(-0.015*x(1))+20))*x(1);
y2=((280-0.2*x(1)-2*x(2)-0.1*x(3))-(100*exp(-0.02*x(2))+30))*x(2);
y3=((180-0.15*x(1)-0.2*x(2)-1.5*x(3))-(60*exp(-0.02*x(3))+20))*x(3);
z_minus=-y1-y2-y3;
```

2）主程序：

```
x0=[50,70,60];
xmin= fminunc('fun',x0)
```

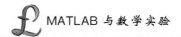

```
z_minus=fun(xmin)
```

3）运行结果：

```
xmin =
      15.0593   59.4248   45.0874
z_minus =
      -8.3913e+03
```

即甲的产量为 15.0593，乙的产量为 59.4248，丙的产量为 45.0874，最大利润为 8391.3.

7.3　非线性拟合

拟合是指通过已知数据点的集合来确定一个函数（或曲线），使得这个函数（或曲线）能够尽可能地靠近数据点．通常情况下，我们拟合的目的是希望能够通过一个简单的数学形式来描述或预测数据的行为规律，或者获取由实验数据得到的某些变量之间的函数关系．拟合是数据分析、计算机视觉、模式识别、信息处理等领域中常用的基本工具.

当拟合函数是非线性时，称为非线性拟合．非线性曲线拟合是已知输入向量 x_{data} 和输出向量 y_{data}（假设有 n 组），并且知道输入与输出的函数关系为 $y_{data}=F(x,x_{data})$，但不知道系数向量 x，通过曲线拟合，求 x 使得输出的如下最小二乘表达式成立：

$$\min \sum_{i=1}^{n}(F(x,x_{data_i})-y_{data_i})^2$$

lsqcurvefit 函数可以对数据进行参数化非线性函数拟合，其调用格式如下：

```
x=lsqcurvefit('fun',x0,xdata,ydata,lb,ub,option)
```

其中，fun 是一个预先定义的函数 $F(x,x_{data})$，自变量为 x 和 x_{data}；x0 是非线性最小二乘法的迭代初值；xdata，ydata 是已知数据点；lb 和 ub 是解向量的上下界，lb<=x0<=ub，若没有要求，就设为空 lb=[]，ub=[]；option 是指定具体的非线性优化方法.

也可以通过 [x,resnorm,residual,exitflag,output]=lsqcurvefit(____) 来调用此函数，x 是拟合的最优解；resnorm 是残差的平方和；residual 是残差；exitflag 是终止迭代的条件；output 是输出的优化信息.

例 7-18　在第 5 章提到的人口预测模型中，我们建立了 Malthus 模型，即 $p(t)=p_0 e^{rt}$，$x=(p_0,r)^T$，$x(1)=p_0$，$x(2)=r$，于是可以建立如下函数：

```
function pt= population1(x,tdata)
pt= x(1)*exp(x(2)*tdata);
```

MATLAB 命令如下：

```
tdata=1971:1985;
tdata=tdata-1970;
pdata=[8.5229,8.7177,8.9211,9.0859,9.2420,9.3717,9.4974,9.6259,9.7542,9.8705,10.0072,10.1654,
      10.3008,10.4357,10.5851];
x0=[1,0.15];                          %x 的初值
x = lsqcurvefit('population1',x0,tdata,pdata)    %极小值点(p0,r)
ts=1971:2015;
ts=ts-1970;
y = population1(x,ts);
ts1=1971:1990;                        %原始点用红色五角星标出
ys1=[8.5229,8.7177,8.9211,9.0859,9.2420,9.3717,9.4974,9.6259,9.7542,9.8705,10.0072,10.1654,10.3008,
```

```
    10.4357,10.5851,10.7507,10.9300,11.1026,11.2704,11.4333];
plot(ts1,ys1,'rp',ts+1970,y)
```

运行结果为：

```
x =
    8.5278    0.0146
```

即使用 lsqcurvefit 函数拟合的人口预测模型 Malthus 为 $p(t)=8.5278\times e^{0.0146t}$，绘制的图像如图 7-16 所示.

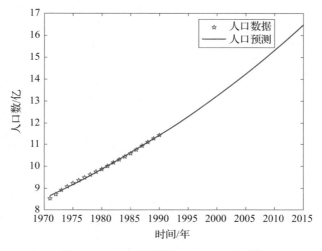

图 7-16　人口预测模型 Malthus 的图像

由于自然资源、环境条件等因素对人口的增长起着阻滞作用，并且随着人口的增加，阻滞作用越来越大，我们重新给出假设，即人口增长率 r 为当时人口数量 $p(t)$ 的减函数：

$$r(p)=r-sp$$

其中，r，s 均为正常数. r 可以理解为固有增长率. 此外，假设自然资源和环境条件年容纳的最大人口数量为 p_m. 当 $p=p_m$ 时，增长率为 0，即

$$r(p_m)=r-sp_m=0$$

所以 $s=\dfrac{r}{p_m}$，于是可以得到 $r(p)=r\left(1-\dfrac{p}{p_m}\right)$，将其代入 Malthus 模型，有 $\begin{cases}\dfrac{\mathrm{d}p}{\mathrm{d}t}=rp\left(1-\dfrac{p}{p_m}\right),\\ p(t_0)=p_0\end{cases}$，

用分离变量法得到 $\dfrac{\mathrm{d}p}{p}-\dfrac{\mathrm{d}p}{p_m-p}=r\mathrm{d}t$，对两边分别进行积分，可得

$$\ln\frac{p}{p_m-p}-\ln\frac{p_0}{p_m-p_0}=rt$$

于是我们构建了 Logistic 模型：

$$p(t)=\frac{p_m}{1+\left(\dfrac{p_m}{p_0}-1\right)e^{-rt}}$$

令 $\boldsymbol{X}=[p_m,r]^{\mathrm{T}}$，建立 M 函数文件：

```
function pt= population2(x,tdata)
pt= x(1)./(1+(x(1)/8.5229-1)*exp(-x(2)*tdata)); %x(1)=pm,x(2)=r
```

主程序：

```
tdata=1971:1985;
tdata=tdata-1970;
pdata=[8.5229,8.7177,8.9211,9.0859,9.2420,9.3717,9.4974,9.6259,9.7542,9.8705,10.0072,10.1654,
       10.3008,10.4357,10.5851];
x0 = [16,0.15];                                     %x 的初值
x = lsqcurvefit('population2',x0,tdata,pdata)       %最优解(pm,r)
ts=1971:2015;
ts=ts-1970;
y = population2(x,ts);
plot(ts1,ys1,'rp',ts+1970,y)
```

运行结果为：

```
x =
    19.5730    0.0281
```

即拟合的人口预测模型 Logistic 为 $p(t) = \dfrac{19.5730}{1+\left(\dfrac{19.5730}{p_0}-1\right)\mathrm{e}^{-0.0281t}}$，绘制的图像如图 7-17

所示.

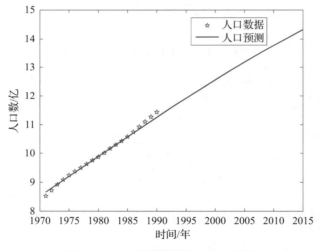

图 7-17　人口预测模型 Logistic 图像

在拟合问题中，我们可以把拟合看作一个优化问题，我们需要通过找到一组最优的参数，来使得拟合模型与实际数据的误差最小. 我们可以定义一个误差函数（或叫损失函数），来度量拟合模型与实际数据之间的误差. 误差函数可以是各种形式，比如最常见的残差平方和（RSS，Residual Sum of Squares）.

然后，我们可以使用各种无约束优化算法来寻找误差函数的最小值. 这里的优化变量就是拟合模型的参数，也就是模型中的未知量. 在优化完成后，我们就可以得到一组最优的参数，用于表示拟合模型与实际数据之间的关系.

7.4　综合实验：使用 MATLAB 求解广告投放的权衡曲线

知识点：多目标规划模型，帕雷托最优，权衡曲线.

实验目的：为广告投放问题建立多目标规划模型，并以 MATLAB 为工具求解和绘制该问题的权衡曲线.

问题描述：在实际生活中，有时我们面临的问题中有不止一个希望达成的目标，比如下面这个广告投放的决策问题. 某公司生产一款针对中青年客户的功能饮料，现在希望投放一批电视广告以促进产品的推广. 可供选择的栏目有偶像剧、体育、综艺、军事、音乐、文娱、新闻及连续剧 8 类. 在各类节目中每周投放 100s 的广告能够在中青年男性和女性中分别达成的曝光数（万人次）、投放成本（千元），以及每个栏目每周最多容纳的广告时长（s）如表 7-10 所示.

表 7-10　广告效果及成本

考虑的目标	栏目							
	偶像剧	体育	综艺	军事	音乐	文娱	新闻	连续剧
男性曝光数/万人次	6	6	3	0.5	0.7	0.1	0.1	1
女性曝光数/万人次	9	1	6	0.1	0.9	0.1	0.1	1
投放成本/千元	3.3	2.0	1.6	0.19	0.25	0.3	0.2	1.7
最大时长/s	1260	1680	840	150	210	630	210	1680

该公司准备在电视广告上每周投入 3.5 万元进行宣传，希望对男性和女性客户的宣传曝光次数尽可能大.

问题分析及模型建立：

很显然，对男性和女性客户的宣传曝光次数极大化是本问题的两个目标. 因此我们可以使用多目标规划来描述和求解这一问题.

设公司在上述各栏目购买的广告时长分别为 $x_1 \sim x_8$（百秒/周）. 问题的两个目标可以写为：

男性曝光数：$f_1 = 6x_1 + 6x_2 + 3x_3 + 0.5x_4 + 0.7x_5 + 0.1x_6 + 0.1x_7 + x_8$

女性曝光数：$f_2 = 9x_1 + x_2 + 6x_3 + 0.1x_4 + 0.9x_5 + 0.9x_6 + 0.1x_7 + x_8$

约束条件则包括总预算 $3.3x_1 + 2x_2 + 1.6x_3 + 0.19x_4 + 0.25x_5 + 0.3x_6 + 0.2x_7 + 1.7x_8 \leqslant 35$，时间长度 $0 \leqslant 100x_i \leqslant u_i$，$i = 1, 2, \cdots, 8$，其中 u_i 为表 7-10 中各栏目最大广告时长.

若我们只考虑一个单一的目标函数，例如，只考虑极大化男性曝光数，则得到一个线性规划问题. 由于这里需要极大化曝光数，而 MATLAB 求解规划问题是求解目标函数的极小值，因此我们选取曝光数的相反数为目标函数，并求其极小值：

$$\min -f_1 = -6x_1 - 6x_2 - 3x_3 - 0.5x_4 - 0.7x_5 - 0.1x_6 - 0.1x_7 - x_8$$

满足

$$3.3x_1 + 2x_2 + 1.6x_3 + 0.19x_4 + 0.25x_5 + 0.3x_6 + 0.2x_7 + 1.7x_8 \leqslant 35$$
$$0 \leqslant 100x_i \leqslant u_i, \quad i = 1, 2, \cdots, 8$$

问题求解及结果分析：

我们可以用如下程序对这一问题进行求解：

```
f1=-[6;6;3;0.5;0.7;0.1;0.1;1];
A=[3.3,2,1.6,0.19,0.25,0.3,0.2,1.7];
b=35;
lb=zeros(8,1);
ub=[12.6;16.8;8.4;1.5;2.1;6.3;2.1;16.8];
[x1,fval_11]=linprog(f1,A,b,[],[],lb,ub)
```

运行得到最优解：

```
x1 =
      0.0000
     16.8000
      0.3687
      1.5000
      2.1000
      0.0000
      0.0000
      0.0000
fval_11 =
   -104.1262
```

令

```
f2=-[9;1;6;0.1;0.9;0.9;0.1;1];
fval_12 = f2'*x1,
```

运行得到此时的女性曝光数：

```
fval_12 =
    -21.0525
```

反之，若只考虑极大化女性曝光数，即如下线性规划问题：

$$\min -f_2 = -9x_1 - x_2 - 6x_3 - 0.1x_4 - 0.9x_5 - 0.9x_6 - 0.1x_7 - x_8$$

满足

$$3.3x_1 + 2x_2 + 1.6x_3 + 0.19x_4 + 0.25x_5 + 0.3x_6 + 0.2x_7 + 1.7x_8 \leqslant 35$$
$$0 \leqslant 100x_i \leqslant u_i, \quad i = 1, 2, \cdots, 8$$

则可以用如下方式求解：

```
[x2,fval_22]=linprog(f2,A,b,[],[],lb,ub)
```

得到最优解

```
x2 =
      5.8015
      0.0000
      8.4000
      0.0000
      2.1000
      6.3000
      0.0000
      0.0000
fval_22 =
   -110.1736
```

以及此时对应的男性曝光数：

```
fval_21 = f1'*x2,
```

得到

```
fval_21 =
        -62.1091
```

由这两组求解结果可以看到，若我们极大化男性曝光数，可以达到 104 万人次，但是此时女性观众中的曝光数只有 21 万人次．反之，如果我们极大化女性曝光数，可以达到 110 万人次，但此时男性观众曝光情况则下降到 62 万人次．

在多目标规划问题中，如果对于一个可行解 A，没有任何另外一个可行解能够严格比 A 更好，即对于任何另外一个可行解 B，如果其某一个目标函数值严格优于 A，则一定至少存在另一个目标函数值严格比 A 差，此时我们称解 A 是该问题的一个帕雷托最优解．对于一个有两个目标函数的多目标规划问题，所有帕雷托最优解的两个目标函数值在坐标平面上对应的点组成一条曲线，这条曲线称为权衡曲线．

考虑上述问题的解 x_1 和 x_2．对于 x_1 来说，在满足预算和最大时间长度要求下已经不可能使得男性曝光数这个目标更好了．而且可以证明，要想使得男性曝光数达到这一目标，x_1 是唯一的一个可行解．因此，如果想要改善另一个目标函数——女性曝光数，就势必会减小男性曝光数，即 x_1 是该问题的一个帕雷托最优解．同样，x_2 也是一个帕雷托最优解．由于这两个解分别对应了两个目标函数取值最大和最小的情况，因此它们也是权衡曲线的两个顶点．

下面我们用 MATLAB 绘制这个问题的权衡曲线．由于权衡曲线上的每一个点都是帕雷托最优解，即对于每一个给定的函数值 f_1，曲线上对应的 f_2 都应该是最大的．因此对于 f_1 可能的取值范围 $[\text{-fval\_21}, \text{-fval\_11}] = [62.1091, 104.1262]$ 之内的每个值，我们求解如下问题来得到相应的 f_2：

$$\min -f_2 = -9x_1 - x_2 - 6x_3 - 0.1x_4 - 0.9x_5 - 0.9x_6 - 0.1x_7 - x_8$$

满足

$$3.3x_1 + 2x_2 + 1.6x_3 + 0.19x_4 + 0.25x_5 + 0.3x_6 + 0.2x_7 + 1.7x_8 \leqslant 35$$

$$-6x_1 - 6x_2 - 3x_3 - 0.5x_4 - 0.7x_5 - 0.1x_6 - 0.1x_7 - x_8 = -f_1$$

$$0 \leqslant 100x_i \leqslant u_i, \quad i = 1, 2, \cdots, 8$$

可以使用如下程序进行求解：

```
step = (fval_21 - fval_11) / 100;
u = [fval_11 + step*(0:99), fval_21];
for i = 1:101,
[x, v(i)] = linprog(f2,A,b,f1',u(i),lb,ub);
end
plot(-u,-v,'k')
```

运行结果如图 7-18 所示．

可以看到此问题的权衡曲线是一条折线段，该折线上的每一个点都对应了本问题的一个帕雷托最优解．实际实施时想要确定究竟选用哪个解，则需要我们对于究竟更重视男性观众还是女性观众做出进一步的判断．如果更重视女性观众，就选取对应左上方的解；如果更重视男性观众，就选取对应右下方的解．

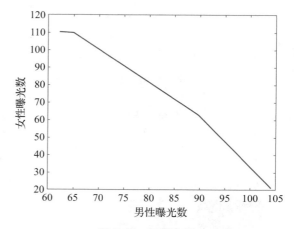

图 7-18　权衡曲线

　　多目标规划问题的本质决定了它有可能不存在唯一的"绝对最优解",只有一系列"相对最优解",也就是上面所提到的帕雷托最优解. 图 7-18 中的权衡曲线表明了本问题所有帕雷托最优解的情况,每一个帕雷托最优解的两个目标函数值即对应权衡曲线上的一个点. 根据帕雷托最优解的定义可知,如果我们找到一个方案,其函数值对应点在权衡曲线的左下方,则这个方案一定不是最好的,严格意义下存在更好的解;若对应点在权衡曲线的右上方,则该方案是不可行的,或者说不可能有这么好的解. 实际实施时想要确定究竟选用哪个帕雷托最优解,则需要对两个目标函数的相对重要性再进行进一步判断.

 习题

1. 使用黄金分割法找到目标函数 $f(x) = x^4 - 14x^3 + 60x^2 - 70x$ 在区间 $[0,2]$ 的极小值.

2. 对函数 $f(x) = 8e^{2-2x} + 2\log(x+4)$ 进行如下操作:
   (1) 绘制函数在区间 $[2,5]$ 的图像.
   (2) 利用黄金分割法将区间长度压缩到 0.1,并求出所有中间结果.

3. 对于函数 $f(x) = -x^3 + 2x^2 - 2$,以 $x_0 = 1$ 为迭代初始点,使用牛顿法找到该函数的极大值.

4. 考虑函数 $f(x) = e^{-x}\sin(x)$,按如下要求求函数的极小值:
   (1) 结合本章介绍的三种优化算法,编写 MATLAB 函数进行一维优化. 该函数的输入应包括目标函数、初始搜索区间、收敛精度,要求返回函数最优化结果及对应的极小值.
   (2) 使用你编写的优化方法,针对给定的函数 $f(x)$ 和初始区间 $[0,3]$,求函数的极小值.

5. 给定函数 $f(x) = \log(x) - x^2 + 2x - 1$:
   (1) 绘制函数在区间 $[-1, 2]$ 的图像.
   (2) 自定初始点,分别使用牛顿法和抛物线法计算函数在区间 $[-1,2]$ 上的极值点,并比较两种算法的迭代过程和收敛速度.

6. 使用 fminbnd 命令求函数 $f(x) = \sin(2x+1) + 2\sin(4x+3)$ 在区间 $[-3,3]$ 的所有极小值.

7. 使用最速下降法求解函数 $f(x) = x_1^2 + x_2^2 - x_1x_2 + 2x_1 + x_2$ 的极小值,初始点设在 $(0,1)$.

8. 使用共轭梯度法找到以下非线性函数的极小值,初始点设为 $(1,1,1)$:
$$f(x) = x_1^4 + 2x_2^4 + x_3^4 - x_1x_2x_3 + 2x_1^2 + 3x_2^2 + 4x_3^2 - 3x_1x_2 - 2x_2x_3$$

9. 使用 fminsearch 函数求解以下多峰函数的全局最小值,初始点设为 $(0,0,0,0)$:
$$f(x) = \sin(x_1) + \cos(3x_2) - 0.5x_3^3 + 0.1x_4^4$$

10. 使用 fminunc 或其他适当的算法找到以下非线性函数的极小值,初始点设在 $(1,1)$:
$$f(x) = x_1^6 + x_2^6 + 2x_1^4 + 2x_2^4 - 3x_1^2x_2^2$$

11. 求函数 $f(x) = x_1 + \dfrac{1}{x_1} + x_2 + \dfrac{1}{x_2}$ 的极小值,其中 x_1,x_2 都大于 0.

12. 使用 fminimax 函数找到以下函数的极小值:
$$f(x) = |x_1| + |2x_2| + |3x_3| + |4x_4| + |5x_5|$$

13. 使用两种形式的拟牛顿法分别找到以下非线性函数的极小值:
   (1) $f(x) = (x_1-2)^2 + (x_2-3)^2 + (x_3-4)^2$, $x_0 = [0,0,0]$.
   (2) $f(x) = \sin(x_1) + \cos(x_2) + x_3^2 + e^{x_4} - \dfrac{x_1x_2}{x_3} + \ln(x_4)$, $x_0 = [0,0,1,1]$.

14. 用下面一组数据拟合 $c(t) = a + be^{-0.02kt}$ 中的参数 a,b,k:

t_j	100	200	300	400	500	600	700	800	900	1000
$c_j \times 10^3$	4.54	4.99	5.35	5.65	5.90	6.10	6.26	6.39	6.50	6.59

机器学习

第 **8** 章

8.1 机器学习概述

8.1.1 机器学习的定义

机器学习（Machine Learning，ML）是一种人工智能技术，旨在通过使用数据和算法来让计算机自动地从经验中学习．机器学习的目标是让计算机具有类似于人类的学习能力，能够从大量的数据中自动发现模式和规律，并且可以根据这些规律进行预测和决策．

例如，我们可以使用机器学习来训练一个计算机程序，使其能够自动通过图片识别出动物种类、识别语音并转换成文本、预测股票市场走势等．通过不断引入新的数据和改进算法，机器学习系统可以不断学习和优化，从而不断提高其性能和准确率．

机器学习与传统的编程方法不同，它不需要手动编写所有的规则和逻辑，而是能够通过训练模型来让计算机自动获取这些规则和逻辑．因此，机器学习可以说是一种强大的工具，能够帮助我们更好地处理和理解大量的数据，并支持各种计算机应用，从而实现自动化和智能化．

8.1.2 机器学习的历史

机器学习的发展可以追溯到 20 世纪 40 年代，当时，人们开始尝试使用计算机来解决一些难以用传统编程方法解决的问题．随着计算机的发展和大数据时代的到来，机器学习开始蓬勃发展．

机器学习最早可以追溯到对人工神经网络的研究．1943 年，Warren McCulloch 和 Wallter Pitts 提出了神经网络层次结构模型，确立了神经网络的计算模型理论，从而为机器学习的发展奠定了基础．1950 年，"人工智能之父"图灵提出了著名的"图灵测试"，使人工智能成为科学领域的一个重要研究课题．

1957 年，康奈尔大学教授 Frank Rosenblatt 提出了 Perceptron 概念，并且首次用算法精确定义了自组织自学习的神经网络数学模型，设计出了第一个计算机神经网络．这个机器学习算法成为神经网络模型的开山鼻祖．

1980 年夏，在美国卡内基梅隆大学举行了第一届机器学习国际研讨会，标志着机器学习研究在世界范围内兴起．1986 年 *Machine Learning* 创刊，标志着机器学习逐渐为世人瞩目并开始加速发展．

1986 年，Geoffery Hinton 等人联合在 *Science* 杂志发表了著名的反向传播算法（BP）．

1989 年，美国贝尔实验室学者 Yann LeCun 教授提出了目前最为流行的卷积神经网络（CNN）计算模型，推导出基于 BP 算法的高效训练方法，并成功地应用于英文手写体识别．1990 年，Yoshua Bengio 发明了 Probabilistic models of sequences，把神经网络和概率模型结合在一起，用于识别手写的支票，现在的语音识别技术正是基于这一概念的扩展．

进入 20 世纪 90 年代，多浅层机器学习模型相继问世，例如逻辑回归、支持向量机等，这些机器学习算法的共性是数学模型为凸代价函数的最优化问题，理论分析相对简单，容易从训练样本中学习到内在模式，进行标签识别等初级智能工作．

进入 21 世纪，深度学习算法被提出，2006 年，机器学习领域泰斗 Geoffrey Hinton 和 Ruslan Salakhutdinov 发表文章，提出深度学习模型，开启了深度神经网络的新时代．

总的来说，机器学习的发展可以分为几个阶段：基础模型的创建、神经网络的兴起、机器学习智能化发展等．随着技术的不断进步和应用的拓展，机器学习的未来仍然充满了无限可能．

8.1.3　机器学习的应用领域

如今，机器学习广泛应用于各个领域，例如，自然语言处理、图像识别、推荐系统和智能控制等．它的应用使得人们能够更好地理解和利用大量的数据，并且可以自动化和优化许多任务．正是由于其高效、精确、自适应、可扩展和自动化的特点，机器学习已成为计算机科学、数据科学、商业和工业领域中的重要研究和应用技术．

因此，机器学习的定义可以简单概括为：一种以数据和算法为基础的人工智能技术，能够自动学习、推理和决策，用来解决各种实际问题和任务．

8.2　机器学习任务

8.2.1　机器学习术语介绍

机器学习是一门专业性很强的技术，理解相关术语可以为后续学习打下坚实的基础．本节将介绍机器学习中常用的基本概念．

1）机器学习：一种人工智能的分支，通过使用统计学和计算机科学的方法，使计算机能够从数据中学习并自动改进性能，而无须明确编程．

2）数据集：机器学习算法的输入数据集合．数据集通常包含许多样本，每个样本都有一组特征和一个标签（用于监督学习）或目标（用于无监督学习）．

3）特征：数据集中用于描述样本的属性或变量．特征可以是数值型、类别型或其他类型的数据．

4）标签：在监督学习中，标签是与每个样本相关联的已知输出或类别．机器学习算法通过学习输入特征与标签之间的关系来进行预测．

5）模型：机器学习算法通过学习数据集中的模式和规律而构建的数学表示．模型可以用于预测新的未知数据的标签或目标．

6）训练：使用已知输入特征和标签的数据集来调整模型的参数，使其能够更好地拟合数据并提高预测准确性的过程．

7）测试：使用未知输入特征的数据集来评估训练后模型的性能．测试数据集通常与训练数据集是独立的，用于检查模型的泛化能力．

8）监督学习：一种机器学习任务，其中训练数据集包含输入特征和相应的标签．目标是通过学习输入特征与标签之间的关系来预测新的未知数据的标签. 分类和回归都属于监督学习的范畴.

9）无监督学习：一种机器学习任务，其中训练数据集只包含输入特征，没有相应的标签. 目标是发现数据中的模式、结构或关系，以便进行数据聚类降维或异常检测等任务.

10）强化学习：一种机器学习任务，其中智能体通过与环境进行交互来学习最佳行为策略. 智能体根据环境的反馈（奖励或惩罚）来调整其行为，以最大化长期累积奖励.

11）半监督学习：一种机器学习任务，综合了有标签数据和未标签数据. 模型通过同时使用这两种类型的数据进行训练，以提高性能.

12）自监督学习：是无监督学习的一个变体，其中模型通过自动生成标签或任务来学习. 这些任务通常是通过对输入数据进行某种变换或转换来生成的.

13）迁移学习：是一种将一个领域中学到的知识应用于另一个领域的学习方式. 它通过在原领域上训练的模型或知识来提高在目标领域上的性能.

8.2.2　机器学习算法种类

对于机器学习任务而言，主要是指分类、聚类、回归，以及策略型任务. 用于解决分类和回归任务的机器学习称为监督学习；用于解决聚类任务的机器学习称为无监督学习；用于解决策略型任务的机器学习称为强化学习.

依据上述机器学习算法分类，表 8-1 列举了各类机器学习算法中所包含的典型算法.

表 8-1　机器学习算法种类

种类	典型算法
监督学习	支持向量机（分类或回归，多用于分类）
	朴素贝叶斯（分类或回归，多用于分类）
	线性回归（只能处理回归）
	k-近邻（分类或回归）
	决策树（分类或回归）
	神经网络（分类或回归）
无监督学习	k 中心点聚类
	k 均值
	层次聚类算法
	高斯混合模型
强化学习	SARSA 算法
	Q 学习算法
	DQN 算法

下面将从支持向量机、决策树、K 均值、层次聚类算法、线性回归和 BP 神经网络算法展开详细介绍.

8.3　支持向量机

8.3.1　算法概述

支持向量机（Support Vector Machine，SVM）是一种常用的监督学习算法，既可以用于分类问题，也可以用于回归问题，但多应用于分类. SVM 于 1964 年被提出，在 20 世纪 90 年代后得到快速发展并衍生出一系列改进和扩展算法，在人像识别、文本分类等模式识别领域中具有广泛的应用.

    SVM 的核心思想是找到一个最优的超平面, 将不同类别的样本分开. 这个超平面称为决策边界, 它最大化了样本间的间隔, 使得分类的鲁棒性更强. SVM 的关键是通过支持向量来定义决策边界, 支持向量是离决策边界最近的样本点.

    SVM 的优势在于它能够处理高维数据, 并且对于样本数量较少的情况也能取得良好的效果. 此外, SVM 还可以通过核函数将非线性问题转化为线性问题, 从而提高分类的准确性.

8.3.2 算法原理

    考虑如下形式的线性可分训练数据集:

$$(x_1, y_1), (x_2, y_2), \cdots, (x_n, y_n)$$

其中 x_i 是一个含有多个特征元素的列向量, 即 $x_i \in \mathbf{R}^d$, y_i 是标量, $y = +1$ 或 -1, $y_i = +1$ 时表示 x_i 属于正类别, $y_i = -1$ 时表示 x_i 属于负类别.

    一个超平面由法向量和截距决定, 其方程为 $x^\mathrm{T} w + b = 0$, 其中, w 是法向量, b 是截距, x 是输入特征. 我们希望找到一组 w 和 b, 使得间隔最大. 可以规定, 法向量指向的一侧为正类, 另一侧为负类.

    为了找到最大间隔超平面, 我们可以先选择分离两类数据的两个平行超平面, 使得它们之间的距离尽可能大. 在这两个超平面范围内的区域称为间隔, 最大间隔超平面是位于它们正中间的超平面. 这个过程如图 8-1 所示.

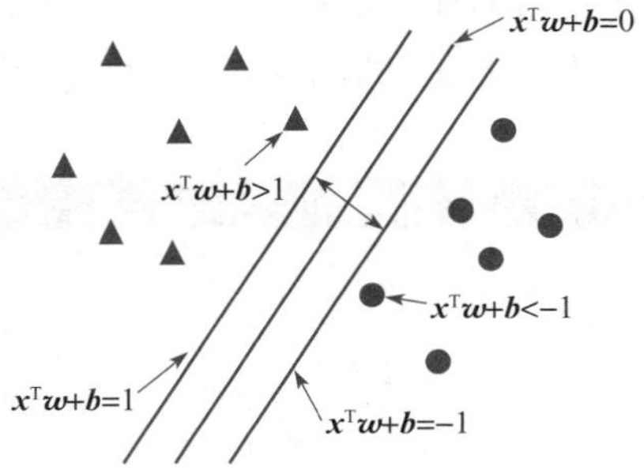

    支持向量是距离超平面最近的数据点, 它们决定了超平面的位置. 支持向量必须满足 $y_i(x_i^\mathrm{T} w + b) = 1$, 其中, y_i 是数据点 x_i 的类别标签, 取值为 1 或 -1.

    接下来, 为了找到最大间隔超平面, 我们需要解决以下优化问题:

图 8-1 支持向量机算法原理图

$$\min_{w, b} J(w) = \min_{w, b} \frac{1}{2} \| w \|^2$$

满足

$$y(x^\mathrm{T} w + b) \geqslant 1, \quad i = 1, 2, \cdots, n$$

    通过求解上式, 即可得到最优超平面 w 和 b. 这是一个凸二次规划问题, 可以将原问题转化为对偶问题, 再通过拉格朗日乘子法和 KKT 条件求解, 其中, 对偶问题的解可以使用支持向量的线性组合表示.

    首先, 将有约束的原始目标函数转化为无约束的拉格朗日目标函数:

$$L(w, b, \alpha) = \frac{1}{2} \| w \|^2 - \sum_{i=1}^{N} \alpha_i (y_i(w \cdot x_i + b) - 1)$$

其中, α_i 为拉格朗日乘子, 且 $\alpha_i \geqslant 0$. 现在我们令 $\theta(w) = \max_{\alpha_i \geqslant 0} L(w, b, \alpha)$, 当样本点不满足约束条件 (即在可行解区域外, $y_i(w \cdot x_i + b) < 1$ 时), 将 α_i 设置为无穷大, 则 $\theta(w)$ 也为无穷大. 当样本点满足约束条件 (即在可行解区域内, $y_i(w \cdot x_i + b) \geqslant 1$) 时, $\theta(w)$ 为原函数本身. 于是, 将两种情况合并起来就可以得到新的目标函数:

$$\theta(w) = \begin{cases} \frac{1}{2} \| w \|^2, & x \in \text{可行解区域} \\ +\infty, & x \in \text{不可行解区域} \end{cases}$$

于是原约束问题就等价于 $\min\limits_{w,b}\theta(w)=\min\limits_{w,b}\max\limits_{\alpha_i\geqslant0}L(w,b,\alpha)=p^*$.

　　看一下新目标函数，先求最大值，再求最小值. 这样的话，我们首先就要面对带有需要求解的参数 w 和 b 的方程，而 α_i 又是不等式约束，不便于求解. 所以，我们需要使用拉格朗日函数对偶性，将最小和最大的位置交换一下，这样就变成了 $\max\limits_{\alpha_i\geqslant0}\min\limits_{w,b}L(w,b,\alpha)=d^*$.

要有 $p^*=d^*$，需要满足两个条件：优化问题是凸优化问题；满足 KKT 条件.

　　首先，这个优化问题显然是一个凸优化问题，所以第一个条件满足，而要满足第二个条件，即要求：

$$\begin{cases}\alpha_i\geqslant0\\y_i(w\cdot x_i+b)-1\geqslant0\\\alpha_i(y_i(w\cdot x_i+b)-1)=0\end{cases}$$

为了得到求解对偶问题的具体形式，令 $L(w,b,\alpha)$ 对 w 和 b 的偏导为 0，可得：

$$w=\sum_{i=1}^{N}\alpha_iy_ix_i$$

$$\sum_{i=1}^{N}\alpha_iy_i=0$$

将以上两个等式代入拉格朗日目标函数，消去 w 和 b，得：

$$L(w,b,\alpha)=\frac{1}{2}\sum_{i=1}^{N}\sum_{j=1}^{N}\alpha_i\alpha_jy_iy_j(x_i\cdot x_j)-\sum_{i=1}^{N}\alpha_iy_i\left(\left(\sum_{j=1}^{N}\alpha_jy_jx_j\right)\cdot x_i+b\right)+\sum_{i=1}^{N}\alpha_i$$

$$=-\frac{1}{2}\sum_{i=1}^{N}\sum_{j=1}^{N}\alpha_i\alpha_jy_iy_j(x_i\cdot x_j)+\sum_{i=1}^{N}\alpha_i$$

即

$$\min\limits_{w,b}L(w,b,\alpha)=-\frac{1}{2}\sum_{i=1}^{N}\sum_{j=1}^{N}\alpha_i\alpha_jy_iy_j(x_i\cdot x_j)+\sum_{i=1}^{N}\alpha_i$$

求 $\min\limits_{w,b}L(w,b,\alpha)$ 关于 α 的极大值即是对偶问题：

$$\max\limits_{\alpha}\quad-\frac{1}{2}\sum_{i=1}^{N}\sum_{j=1}^{N}\alpha_i\alpha_jy_iy_j(x_i\cdot x_j)+\sum_{i=1}^{N}\alpha_i$$

$$满足\quad\sum_{i=1}^{N}\alpha_iy_i=0$$

$$\alpha_i\geqslant0,\quad i=1,2,\cdots,N$$

(8-1)

把目标式子加一个负号，将求解极大转换为求解极小问题.

$$\min\limits_{\alpha}\quad\frac{1}{2}\sum_{i=1}^{N}\sum_{j=1}^{N}\alpha_i\alpha_jy_iy_j(x_i\cdot x_j)-\sum_{i=1}^{N}\alpha_i$$

$$满足\quad\sum_{i=1}^{N}\alpha_iy_i=0$$

$$\alpha_i\geqslant0,\quad i=1,2,\cdots,N$$

(8-2)

　　现在我们的优化问题变成了 (8-2) 的形式. 对于这个问题，我们有更高效的优化算法，即序列最小优化（SMO）算法. 这里暂时不展开介绍使用 SMO 算法求解以上优化问题的细节.

　　我们通过这个优化算法能得到 α^*，再根据 α^*，我们就可以求解出 w 和 b，进而找到超平

面，即决策平面.

下面我们将对核函数进行解释.

SVM 的一个重要内容是核函数，在实际应用中，如果数据不是线性可分的，支持向量机可以使用核函数来将数据映射到高维特征空间中，从而实现非线性分类.

常见的核函数包括线性核、多项式核、高斯径向基核（RBF）等.

此外，在实际数据集中，很难实现完全线性可分. 支持向量机引入了软间隔和正则化，来处理部分重叠的样本. 软间隔允许一些样本点位于间隔内部，同时引入了一个惩罚项来平衡间隔大小和误分类的权重.

因此，SVM 的训练过程可以简化为以下几个步骤：

1）收集和准备数据集：收集带有标签的训练样本，并对数据进行预处理，如特征缩放或标准化.

2）定义目标函数：目标函数包括最小化分类误差和最大化间隔两个部分，可以通过优化算法（如凸优化）求解.

3）选择合适的核函数：根据问题的特点选择合适的核函数，常用的核函数有线性核、多项式核和高斯径向基核等.

4）训练模型：通过解决优化问题，找到最优的超平面和支持向量.

5）预测和评估：使用训练好的模型对新样本进行分类，并评估模型的性能.

8.3.3　算法实现

在 MATLAB 中，支持向量机算法的核心函数是 fitcsvm()，用于训练二分类的支持向量机分类器，以下是 fitcsvm() 函数的基本语法：

- model = fitcsvm(X, Y)　其中，X 是训练数据集的特征矩阵，Y 是对应的标签向量.
- model = fitcsvm(X, Y, Name, Value)　参数 Name 和 Value 代表的是可以选择输入的参数－值对，用于设置支持向量机模型的属性，例如，可以指定交叉验证的类型、误分类的代价以及分数变换函数的类型. 在未对可选参数赋值时，其取值为默认值. 具体读者可在 MATLAB 命令行窗口中输入：help fitcsvm，然后回车，即可详细查看 fitcsvm() 函数的使用方法，以及各参数意义.

我们采用 iris 数据集，删除'setosa'山鸢尾花，对'versicolor'变色鸢尾花和'virginica'弗吉尼亚鸢尾花进行二分类算法实现. 随机取 70% 的数据进行训练，取剩余 30% 的数据进行预测验证. MATLAB 程序代码如下：

```
%加载 Fisher 鸢尾花数据集
load fisheriris
%删除萼片的长度和宽度以及所有观测到的山鸢尾花
inds = ~ strcmp(species,'setosa');
X = meas(inds,3:4);
y = species(inds);
%随机取 X 中的 70%数据作为训练集
rn = randperm(length(X));
rn = rn(1:70);
%Xtrain 代表训练集特征向量,ytrain 代表训练集标签
Xtrain = X(rn,:);
ytrain = y(rn,:);
%使用 SVM 进行分类
```

```
SVMModel = fitcsvm(Xtrain,ytrain)
classOrder = SVMModel.ClassNames
sv = SVMModel.SupportVectors;
figure(1)
gscatter(Xtrain(:,1),Xtrain(:,2),ytrain)
hold on
plot(sv(:,1),sv(:,2),'ko','MarkerSize',10)
legend('versicolor','virginica','Support Vector')
```

结果显示如下：

```
SVMModel =
  ClassificationSVM
            ResponseName: 'Y'
   CategoricalPredictors: []
              ClassNames: {'versicolor'  'virginica'}
          ScoreTransform: 'none'
         NumObservations: 70
                   Alpha: [18×1 double]
                    Bias: -10.7292
        KernelParameters: [1×1 struct]
          BoxConstraints: [70×1 double]
         ConvergenceInfo: [1×1 struct]
          IsSupportVector: [70×1 logical]
                  Solver: 'SMO'
  classOrder =
    2×1 cell 数组
      {'versicolor'}
      {'virginica' }
```

采用 SVM 模型算法，训练得到了如上所示的 SVM 分类器. 数据中的标签向量分为两类，分别是'versicolor'和'virginica'，通过 NumObservations 属性，获取了训练数据的观测数量.

在此基础之上，我们绘制数据散点图和支持向量，如图 8-2 所示.

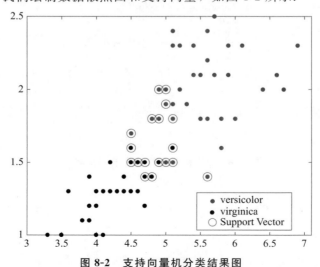

图 8-2　支持向量机分类结果图

从该结果图中可以看出，针对'versicolor'和'virginica'的二分类样本，利用SVM算法，选择合适的核函数并训练模型，求解优化问题，可以找到最优超平面和支持向量.

接下来，我们根据上述训练好的SVM分类器进行预测. 随机取剩余的30%数据进行验证，计算其混淆矩阵、精度和召回率. MATLAB命令如下：

```
%根据训练好的分类器进行预测
X(rn,:)=[];
Xpred = X;
y(rn,:)=[];
ypred = y;
predictedLabels = predict(SVMModel, X);
%计算混淆矩阵
confusionMatrix = confusionmat(y, predictedLabels);
%获取混淆矩阵中的各个元素
truePositive = confusionMatrix(2, 2);
falsePositive = confusionMatrix(1, 2);
trueNegative = confusionMatrix(1, 1);
falseNegative = confusionMatrix(2, 1);
%计算精度和召回
Precision = truePositive / (truePositive + falsePositive);
Recall = truePositive/ (truePositive + falseNegative)
disp(['精度: ', num2str(Precision)]);
disp(['召回率: ', num2str(Recall)]);
```

运行结果如图8-3所示.

预测结果如下：

```
精度: 1
召回率: 0.9286
```

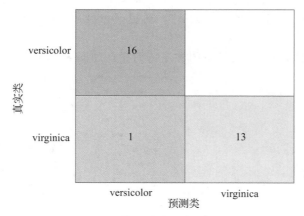

图 8-3　支持向量机分类混淆矩阵

8.4　决策树

8.4.1　算法概述

决策树（Decision Tree，DT）是一种常用的监督学习算法，既可以用于分类问题，也可以用于回归问题，它通过构建树状结构来进行决策，并根据输入特征的不同属性值进行分支.

决策树是在已知各种情况发生概率的基础上，通过构造决策树来求取净现值的期望值大于等于零的概率，来评价项目风险，判断其可行性的决策分析方法，是直观运用概率分析的一种图解法. 由于这种决策分支画成图形很像一棵树的枝干，故称为决策树. 在机器学习中，决策树是一个预测模型，它代表的是对象属性与对象值之间的一种映射关系. 在构建这棵关系树的过程中，算法通过选择最优的特征和划分点来使得每个子节点中的样本尽可能属于同一类别或具有相似的属性.

常见的决策树算法包括 ID3 (Iterative Dichotomiser 3)、C4.5、CART 等. 此外，还有一些改进的决策树算法，如随机森林和梯度提升决策树 (Gradient Boosting Decision Tree，GBDT) 等，它们通过集成多棵决策树来提高分类性能.

决策树算法的优点包括易于理解和解释、能够处理各种类型的数据、对异常值和缺失值具有鲁棒性等. 然而，决策树也存在一些限制，比如容易过拟合、对输入数据的细微变化敏感等.

8.4.2　算法原理

在决策树算法中，信息熵 (Entropy) 是一种用于衡量数据集纯度的指标，与决策树密切相关. 信息熵的概念源自信息论，可以用来度量样本集合中的不确定性或混乱程度.

信息熵常被用作决策树算法特征选择的依据，用于衡量选择某个特征进行节点分裂后的纯度提升情况. 它的计算基于样本集合中各个类别的分布情况.

算法的详细步骤如下：

1) 特征选择：从训练集中选择一个最佳的特征作为当前节点的分裂特征. 特征选择的准则是使用信息增益 (Information Gain) 来衡量特征的重要性. 信息增益是当前节点的信息熵与选择该特征后子节点的加权平均信息熵之差.

2) 分裂节点：根据选择的特征将当前节点的样本集合划分为不同的子节点. 对于离散特征，每个特征值对应一个子节点；对于连续特征，可以选择一个分裂点将取值划分为两个区间.

3) 递归构建：对于每个子节点，重复上述特征选择和分裂节点的步骤，直到满足停止条件. 停止条件可以是节点中的样本属于同一类别，或者节点中的样本数量小于预定阈值等.

4) 叶节点分类：当达到叶节点时，将叶节点中的样本划分为最常见的类别，该类别即为叶节点的预测类别.

5) 剪枝：在构建完整的决策树后，可以进行剪枝操作来避免过拟合. 剪枝分为预剪枝和后剪枝两种方式. 预剪枝在构建树的过程中，根据一些预定的条件提前停止节点的分裂；后剪枝则是在构建完整树后，通过合并一些节点来简化树的结构，提高泛化能力.

ID3 是一种经典的决策树算法，用于分类问题. 它基于信息增益的概念，通过选择信息增益最大的特征进行节点的分裂，构建决策树模型.

具体来说，信息熵的计算公式如下：

$$H(D) = -\sum_{k=1}^{K} \frac{|C_k|}{|D|} \log_2 \frac{|C_k|}{|D|}$$

其中 C_k 表示数据集 D 中属于第 k 类样本的样本子集.

针对某个特征 A，数据集 D 的条件熵 $H(D|A)$ 为：

$$H(D|A)=\sum_{i=1}^{n}\frac{|D_i|}{|D|}H(D_i)=-\sum_{i=1}^{n}\frac{|D_i|}{|D|}\left(\sum_{k=1}^{K}\frac{|D_{ik}|}{|D_i|}\log_2\frac{|D_{ik}|}{|D_i|}\right)$$

其中 D_i 表示 D 中特征 A 取第 i 个值的样本子集，D_{ik} 表示 D_i 中属于第 k 类的样本子集.

信息增益＝信息熵－条件熵，即

$$\text{Gain}(D,A)=H(D)-H(D|A)$$

信息熵的取值范围为 $0\sim1$，当样本集合中的样本全部属于同一类别时，熵达到最小值 0，表示数据集完全纯净；当样本集合中各个类别均匀分布时，熵达到最大值 1，表示数据集混乱程度最高.

ID3 使用的分类标准是信息增益，它表示得知特征 A 的信息而使得样本集合不确定性减少的程度. ID3 的缺点在于，没有剪枝策略，容易过拟合，并且信息增益准则会对可取值数目较多的特征有所偏好.

C4.5 算法的最大的特点是，克服了 ID3 对特征数目的偏重这一缺点，引入信息增益率来作为分类标准.

在 ID3 算法的基础上，C4.5 算法在决策树构造的过程中，对于每一个节点，都通过选择拥有最大信息增益率的属性作为当下的分裂属性，然后再继续计算下一子集中信息增益率最大的属性作为下一个节点. C4.5 算法利用信息增益率对当前节点的分裂属性进行选择，有效地消除了信息增益趋向多值属性选择的缺点. 具体流程图如图 8-4 所示.

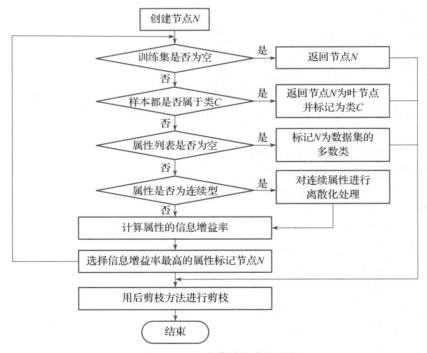

图 8-4   C4.5 决策树分类流程图

计算属性信息增益率的过程分为五步：

1）计算类别信息熵：在数据集 D 中，标签类别共有 m 类，p_i 代表各判别类别的概率，

计算公式为

$$\text{Info}(D) = -\sum_{i=1}^{m} p_i \log_2 p_i$$

2）计算每个属性的信息熵：假定按照属性 A 划分 D 中的元组，且属性 A 将 D 划分成 v 个不同的类，计算公式为

$$\text{Info}_A(D) = \sum_{j=1}^{v} \frac{|D_j|}{|D|} \times \text{Info}(D_j)$$

3）计算属性分类信息度量：$\text{splitInfo}(A) = -\sum_{j=1}^{v} \frac{|D_j|}{|D|} \times \log_2 \frac{|D_j|}{|D|}$.

4）计算信息增益：$\text{Gain}(A) = \text{Info}(D) - \text{Info}_A(D)$.

5）计算信息增益率：

$$\text{GainRatio}(A) = \frac{\text{Gain}(A)}{\text{SplitInfo}(A)} \tag{8-3}$$

决策树构建完成后，可以进行剪枝操作，以减小过拟合的风险．常用的剪枝方法包括预剪枝（在构建过程中进行剪枝）和后剪枝（构建完整树后再进行剪枝）．

1）预剪枝：在决策树构建过程中，根据验证集的性能评估，提前终止节点的划分，将其标记为叶节点．

2）后剪枝：首先构建完整的决策树，然后自底向上地评估每个内部节点的剪枝效果，决定是否将其剪枝为叶节点．

下面将详细介绍后剪枝 PEP 算法．

把一棵子树（具有多个叶节点）用一个叶节点来替代的话，在训练集上的误判率肯定会上升．但对于新数据，修改后的决策树可能会有一个好的表现．为了消除过拟合在计算错误率时的不利影响，我们需要把子树的误判计算加上一个惩罚因子．在 PEP 剪枝方法中，惩罚因子为 0.5，剪枝前误判率 e_1 的计算公式如下：

$$e_1 = \frac{\sum E_i + 0.5L}{\sum N_i}$$

$N = \sum N_i$ 代表这棵子树覆盖的训练样本数，$\sum E_i$ 代表该子树的分类错误数，L 代表该子树有 L 个叶节点．

子树误判次数均值：

$$E(\text{subtree\_error}) = e_1 N$$

子树误判次数标准差：

$$\text{SD}(\text{subtree\_error}) = \sqrt{e_1(1-e_1)N}$$

这样，一棵子树虽然具有多个子节点，但由于加上了惩罚因子，子树的误判率计算未必占到"便宜"．

剪枝后，内部节点变成叶节点，其误判个数 J 也需要加上一个惩罚因子，变成 $J+0.5$，剪枝后误判率 e_1 的计算公式如下：

$$e_1 = \frac{J + 0.5}{N}$$

叶子误判次数均值：

$$E(\text{leaf\_error}) = e_2 N$$

剪枝标准：

$$E(\text{leaf\_error}) < E(\text{subtree\_error}) + \text{SD}(\text{subtree\_error})$$

若满足剪枝标准，即剪枝后的误判率较小，则剪枝；否则就不剪枝.

ID3 和 C4.5 虽然在对训练样本集的学习中可以尽可能多地挖掘信息，但是其生成的决策树分支规模都比较大，CART 算法的二分法可以简化决策树的规模，提高生成决策树的效率. 它的核心思想是利用基尼指数选择最佳的划分特征和划分点.

熵模型拥有大量耗时的对数运算，基尼指数在简化模型的同时还保留了熵模型的优点. 基尼指数代表了模型的不纯度，基尼指数越小，不纯度越低，特征越好. 这和信息增益（率）正好相反. 基尼指数的计算公式如下：

$$\text{Gini}(D) = \sum_{k=1}^{K} \frac{|C_k|}{D}\left(1 - \frac{|C_k|}{D}\right)$$

$$= 1 - \sum_{k=1}^{K}\left(\frac{|C_k|}{D}\right)^2$$

$$\text{Gini}(D \mid A) = \sum_{i=1}^{n} \frac{|D_i|}{D}\text{Gini}(D_i) \tag{8-4}$$

其中，k 代表类别. 基尼指数反映了从数据集中随机抽取两个样本，其类别标记不一致的概率. 因此基尼指数越小，数据集纯度越高. 基尼指数偏向于特征值较多的特征，类似信息增益. 基尼指数可以用来度量任何不均匀分布，是 0~1 之间的数，0 是完全相等，1 是完全不相等.

特别地，当 CART 为二分类时，其表达式为

$$\text{Gini}(D \mid A) = \frac{|D_1|}{D}\text{Gini}(D_1) + \frac{|D_2|}{D}\text{Gini}(D_2) \tag{8-5}$$

CART 在 C4.5 的基础上进行了很多提升. CART 算法较 C4.5 的明显优势在于，其决策树为二叉树，运算速度快，且使用 Gini 系数作为变量的不纯度量，减少了大量的对数运算.

综上所述，决策树算法中的 ID3 和 C4.5 是两种用于分类任务的经典算法. 尽管它们在基本原理上相似，但在特征选择和处理连续特征方面存在一些差异. 表 8-2 列出了 ID3、C4.5 和 CART 算法步骤的主要区别.

表 8-2   三种决策树算法的比较

	ID3	C4.5	CART
特征选择准则	信息增益	信息增益率	基尼指数
处理连续特征	无法直接处理	可直接处理	可直接处理
剪枝策略	没有显式剪枝	引入剪枝策略	引入剪枝策略

8.4.3 算法实现

在 MATLAB 中，决策树算法的核心函数是 fitctree()，它采用的核心算法是 CART 决策树算法. 以下是 fitctree() 函数的基本语法：

```
tree = fitctree(X, Y)
```

其中, X 是训练数据的特征矩阵, 每一行代表一个样本, 每一列代表一个特征. Y 是训练数据的类别标签, 是一个列向量, 与 X 的行数相对应. X 和 Y 的长度必须相等.

fitctree() 函数将根据提供的训练数据自动构建一个分类决策树模型, 并将该模型存储在变量 tree 中.

除了上述基本语法外, fitctree() 函数还提供了其他可选参数, 用于设置决策树的属性和算法参数. 下面这个示例演示了如何使用一些常用的可选参数:

```
tree = fitctree(X, Y, 'MaxNumSplits', 10, 'MinLeafSize', 5)
```

在这个示例中, 我们使用了两个可选参数. 'MaxNumSplits'参数限制了决策树的最大分割次数为 10, 这可以控制决策树的复杂度和深度. 'MinLeafSize'参数指定了叶节点的最小样本数为 5, 这可以控制决策树的修剪程度. 可以根据具体的需求和数据集特点来选择合适的可选参数.

接下来, 我们同样采用鸢尾花数据集进行二分类算法实现. 依然随机取 70% 的数据进行训练, 取剩余 30% 的数据进行预测验证. 这里介绍两种划分训练集和测试集的方法: 一种是使用生成随机数的方式筛选出两部分数据, 另一种方法是采用 cvpartition() 函数命令, 创建交叉验证分区对象的函数, 用于划分数据集为训练集和测试集, 以进行交叉验证或模型选择. MATLAB 程序代码如下:

```
%导入鸢尾花数据集
load fisheriris
X = meas;          %特征矩阵
y = species;       %类别向量
%%%第一种方法划分数据集:
%随机取 X 中的 70% 数据作为训练集
rn = randperm(length(X));
rn = rn(1:70);
%Xtrain 代表训练集特征项向量,ytrain 代表训练集标签
Xtrain = X(rn,:);
ytrain = y(rn,:);
%根据训练好的分类器进行预测
X(rn,:)=[];
Xpred = X;
y(rn,:)=[];
ypred = y;
%%%第二种方法划分数据集:
%使用 cvpartition()函数划分训练集和测试集
cv = cvpartition(y, 'Holdout', 0.3);
XTrain = X(training(cv), :);
ytrain = y(training(cv));
Xpred = X(test(cv), :);
ypred = y(test(cv));
```

接着, 使用 fitctree 命令构建决策树模型, 并通过 view() 函数展示分类树, MATLAB 命令如下:

```
%构建决策树模型
tree = fitctree(XTrain, ytrain);
view(tree,'mode','graph')
```

得到的分类树如图 8-5 所示.

若加入剪枝操作, 则 MATLAB 命令需更改为:

```
%构建决策树模型
tree = fitctree(XTrain, ytrain, 'OptimizeHyperparameters', 'auto', 'Prune', 'on');
view(tree,'mode','graph')
```

此时, 得到的分类树如图 8-6 所示.

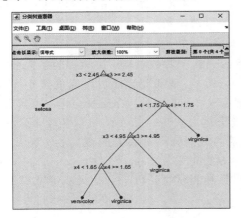

图 8-5   决策树分类树展示 (未剪枝)

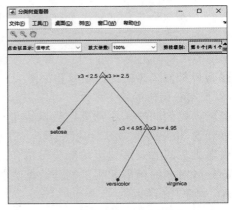

图 8-6   决策树分类树展示 (剪枝后)

从图 8-5 和图 8-6 可以发现, 剪枝后的决策树的复杂度比未剪枝的决策树的复杂度低, 从而有助于防止过拟合.

进一步分析, 可得最小目标值与函数计算次数的变化曲线, 如图 8-7 所示. 该图反映了不同剪枝参数下, 模型的复杂度和预测准确率之间的关系.

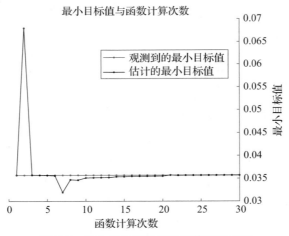

图 8-7   最小目标值与函数计算次数曲线

此外, minleafsize 是 MATLAB 决策树模型构建过程中的一个参数, 用于控制叶节点的最小样本数. 它指定了每个叶节点上允许的最小样本数, 如果某个叶节点的样本数小于 minleafsize, 则可能触发剪枝操作, 得到的目标函数模型如图 8-8 所示.

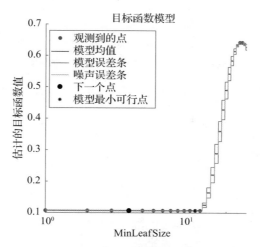

图 8-8　目标函数模型变化曲线

　　当决策树构建过程中的叶节点的样本数小于或等于 minleafsize 时，可以选择进行剪枝操作，将该叶节点转换为一个单独的叶节点，从而简化模型结构并提高泛化能力．剪枝操作有助于防止过拟合.

　　运行结果如下：

```
优化完成.
达到 MaxObjectiveEvaluations 30.
函数计算总次数：30
总历时：10.6535 秒
总目标函数计算时间：1.7057
观测到的最佳可行点：
     MinLeafSize
     _____

        1
观测到的目标函数值 = 0.035714
估计的目标函数值 = 0.035715
函数计算时间 = 0.52061
估计的最佳可行点(根据模型)：
     MinLeafSize
     _____

        8
估计的目标函数值 = 0.035688
估计的函数计算时间 = 0.040057
```

　　接下来，我们根据上述训练好的决策树进行预测．随机取剩余的 30% 数据进行验证，计算其混淆矩阵、精度和召回率. MATLAB 命令如下：

```
%对测试集进行预测
predictedLabels = predict(tree, Xpred);
confusionMatrix = confusionmat(ypred, predictedLabels);
%创建混淆矩阵图
cm = confusionchart(ypred,predictedLabels)
%获取混淆矩阵中的各个元素
```

```
truePositive = confusionMatrix(2, 2);
falsePositive = confusionMatrix(1, 2);
trueNegative = confusionMatrix(1, 1);
falseNegative = confusionMatrix(2, 1);
%计算精度和召回率
Precision = truePositive / (truePositive + falsePositive);
Recall = truePositive/ (truePositive + falseNegative)
disp(['精度: ', num2str(Precision)]);
disp(['召回率: ', num2str(Recall)]);
```

运行结果如图 8-9 所示.

预测结果如下：

精度：1
召回率：1

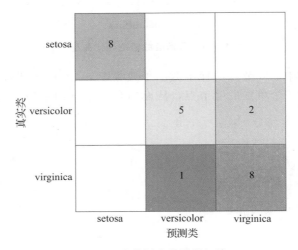

图 8-9 决策树分类混淆矩阵

8.5 k 均值

8.5.1 算法概述

　　k 均值（k-Means）算法是一种常用的聚类算法，用于将一个数据集划分成 K 个不重叠的簇. 它的目标是将数据集中的样本点划分到 k 个簇中，使得同一簇内的样本点相似度较高，不同簇之间的样本点相似度较低.

　　k 均值算法的基本思想为：初始化→分配样本→更新→重复迭代→输出.

　　k 均值算法的优点包括简单、易于理解和实现，并且在处理大规模数据集时效率较高. 然而，k 均值算法也有一些限制，例如，对初始簇中心的选择敏感、对异常值和噪声敏感，以及对簇的形状和大小的假设较为简单等.

　　在实际应用中，可以通过选择不同的 k 值、尝试不同的初始簇中心选择方法，或者使用改进的 k 均值算法来提高算法的性能和鲁棒性.

8.5.2　算法原理

k 均值聚类算法的优化目标是最小化簇内样本点与其簇中心的平方距离的总和，即最小化簇内平方误差和（SSE）. 算法通过迭代的方式不断更新簇中心，使得簇内的样本点更加相似，不同簇之间的样本点相似度较低.

详细算法原理如下：

1）初始化：选择要划分的簇数 k，通常通过领域知识或者经验来确定. 然后从数据集中随机选择 k 个样本作为初始的簇中心.

2）分配：对于每个样本点，计算其与每个簇中心的距离. 距离通常使用欧氏距离或曼哈顿距离进行计算. 将样本点分配到距离最近的簇中.

3）更新：对于每个簇，计算其内部样本点的均值，即计算簇中所有样本点在每个维度上的平均值，将均值作为新的簇中心.

4）重复：重复分配和更新步骤，直到簇中心不再发生明显变化，或者达到预定的迭代次数. 通常使用迭代停止条件，如簇中心移动的距离小于某个阈值，或者达到预定的最大迭代次数.

5）输出：得到最终的 k 个簇划分结果，每个样本点属于其中一个簇.

需要注意的是，k 均值算法对初始簇中心的选择敏感，不同的初始簇中心可能导致不同的聚类结果. 因此，一种常见的处理方法是多次运行算法并选择平均聚类结果或者使用其他初始簇中心选择方法，如 k-Means＋＋算法.

此外，k 均值算法是一种局部优化算法，可能会陷入局部最优解. 为了解决这个问题，可以多次运行算法并选择最优的结果，或者使用改进的 k 均值算法，如 k-Means＋＋、k-Means∥ 等.

8.5.3　算法实现

聚类算法通常不直接使用交叉验证或划分训练集和测试集的方法. 交叉验证和训练集/测试集的划分是用于评估和验证监督学习算法的常用技术，而聚类算法是一种无监督学习算法.

聚类是一种分离对象组的方法. k 均值聚类视每个对象在空间中有一个位置. 它将对象划分为若干分区，使每个簇中的对象尽可能彼此靠近，并尽可能远离其他簇中的对象. 聚类的目标是将样本划分为不同的群组或簇，而不需要事先知道样本的真实标签. 因此，聚类算法通常不依赖于已知的类别信息来进行模型的训练和测试.

通常使用内部指标或外部指标来评估聚类算法的效果. 内部指标是基于聚类结果本身的评估指标，例如，轮廓系数、Calinski-Harabasz 指数和 Davies-Bouldin 指数. 这些指标可以帮助衡量聚类结果的紧密度、分离度和聚类质量. 外部指标是基于已知的类别信息进行评估，例如，兰德系数和互信息. 然而，对于无监督学习的聚类问题，没有真实的类别信息可用于外部指标的计算.

因此，对于聚类算法，通常使用内部指标来评估聚类效果，而不涉及交叉验证或训练集/测试集的划分.

在 MATLAB 中，k 均值算法的核心函数是 kmeans(), 以下是 kmeans() 函数的基本语法：

```
[idx, C] = kmeans(X, k)
```

其中，X 是待聚类的数据矩阵，每一行代表一个样本，每一列代表一个特征；k 是指定的簇的

数量.

  kmeans() 函数将根据提供的数据和簇的数量执行 k 均值聚类算法，并返回两个输出参数. idx 是一个列向量，表示每个样本所属的簇的索引. idx(i) 表示第 i 个样本所属的簇的索引，取值范围为 $1\sim k$. C 是一个矩阵，表示每个簇的中心点坐标. C 的行数等于 k，每一行是一个簇的中心点坐标.

  除了上述基本语法外，kmeans() 函数还提供了其他可选参数，用于设置聚类算法的属性和算法参数. 语法如下：

```
[idx, C] = kmeans(X, k, 'Start', 'plus', 'Replicates', 5)
```

在这个示例中，我们使用了两个可选参数. 'Start' 参数指定了初始簇中心的选择方法为 'plus'，这是一种基于距离的启发式算法，有助于提高聚类结果的准确性. 'Replicates' 参数指定了执行聚类算法的重复次数为 5，这可以增加聚类结果的稳定性. 我们也可以根据具体的需求和数据集特点来选择合适的可选参数.

  下面将使用鸢尾花数据集介绍如何用 k 均值算法实现聚类.

MATLAB 命令如下：

```
%导入鸢尾花数据集
load fisheriris
X = meas; %特征矩阵
%通过散点图来观察数据集
gscatter(X(:,1), X(:,2));
```

运行结果如图 8-10 所示.

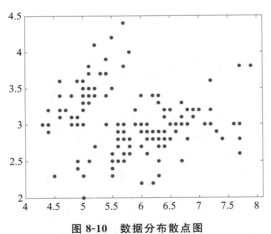

图 8-10 数据分布散点图

  图 8-10 显示了数据集中样本点的分布状况. 从图中可以看出，这些点在二维平面中似乎分为 3 个区域，因此，可以设置参数 $k=3$.

  接下来，调用函数 kmeans()，这里创建两个矩阵：idx 是一个保存与原始数据集 X 行数（样本数）相同的向量，向量中的值对应每个样本所属簇中心的 ID. C 则是一个大小为 $k*2$ 的向量，这里是 $3*2$，它保存的是每个簇中心对应的特征向量. MATLAB 命令如下：

```
%执行 K 均值聚类
k = 3; %簇数目
```

```
[idx, C] = kmeans(X, k);
```

然后，使用聚类结果对散点图进行染色，MATLAB 命令如下：

```
gscatter(X(:,1), X(:,2), idx,'bgr','x*o');
```

图 8-11 显示了 3 个簇中心的散点图. 其中一种颜色、形状代表一个簇. 这些颜色和形状能够让我们看清处于聚类分界处的样本点所属类别. 可以看出，从实证角度而言，k 均值算法具有很好的聚类效果.

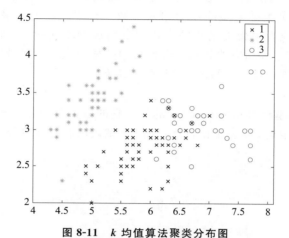

图 8-11　k 均值算法聚类分布图

接着，可以将簇中心标记在上图中：

```
hold on;
plot(C(:,1), C(:,2), 'kx', 'MarkerSize', 15, 'LineWidth', 3);
legend('Cluster 1', 'Cluster 2', 'Cluster 3', 'Centroids');
hold off;
```

结果如图 8-12 所示.

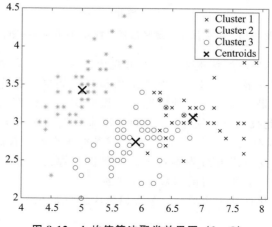

图 8-12　k 均值算法聚类效果图（$k=3$）

为了强调簇中心的位置，我们用粗为 3、颜色为黑色、大小为 15 号字的叉号将簇中心标记在散点图中. 从图中可以看出，每个簇中心都是其聚类所含样本点的集合中心. 这里的簇中心就是最小化样本点距离之和的结果.

进一步观察，我们还会发现，临近边界处的样本点的分类效果并不是很好，有些区域属于不同簇的样本点杂糅在一起.

为了搞清楚边界处的聚类效果到底如何，我们可以使用 silhouette 图来可视化函数 kmeans()的聚类效果. silhouette 图用来衡量一个簇中样本点距离相邻簇的样本点有多近. 函数 silhou-ette() 以原始数据集和聚类结果矩阵作为输入参数. 其中，聚类结果矩阵可以是分类变量、数值型变量、字符矩阵或者由聚类名称的字符向量组成的单元向量. 函数 silhouette() 将忽略其中的空值或 NaN 值，并相应地忽略原数据集中的样本点. 该函数默认使用输入矩阵样本点之间的欧氏距离平方进行计算，MATLAB 命令如下：

```
silhouette(X, idx);
```

结果如图 8-13 所示. 横坐标表示 silhouette 的值，它的取值范围是 $[-1, 1]$，其中 1 表示样本点距离相邻簇中心非常远，0 表示比较近，而 -1 则表示有可能错分了样本点.

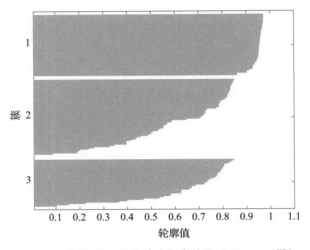

图 8-13　可视化 k 均值算法聚类效果（silhouette 图）

silhouette 图为验证聚类结果的好坏提供了一种可视化方法. 图中的值越高，说明聚类结果越好. 如果多数样本点的值都很高，则说明聚类结果很好；如果多数样本点的值都比较低，甚至是负值，则说明聚类结果很差，在这种情况下，需要重新考虑算法默认参数的设置（初始化算法、距离指标）. 因此我们可以使用 silhouette 图来挑选不同的参数设置结果.

基于图 8-13 我们可以看到，当 $k=3$ 时，绝大多数样本点都有较高的值，而且不同簇的样本点间没有明显的波动. 这可以通过观察每个聚类的图形厚度看出，所有聚类都有相似的厚度. 因此，我们可以认为，算法设置的参数是合理的.

最后，我们进一步量化评估聚类效果，MATLAB 命令如下：

```
%评估聚类效果
%计算轮廓系数
silhouetteValues = silhouette(X, idx);
meanSilhouette = mean(silhouetteValues);
```

```
% 显示评估结果
disp('轮廓系数:');
disp(silhouetteValues);
disp('平均轮廓系数:');
disp(meanSilhouette);
```

运行结果如下:

```
轮廓系数:
    0.9731
    0.9576
    0.9634
    ......
    0.5301
    0.3250
平均轮廓系数:
    0.7344
```

为了得到最优的簇中心个数, 我们可以使用函数 evalclusters(). 这个函数将自动执行多个参数选项并返回最优参数设置. 目前, 只有 kmeans()、linkage() 和 gmdistribution() 函数支持这个函数.

挑选的标准是使用以下几个指标: Calinski-Harabasz、Davies-Bouldin、gap 和 silhouette. 下面使用 Calinski-Harabasz 指标来验证 kmeans() 的执行结果, MATLAB 命令如下:

```
EvaluateK = evalclusters(X, 'kmeans','CalinskiHarabasz','KList',[1:6])
```

运行结果如下:

```
EvaluateK =
  CalinskiHarabaszEvaluation - 属性:
    NumObservations: 150
        InspectedK: [1 2 3 4 5 6]
    CriterionValues: [NaN 513.9245 561.6278 530.4871 495.2434 473.8506]
          OptimalK: 3
```

结果显示, $k=3$ 是最优结果, 这与我们之前可视化的结果一致.

8.6 层次聚类算法

8.6.1 算法概述

层次聚类算法是一种通过逐步合并数据点来构建聚类结构的聚类方法. 它将数据点之间的相似性或距离作为度量, 逐渐将相似的数据点合并为聚类, 形成一个层次化的聚类结构. 层次聚类算法不需要预先指定聚类的数量, 因此适用于不确定聚类数量的情况.

层次聚类算法可以分为两种主要类型: 凝聚层次聚类 (Agglomerative Hierarchical Clustering) 和分裂层次聚类 (Divisive Hierarchical Clustering). 下面我们将主要介绍凝聚层次聚类算法.

8.6.2 算法原理

凝聚层次聚类算法的详细步骤如下:

1) 初始化聚类: 将每个数据点初始化为一个单独的簇. 初始时, 簇的数量等于数据点的数量.

2）计算相似度或距离：根据给定的相似度或距离度量计算所有数据点之间的相似度或距离.

3）合并最相似的簇：根据相似度或距离的度量，选择最相似的两个簇进行合并. 可以使用不同的合并策略，如单链接、完全链接、均值链接等.

4）更新相似度或距离矩阵：合并簇后，更新相似度或距离矩阵，以反映新形成的簇之间的相似度或距离.

5）重复步骤 3 和步骤 4：直到所有数据点都合并到一个簇中，或者满足特定的停止条件（如达到预定的簇数量）.

6）建立聚类结构：通过合并过程中的合并记录，建立一个层次化的聚类结构，可以表示为树状图（聚类树或树状图）.

7）确定簇数量：根据聚类结构和特定的聚类评估指标，确定最佳的簇数量. 常用的评估指标包括轮廓系数、Calinski-Harabasz 指数、Davies-Bouldin 指数等.

分裂层次聚类算法与凝聚层次聚类相反，它从一个包含所有数据点的簇开始，逐步将簇分裂为更小的子簇，直到每个数据点成为一个单独的簇.

层次聚类算法的优点是它不需要预先指定簇的数量，而是根据数据的相似性自动形成聚类结构. 它还可以提供更详细的聚类层次信息，以及可视化的聚类结果. 然而，层次聚类算法的计算复杂度较高，特别是对于大规模数据集，可能会面临计算和存储的挑战. 另外，层次聚类很难处理噪声和非凸形状的聚类. 因此，在实际应用中，需要根据具体问题和数据特点选择合适的聚类算法.

8.6.3 算法实现

在 MATLAB 中，层次聚类算法的核心函数是 clusterdata()，它实现的是凝聚层次聚类算法，而不是分裂层次聚类算法，以下是 clusterdata() 函数的基本语法：

```
Z = clusterdata(X, 'Name', Value)
```

其中，X 是输入的数据矩阵，每行代表一个数据样本，每列代表一个特征. 'Name' 和 Value 分别是可选的参数名称和对应的值，用于指定聚类的参数和选项.

下面是一些常用的参数和选项：

- 'maxclust'：指定聚类的最大数量.
- 'linkage'：指定合并策略，可以是 'single'（单链接）、'complete'（完全链接）、'average'（均值链接）等.
- 'distance'：指定距离度量方法，可以是 'euclidean'（欧氏距离）、'cityblock'（曼哈顿距离）、'correlation'（相关系数）等.
- 'criterion'：指定选择聚类数量的准则，可以是 'distance'（距离准则）或 'inconsistent'（不一致准则）.
- 'cutoff'：指定准则的截断值，用于选择聚类的数量.
- 'standardize'：指定是否对数据进行标准化，默认为 false.

clusterdata() 函数的输出是一个聚类索引向量 Z，其中每个元素表示相应数据点所属的聚类编号.

下面选用鸢尾花数据集来说明如何用层次聚类算法实现聚类.

首先，我们加载数据，并计算各样本间的欧氏距离，MATLAB 命令如下：

```
%加载鸢尾花数据
load fisheriris
%1、提取特征数据
X = meas;
%2、计算各个样本之间的欧氏距离
iscal = pdist(X);
```

运行结果如下：

```
iscal =
列 1 至 14
0.5385    0.5099    0.6481    0.1414    0.6164    0.5196    0.1732    0.9220    0.4690    0.3742
0.3742    0.5916    0.9950    0.8832
列 15 至 28
1.1045    0.5477    0.1000    0.7416    0.3317    0.4359    0.3000    .........
```

我们可以看到，pdist() 按照 AB、AC、AD 的顺序来计算全部距离．上面返回的结果是向量形式的，不利于我们查看各点距离．

为了更方便查看样本点间的距离，可以使用 squareform() 函数将其转换为矩阵形式．同时，linkage() 函数提供了将近邻样本聚类到同一簇中心的方法，即使用上次迭代所计算的距离数据，对子簇中心进行合并，以生成包含更多样本的父簇中心，这就是从下至上的聚类算法，其参数 'weighted' 表示计算簇中心所包括的全部样本的加权平均距离．接着，我们将结果可视化，使用函数 dendrogram() 来生成相应的图形．MATLAB 命令如下：

```
%3、把距离化成矩阵
SF = squareform(iscal);
%4、生成聚类数矩阵
GroupMatrix = linkage(iscal,'weighted');
%5、生成可视化树状图,建立聚类结构
dendrogram(GroupMatrix)
```

结果如图 8-14 所示．

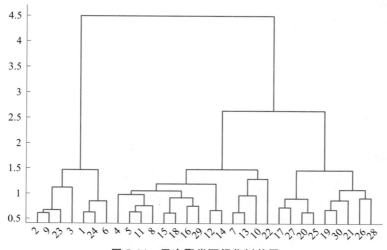

图 8-14　层次聚类可视化树状图

在图 8-14 中，每条聚类中心横线的纵坐标代表两个子聚类中心间的距离，可以看出，大致聚成 3 簇较为合适.

接下来，我们执行层次聚类，并可视化聚类结果，MATLAB 命令如下：

```
%6、执行层次聚类,确定簇数量
Z = clusterdata(X, 'maxclust', 3);
%可视化聚类结果
gscatter(X(:,1), X(:,2), Z, 'rgb','x*o');
```

结果如图 8-15 所示.

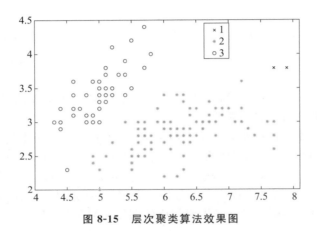

图 8-15　层次聚类算法效果图

进一步地，调用函数 cophenet( ) 来衡量聚类结果的好坏. 其基本语法为：

```
c = cophenet(Z, D)
```

其中，Z 是层次聚类算法的聚类数矩阵，D 是原始数据点之间的距离矩阵. 聚类数矩阵可以从层次聚类函数（如 linkage( ) 函数）的输出中获得，距离矩阵可以通过距离度量函数（如 pdist( ) 函数）计算得到.

MATLAB 命令如下：

```
%评估聚类结果
eva = cophenet(GroupMatrix, disCal)
```

运行结果如下：

```
eva =
    0.8680
```

8.7　线性回归

8.7.1　算法概述

线性回归是一种经典的机器学习算法，用于建立输入特征与输出目标之间的线性关系模型. 它通过拟合一个线性方程来预测连续型输出变量的值.

其核心思想是，首先，通过最小化预测值与实际观测值之间的误差来拟合线性模型. 这通常使用最小二乘法（即最小化误差的平方和）来实现.

然后，计算线性模型的参数，包括截距和斜率. 这可以通过解析解（闭式解）或数值优化算法（如梯度下降）来实现.

最后，使用评估指标（如均方误差、决定系数等）对模型进行评估，衡量其预测性能和拟合程度.

线性回归算法具有以下优势：

1）实现简单：线性回归是一种简单而直观的算法，易于理解和实现.

2）解释性强：线性回归模型提供了对输入特征的解释和影响程度的量化，可以帮助理解问题领域的因果关系.

3）计算高效：线性回归的训练和预测过程计算效率高，适用于大规模数据集和实时预测.

4）可解释性：线性回归模型的结果易于解释和理解，有助于做出合理的推断和决策.

8.7.2　算法原理

在统计学中，线性回归（Linear Regression）是利用线性回归方程的最小平方函数对一个或多个自变量和因变量之间的关系进行建模的一种回归分析. 这种函数是一个或多个回归系数的模型参数的线性组合（自变量都是一次方）. 只有一个自变量的情况称为简单回归，大于一个自变量的情况叫作多元回归.

回归的最明显特征就是输出的结果 y_i 为连续变量，线性回归模型如下：

$$h_{\boldsymbol{\theta}} = \boldsymbol{\theta}^{\mathrm{T}} \boldsymbol{x} = \theta_1 x_1 + \theta_2 x_2 + \cdots + \theta_n x_n \tag{8-6}$$

这里必须明确的一点是，$\boldsymbol{\theta}$ 是一组系数向量，它的取值有很多种，也就是说，在没有限定条件下是不确定的，这时我们要想找出最佳的模型就需要借助损失函数.

损失函数（有时也被称为代价函数），是我们寻找最佳模型的一种依据. 在线性回归中，就是找出最符合数据的权重参数 $\boldsymbol{\theta}$，即 $[\theta_1, \theta_2, \cdots, \theta_n]$. 对于线性回归，损失函数一般为均方根误差（RMSE），即

$$J(\theta_1, \theta_2, \cdots, \theta_n) = \sqrt{\frac{1}{m} \sum_{i=1}^{m} (h_{\theta}(x^i) - y^i)^2} \tag{8-7}$$

其中，m 为样本个数，$h_{\theta}(x^i)$ 为预测的回归函数值，y^i 为样本实际标签值.

实际上，上述表达式就是预测值和实际值的距离的平方的均值. 为什么选用这个函数作为损失函数呢？因为它能正确地反映预测值和实际值的差距，更重要的一点是这个函数是凸函数. 通过损失函数求解最优权重参数的方法一般有两个：最小二乘法和迭代法.

在此我们选用最小二乘法，使用最小二乘法是线性回归特有的，可以直接解出参数，参数的解如下：

$$\boldsymbol{\theta} = (\boldsymbol{X}^{\mathrm{T}} \boldsymbol{X})^{-1} \boldsymbol{X}^{\mathrm{T}} \boldsymbol{Y}$$

具体流程图如图 8-16 所示.

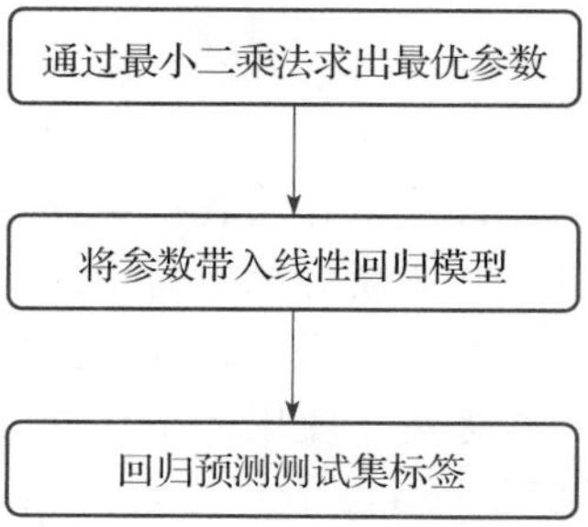

图 8-16　线性回归算法流程图

8.7.3　算法实现

在 MATLAB 中，fitlm() 函数是用于拟合线性回归模型的函数. 它的完整语法如下：

```
mdl = fitlm(X, y)
mdl = fitlm(X, y, 'Name', Value)
```

其中，X 是特征矩阵，y 是响应变量（标签）. X 可以是一个矩阵，每一行代表一个样本，每一列代表一个特征. y 可以是一个列向量，长度与 X 的行数相同.

fitlm() 函数返回一个线性回归模型对象 mdl，可以使用该对象进行预测、获取模型参数、统计推断等操作.

fitlm() 函数可以使用一系列名称-值对（'Name', Value）来指定其他选项参数. 常用的选项包括：

- 'Intercept'：指定是否包括截距项. 默认为'on'，表示包括截距项；若设置为'off'，则表示不包括截距项.
- 'Weights'：指定样本权重. 可以是一个向量或矩阵，其长度或行数与 X 的行数相同，用于对不同样本赋予不同的权重.
- 'VarNames'：指定变量名称，可以是一个字符串数组，其长度与 X 的列数相同，用于指定各个特征的名称.
- 'ResponseVar'：指定响应变量的名称，可以是一个字符串，用于指定 y 的名称.

下面我们将以成绩数据为例，详细介绍如何使用线性回归算法预测学生成绩，部分数据如图 8-17 所示.

成绩数据集

数学分析	高等代数	微分几何	抽象代数	数值分析	概率论
62	71	75	70	68	64
52	65	67	60	58	57
51	63	97	78	77	55
68	77	83	74	57	85
64	70	76	69	62	55
84	81	72	59	50	79
65	67	49	61	51	57
62	73	77	60	50	64
75	94	67	63	45	80
92	92	61	65	54	88

图 8-17 线性回归数据部分展示图

首先，导入数据并提取特征矩阵和标签向量，以前 5 列的数据为特征，最后一列的"概率论"成绩为标签向量.

然后根据指定的测试集比例（30%）随机选择了一部分数据作为测试集，剩余的数据作为训练集. 使用 randperm() 函数生成随机索引，并根据这些索引将数据集划分为训练集和测试集. validation_size 表示测试集的样本数量，train_indices 和 validation_indices 分别是训练集和测试集的索引. MATLAB命令如下：

```
data = xlsread('data1.xlsx');
%提取特征矩阵和标签向量
X = data(:, 1:end-1);        %特征矩阵,假设最后一列为标签列
y = data(:, end);            %标签向量
%随机选择30%的数据作为测试集
```

```
validation_ratio = 0.3;
validation_size = round(validation_ratio * size(X, 1));
indices = randperm(size(X, 1));
validation_indices = indices(1:validation_size);
train_indices = indices(validation_size+1:end);
X_train = X(train_indices, :);
y_train = y(train_indices, :);
X_val = X(validation_indices, :);
y_val = y(validation_indices, :);
```

接着，使用 fitlm() 函数拟合线性回归模型，将训练集的特征矩阵 X_train 和标签向量 y_train 作为输入，并输出线性回归模型的摘要，MATLAB 命令如下：

```
%使用 fitlm()函数拟合线性回归模型
model = fitlm(X_train, y_train);
%输出线性回归模型的摘要
disp(model);
```

运行结果如下：

线性回归模型：
　　y ~　1 + x1 + x2 + x3 + x4 + x5
估计系数：

	Estimate	SE	tStat	pValue
(Intercept)	10.832	13.645	0.79387	0.43351
x1	0.37523	0.12573	2.9846	0.0056033
x2	0.50069	0.16611	3.0142	0.0052002
x3	-0.0092333	0.095385	-0.0968	0.92353
x4	0.052448	0.13552	0.38701	0.70148
x5	-0.10642	0.1111	-0.9579	0.34577

观测值数目：36，误差自由度：30
均方根误差：5
R 方：0.829，调整 R 方 0.8
F 统计量（常量模型）：29.1，p 值 = 1.2e-10

接着，我们使用训练好的模型对训练集和测试集进行预测，分别得到预测结果 y_pred_train 和 y_pred_val.

最后，计算训练集和测试集的均方误差并将其作为评估指标，使用(y_pred_train - y_train).^2 和(y_pred_val - y_val).^2 分别计算预测值与实际值之差的平方，并取平均值. MATLAB 命令如下：

```
%使用训练好的模型进行预测
y_pred_train = predict(model, X_train);
y_pred_val = predict(model, X_val);
%计算均方误差(Mean Squared Error)
mse_train = mean((y_pred_train - y_train).^2);
mse_val = mean((y_pred_val - y_val).^2);
fprintf('训练集均方误差:%.2f\n', mse_train);
fprintf('测试集均方误差:%.2f\n', mse_val);
```

运行结果如下：

训练集均方误差:20.87
测试集均方误差:39.38

8.8 BP 神经网络

8.8.1 算法概述

20 世纪 80 年代中期，David Rumelhart 和 Geoffrey Hinton 等人发现了误差反向传播算法（Error Back Propagation Training，BP），系统解决了多层神经网络隐含层连接权学习问题，并在数学上给出了完整推导. 人们把采用这种算法进行误差校正的多层前馈网络称为 BP 网络.

BP 网络具有任意复杂的模式分类能力和优良的多维函数映射能力，解决了简单感知器不能解决的异或（Exclusive OR，XOR）和一些其他问题. 从结构上讲，BP 网络具有输入层、隐藏层和输出层；从本质上讲，BP 算法就是以网络误差平方为目标函数、采用梯度下降法来计算目标函数的最小值.

BP 神经网络是一种通过误差反向传播算法进行误差校正的多层前馈神经网络，其最核心的特点就是：信号是前向传播，而误差是反向传播. 在前向传播过程中，输入信号经由输入层、隐藏层逐层处理，到输出层时，如果结果未达到期望要求，则进入反向传播过程，将误差信号原路返回，修改各层权重. BP 神经网络结构示意图如图 8-18 所示.

该网络包含输入层、隐藏层和输出层，其中，隐藏层可有多个，输入层和输出层的节点个数是固定的（分别是输入样本的变量个数和输出标签个数），但隐藏层的节点个数不固定.

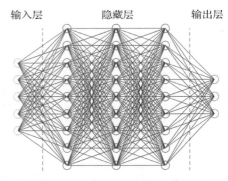

图 8-18 BP 神经网络结构示意图

8.8.2 算法原理

BP 神经网络是一种常用的前馈神经网络，用于解决回归和分类问题. 它通过反向传播算法来训练网络，以使网络能够学习输入和输出之间的映射关系.

它由输入层、隐藏层和输出层构成. 输入层接收输入数据，隐藏层通过一系列权重和偏置对输入数据进行加权求和并通过激活函数进行非线性变换，最后输出层给出网络的预测结果.

BP 神经网络的算法原理大致分为以下 6 个步骤：

1）初始化神经网络. 指定输入层的大小，即输入特征的数量；指定隐藏层的大小，即隐藏层神经元的数量；指定输出层的大小，即输出的数量；随机初始化权重和偏置.

2）前向传播. 将输入数据传递给输入层，并对隐藏层和输出层进行计算：

- 对于隐藏层，计算每个隐藏神经元的加权和，即输入与权重的乘积之和，然后将结果通过激活函数进行非线性变换.
- 对于输出层，将隐藏层的输出进行加权求和，并通过激活函数进行变换，得到最终的预测输出.

3）计算误差. 计算预测输出与实际输出之间的误差，可以使用不同的损失函数，例如，均方误差或交叉熵损失.

4）反向传播. 从输出层开始，计算输出层的误差梯度，即预测输出与实际输出之间的差异. 逐层向后传播误差梯度, 计算隐藏层的误差梯度, 根据权重的贡献将误差梯度分配给每个隐藏神经元. 根据误差梯度和学习率, 更新权重和偏置. 权重更新使用梯度下降法或其变体, 以减小误差.

5) 重复训练. 重复进行前向传播、误差计算和反向传播, 直到达到指定的停止条件, 例如, 达到最大迭代次数或误差降至可接受的水平.

6) 预测结果. 使用训练完成的神经网络进行预测, 得到最终的预测输出.

BP 神经网络通过反向传播算法不断调整权重和偏置, 以最小化预测输出与实际输出之间的误差. 通过反复迭代训练, 网络可以学习到输入和输出之间的复杂映射关系, 从而实现回归或分类任务.

BP 神经网络容易陷入局部最优解, 因此在实际应用中需要考虑一些优化技术, 如正则化、随机初始化、学习率调整等, 以提高网络的性能和泛化能力.

8.8.3　算法实现

在 MATLAB 中, BP 神经网络算法的核心函数是 feedforwardnet(), 它用于创建 BP 神经网络模型, 以下是有关 BP 神经网络的一系列语法:

1) 创建神经网络模型:

```
net = feedforwardnet(hiddenSizes)
```

其中, hiddenSizes 是一个可选参数, 用于指定隐藏层的神经元数量. 如果有多个隐藏层, 可以使用一个数组来指定每个隐藏层的神经元数量.

2) 设置神经网络训练参数:

```
net.trainParam.< parameterName> = value
```

其中, < parameterName > 是训练参数的名称, value 是参数的值. 例如, net.trainParam.epochs = 100 设置最大迭代次数为 100.

3) 训练神经网络模型:

```
net = train(net, inputs, targets)
```

其中, inputs 是输入数据, 每一列对应一个样本的特征; targets 是目标数据, 每一列对应一个样本的标签.

4) 使用训练好的模型进行预测:

```
outputs = net(inputs)
```

其中, inputs 是输入数据, outputs 是预测结果.

5) 评估预测结果:

```
performance = perform(net, targets, outputs)
```

其中, targets 是目标数据, outputs 是预测结果. performance 是评估结果. 常用的性能度量包括均方误差和平均绝对误差等.

下面我们将继续以成绩数据为例, 详细介绍如何使用 BP 神经网络预测学生成绩. 首先, 导入数据并提取特征矩阵和标签向量, 采用前 5 列的数据为特征, 最后一列的 "概率论成绩" 为标签向量.

然后, 根据指定的测试集比例 (30%) 随机选择一部分数据作为测试集, 剩余的数据作为训练集. 使用 randperm() 函数生成随机索引, 并根据这些索引将数据集划分为训练集和测试集. `validation_size` 表示测试集的样本数量，`train_indices` 和 `validation_indices` 分别是训练集和测试集的索引. MATLAB 命令如下：

```matlab
data = xlsread('data1.xlsx');
%提取特征向量和标签向量
X = data(:, 1:end-1);          %特征向量
y = data(:, end);              %标签向量
%随机选择 30%的数据作为测试集
validation_ratio = 0.3;
validation_size = round(validation_ratio * size(X, 1));
indices = randperm(size(X, 1));
validation_indices = indices(1:validation_size);
train_indices = indices(validation_size+1:end);
X_train = X(train_indices, :);
y_train = y(train_indices, :);
X_val = X(validation_indices, :);
y_val = y(validation_indices, :);
```

接着，使用 feedforwardnet() 函数等一系列命令，创建并训练 BP 神经网络模型，同时设置网络中的参数，将训练集的特征矩阵 X_train 和标签向量 y_train 作为输入，MATLAB 命令如下：

```matlab
%设置神经网络的参数
hidden_units = 3;                  %隐藏层单元数量
max_epochs = 100;                  %最大迭代次数
learning_rate = 0.1;               %学习率
%创建并训练 BP 神经网络模型
net = feedforwardnet(hidden_units);
net.trainParam.showWindow = false;    %不显示训练过程窗口
net.trainParam.epochs = max_epochs;
net.trainParam.lr = learning_rate;
net = train(net, X_train', y_train');
```

得到 net 的部分结果，如下所示：

```matlab
net =
    Neural Network
               name: 'Feed-Forward Neural Network'
            userdata: (your custom info)
         dimensions:
           numInputs: 1
           numLayers: 2
          numOutputs: 1
      numInputDelays: 0
      numLayerDelays: 0
   numFeedbackDelays: 0
   numWeightElements: 22
          sampleTime: 1
        connections:
         biasConnect: [1; 1]
        inputConnect: [1; 0]
        layerConnect: [0 0; 1 0]
       outputConnect: [0 1]
```

训练完成后，使用训练好的神经网络模型进行预测，将训练集和测试集的特征向量作为输入，分别得到训练集和测试集的预测结果 y_pred_train 和 y_pred_val.

最后，我们计算训练集和测试集的均方误差并将其作为评估指标，得到模型评价结果. MATLAB 命令如下：

```
%使用训练好的模型进行预测
y_pred_train = net(X_train');
y_pred_val = net(X_val');
%计算均方误差(Mean Squared Error)
mse_train = mean((y_pred_train - y_train').^2);
mse_val = mean((y_pred_val - y_val').^2);
fprintf('训练集均方误差:%.2f\n', mse_train);
fprintf('测试集均方误差:%.2f\n', mse_val);
```

运行结果如下：

```
训练集均方误差:40.78
验证集均方误差:67.64
```

分析结果可以发现，对于该组成绩数据，使用线性回归算法进行预测更优于 BP 神经网络算法，其可能原因有两个，一是数据之间可能存在较强的线性关系，二是数据量较少，较适合于线性回归算法.

8.9　机器学习工具箱

MATLAB 是一个功能强大的工具箱，可用于机器学习和数据科学. MATLAB 提供了许多机器学习支持工具箱，可以用于各种任务，如分类、聚类、预测和建模等.

MATLAB 的机器学习工具箱主要包括：

1）预处理工具箱：用于数据清洗和准备，包括数据归一化、特征选择等.

2）统计和机器学习工具箱：包括用于分类、聚类、回归、特征提取、数据可视化的函数和工具.

3）深度学习工具箱：包含用于图像分类、自然语言处理、语音处理和时间序列预测等应用的深度学习函数和网络.

4）模型检验和评估工具箱：用于评估模型效果、比较不同算法和选择最佳模型.

MATLAB 提供了非常完整的机器学习工具箱，包括分类学习器、回归学习器、多维数据集浏览器等工具，可让用户更直观地了解数据和建立模型. 回归学习器的操作流程和界面与分类学习器很类似，接下来，我们将着重介绍分类学习器，实现广泛的数据分析和挖掘任务.

在 MATLAB 软件中，点击"APP"中的"机器学习和深度学习"模块，选择"分类学习器"工具，打开后的界面如图 8-19 所示.

图 8-19　MATLAB 的 APP 模块界面

第一步，准备数据集：将训练集和测试集的数据导入 MATLAB 中，并为它们分配变量. 可以从 MATLAB 的工作区导入数据，也可以通过数据文件导入数据，如图 8-20 所示.

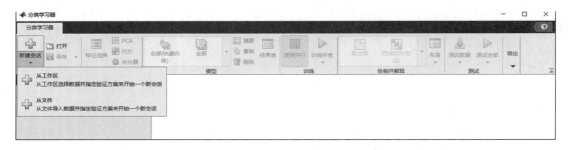

图 8-20　分类学习器导入数据界面

接下来，按照文件导入数据的方式，以鸢尾花数据集为例（iris.csv），对数据进行分类训练，如图 8-21 所示.

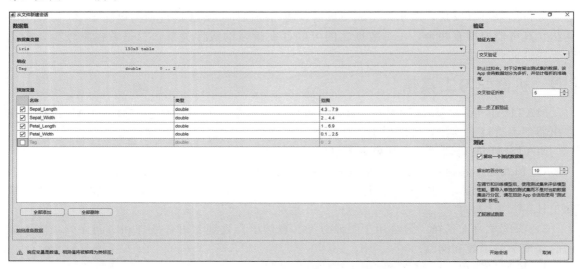

图 8-21　机器学习工具箱新建会话界面

第二步，选择分类模型算法：根据问题的需求，在多个分类学习器中选择一个. MAT-LAB 提供了各种内置分类学习器，可以根据自己的需求进行选择. 在这里，以"朴素贝叶斯模型"为例.

第三步，模型训练：根据选定的分类算法，在训练集上进行模型训练，可根据具体情况，点击"训练所选内容"，得到训练结果，如图 8-22 所示.

此外，也可以在程序里面使用 MATLAB 提供的分类器函数（如 fitcsvm、fitcecoc、fitctree 等）训练相应的模型.

第四步，模型测试：使用测试集对模型性能进行评估，按照整体数据集 10% 的比例进行测试，同样可以根据具体情况，点选"测试所选内容"，得到训练结果，如图 8-23 所示.

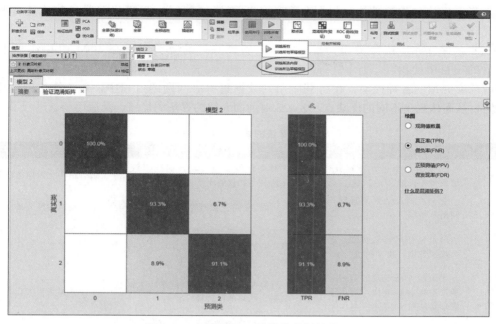

图 8-22 机器学习工具箱分类训练界面

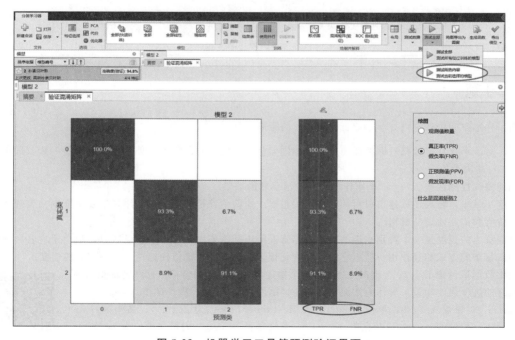

图 8-23 机器学习工具箱预测验证界面

第五步，分析分类器性能：根据分类结果和真实标签，使用 MATLAB 绘制分类器的性能曲线，并计算分类器的性能评估指标，如真正率（TPR）、假负率（FNR）、AUC 值等.

第六步，优化分类器性能：根据分类器的性能评估指标，调整分类器参数或选择其他学习器来优化分类器的性能．

第七步，保存和应用分类器：根据需求，将训练好的分类器保存为 MATLAB 文件，以便在以后的项目中使用．

回顾前文介绍的各种模型，在将其应用到数据集解决问题的过程中，各个算法的适用类型不尽相同，从而体现出不同的优缺点，表 8-3 对前面介绍的算法的优缺点及适用场景进行了总结．

表 8-3　各算法的优缺点及适用场景

算法名称	优点	缺点	适用场景
支持向量机	泛化错误率低，计算开销低，结果易于理解	对参数调节和核函数的选择敏感，原始分类器仅适用于处理二值问题	适合最小化风险的分类任务
决策树	复杂度低，结果易理解，对中间值不敏感	可能会产生过度匹配问题（需要剪枝）	适合离散特征分类任务
k 均值	简单易懂，容易实现，适用于大规模数据，速度较快	需要预先指定簇的数量 K，对初始簇中心的选择敏感，对异常值和噪声敏感，适用于凸形簇	大型数据集聚类任务
层次聚类	无须预先指定簇的数量，可生成层次化的簇结构，适用于不规则形状的簇	计算复杂性较高，不适用于大规模数据，结果的可解释性较差	小型数据集聚类任务
线性回归	结果易于理解，计算上不复杂	对非线性的数据拟合不好，复杂关系建模效果差	复杂度较低的回归任务
BP 神经网络	适合对比较复杂的非线性关系建模，特征变量关系灵活多样	模型较复杂，因此不太容易被理解；数据量少的情况下，通常不如其他机器学习算法的性能好	复杂度较高的回归任务

习题

1. 证明：样本空间中任意点 x 到超平面 (w, b) 的距离为 $\dfrac{w^{\mathrm{T}} x + b}{|w|}$．

2. 证明：对于不含冲突数据（即特征向量完全相同但标记不同）的训练集，必存在与训练集一致（即训练误差为 0）的决策树．

3. 试阐述将线性函数 $f(x) = w^{\mathrm{T}} x$ 用作神经元激活函数的缺陷．

4. 在工程领域中，精确估计建筑材料的性能至关重要．这些估计是必需的，以便制定安全准则来管理用于楼宇、桥梁和道路建设的材料．

   估计混凝土的强度是一个特别有趣的挑战．尽管混凝土几乎要用于每一个建设项目，但由于它各种成分的使用以复杂的方式相互作用，所以它的性能变化很大．因此，很难精确地预测最终产品的强度．

   混凝土数据集包含了 1030 个混凝土案例、9 个描述混合物成分的特征．这些特征被认为与最终的抗压强度相关，具体为水泥（cement，单位为 kg/m³）、高炉矿渣（slag，单位为 kg/m³），粉煤灰（ash，单位为 kg/m³）、水（water，单位为 kg/m³）、强塑剂（superplastic，单位为 kg/m³）、粗集料（coarsag）和细集料（fineag）的量（单位为 kg/m³）、老化时间（age，单位为天）、混凝土抗压强度（strength，单位为 MPa）．

习题 4 的数据集

   给定材料成分数据进行训练预测，要求：

   （1）挑选合适的模型预测混凝土强度．

   （2）考虑预测值与真实值的误差，评估模型性能并进行优化．

5. 糖尿病有 I 型和 II 型，是由于胰腺分泌胰岛素紊乱或人体无法有效利用其产生的胰岛素而发生的一种慢性疾病，是 21 世纪人类面临的健康问题之一．糖尿病伴有弥漫性并发症，其包括心血管病变、肾脏疾病、高血压、中风、眼部疾病、下肢截肢等，由此增加了过早死亡的风险．因此，糖尿病防治形势十分严峻．

本研究的实验数据来自 UGI 机器学习数据库中的 PimaIndianDiabetes 数据集，其研究对象是亚利桑那州凤凰城附近的皮马印第安人．该数据集共有 768 条数据项，包含 8 个医学预测变量和 1 个结果变量，其具体属性包括：怀孕次数（Pregnancies）、血糖浓度（Glucose）、年龄（Age）、血压（BloodPressure）、肱三头肌皮脂厚度（SkinThickness）、胰岛素含量（Insuline）、身体质量指数（BMI）、糖尿病遗传系数（DiabetesPedigree-Function）和结果（Outcome，1 代表患糖尿病，0 代表未患糖尿病）．在 PimaIndianDia-betes 数据集中，Outcome 为 1 的有 268 例，即糖尿病患者人数；Outcome 为 0 的有 500 例，即未患有糖尿病的人数．

习题 5 的数据集

给定糖尿病患者相关数据进行训练预测，要求：

（1）挑选合适的模型预测是否为糖尿病患者．

（2）考虑预测值与真实值的误差，评估模型性能并进行优化．

6. 帕尔默群岛（南极洲）企鹅数据由克里斯汀·高曼博士和长期生态研究网络成员南极洲帕尔默站收集并提供．

数据有 344 行和 17 个变量，变量分别是：学名、样品编号、物种、地区、岛屿、阶段、身份、一次孵的蛋、产蛋日期、喙长度、喙深度、鳍肢长度、体重、性别、三角洲 15N、三角洲 13C、注释．

习题 6 的数据集

针对上述企鹅数据，分别使用 k 均值算法和层次聚类算法，要求：

（1）选择有效信息，分别建立聚类模型．

（2）计算两种模型的聚类效果，并比较差异，从而优化聚类性能．

参考文献

［1］天工在线. 中文版 MATLAB 2022 从入门到精通：实战案例版 ［M］. 北京：中国水利水电出版社，2023.

［2］刘成斌，等. MATLAB 2020 从入门到精通 ［M］. 北京：机械工业出版社，2021.

［3］温欣研. MATLAB R2020a 从入门到精髓 ［M］. 北京：清华大学出版社，2021.

［4］江力，张国华，汤琼，等. MATLAB 与数学实验 ［M］. 长沙：中南大学出版社，2021.

［5］黄平，刘小兰，温旭辉，等. 数学实验典型案例 ［M］. 北京：高等教育出版社，2015.

［6］李香林. 数学实践训练教程 ［M］. 北京：北京大学出版社，2022.

［7］赵鲁涛. 概率论与数理统计教学设计 ［M］. 北京：机械工业出版社，2015.

［8］陈玉英，严军，许凤，等. Matlab 优化设计及其应用 ［M］. 北京：中国铁道出版社，2017.

［9］张岩，吴水根. MATLAB 优化算法 ［M］. 北京：清华大学出版社，2017.

［10］龚纯，王正林. 精通 MATLAB 最优化计算（第 3 版）［M］. 北京：电子工业出版社，2014.

［11］马昌凤. 最优化方法及其 Matlab 程序设计 ［M］. 北京：科学出版社，2010.

［12］叶国华. MATLAB 2020 优化设计从入门到精通 ［M］. 北京：机械工业出版社，2022.

［13］MCCULLOCH W S, PITTS W. A logical calculus of the ideas immanent in nervous activity ［J］. Bulletin of mathematical biology，1943，5：115-133.

［14］ROSENBLATT F. The perceptron：a probabilistic model for information storage and organization in the brain ［J］. Psychological review，1958，656：386-408.

［15］HINTON G E, SALAKHUTDINOV R R. Reducing the dimensionality of data with neural networks ［J］. Science，2006，313（5786）：504-507.

［16］CIABURRO G. MATLAB 机器学习 ［M］. 张雅仁，李洋，译. 北京：人民邮电出版社，2020.

［17］PALUSZEK M，THOMAS S. MATLAB 机器学习：人工智能工程实践 原书第 2 版 ［M］. 陈建平，译. 北京：机械工业出版社，2020.

［18］冷雨泉，张会文，张伟，等. 机器学习入门到实战——MATLAB 实践应用 ［M］. 北京：清华大学出版社，2019.